바이러스, 사회를 감염하다

인플루엔자, HIV, 코로나 바이러스 팬데믹 연대기

바이러스 사회를 감염하다

남궁석 지음

BIO SPECTATOR

/ 차 례 /

2부
인간 면역 결핍 바이러스

3부
코로나 바이러스

들어가며

코로나19는 처음 경험하는 범지구적 팬데믹이다. 현대 사회에서는 더 이상 일어나지 않으리라 생각했던 전염병의 대유행이 자신의 건강과 생명뿐만 아니라 모든 일상을 어떻게 위협하는지 생생하게 경험하고 있다.

그러나 현대인들이 겪은 최초의 (그리고 최후가 되길 바라는) 팬데믹은 코로나19이지만 인류는 현재까지 수많은 전염병, 특히 바이러스에 의해서 초래되는 질병과의 싸움을 경험하였다. 천연두, 황열병, 소아마비, 인플루엔자, 에이즈, 코로나19에 이르기까지 수많은 바이러스와의 전쟁을 겪어왔으며 많은 희생을 치렀지만 여기에 굴하지 않고 인류는 현재까지 살아남았다. 인류의 역사라는 관점에서 살펴본다면 현재 코로나19 팬데믹은 인류와 바이러스와의 '또 다른 싸움' 일 뿐이다.

인류는 지난 세기에도 코로나19 보다 명백히 큰 피해를 준 2개의 바이러스와 대전쟁을 치렀다. 1918년의 인플루엔자 팬데믹은 최소 5,000만 명에서 1억 명의 목숨을 앗아갔고, 1980년대 시작된 에이즈의 유행으로 3,000만 명이 목숨을 잃었다. 게다가 천연두와 같이 완전히 종식된 바이러스에 의한 질병도 있지만 인플루엔자, 에이즈는 지금 전 세계적으로 매년 수십만 명의 목숨을 앗아간다. 여기에 비한다면 코로나19는 '인류가 경험한 미증유의 위기'라기보다는 그동안 계속된 바이러스와의 전쟁 중에 '새롭게 발발한 전투'에 가까운 셈이다. 결국 우리는 이전의 바이러스와 전투에서 어떤 희생을 치렀고 이를 극복하기 위해 어떤 과정을 겪었는지 이해함으로써 지금 현재 우리가 경험하는 위기, 그리고 미래에 경험할지도 모르는 미지의 바이러스에 의한 위기를 타개할 수 있을 것이다.

이 책은 '바이러스와의 전쟁' 중 20세기 이후 인류에게 가장 큰 피해를 준 3개의 바이러스 질병을 다룬다. 인플루엔자, 에이즈, 그리고 코로나19이다. 각각의 바이러스와 이에 의해서 일어난 질병은 단순히 인간에게 얼마나 많은 피해를 주었는지를 넘어 인류의 역사와 사회, 그리고 과학과 의료에 큰 영향을 미쳤다.

1부에서는 1918년의 인플루엔자 팬데믹을 다룬다. 1918년의 인플루엔자 팬데믹은 100년 후 코로나19 팬데믹에서 거의 유사하게 재현되었다. 그러나 두 팬데믹에는 큰 차이가 있다. 당시의 바이러스에 대한 지식이 부족하여 인플루엔자를 일으키는 병원체인 인플루엔자 바이러스는 팬데믹이 종료된 지 15년 뒤에나 발견할 수 있었고 이를 예방하는 백신도 그 이후에 나왔다. 하지만 2019년에 시작된 코로나19는 유행과 동시에 질병을 일으키는 바이러스의 정체가 규명되었고 팬데믹 시작 불과 1년 만에 이를 효과적으로 예방하는 백신이 나왔다.

2부에서는 인간이 바이러스 같은 병원체에 대항하는 주된 무기인 면역을 공격하는 바이러스인 HIV, 그리고 에이즈에 대해서 다룬다. 인간이 바이러스에 대항하는 주된 방어책은 수억 년 동안 인간이 진화과정을 통하여 획득한 정교한 면역력이며, '백신'은 그저 인간의 면역력을 '해킹'하여 병에 걸리지 않은 상태에서 면역력을 유도하는 일종의 '꼼수'일 뿐이다. 에이즈는 바로 인간의 면역력을 악화시켜 다른 병원체의 침입을 유도한다는 점에서 무서운 질병이다. 이를 제대로 이해하기 위해서는 일단 인간이 어떻게 병원체에 대한 면역을 획득하는지에 대한 기초 지식이 있어야 한다. 그리고 HIV가 어떻게 면역을 무력화시키는지, 그럼에도 불구하고 인간은 어떻게 에이즈를 '인류의 멸망을 불러일으킬 20세기 흑사병'에서 '관리 가능한 만성 질병'으로 극복할 수 있었는지 그 비결을 알아본다.

3부에서는 현재 우리가 직면한 위기인 코로나19에 대해 알아본다. 대부분의 대중들은 코로나19, 혹은 사스나 메르스 이후에나 '코로나 바이러스'를 들어보았을 것이다. 하지만 코로나 바이러스 중에는 감기를 일으키는 흔한 코로나 바이러스도 있다. 사스나 메르스, 그리고 코로나19에 이르기까지 코로나 바이러스에 의해서 일어나는 질병의 기전을 알아본다. 나아가 코로나19 팬데믹 이후 이를 극복하기 위해서 백신과 치료제 개발 등에서 어떤 노력이 이루어졌는지를 알아볼 것이다.

미지의 병원체에 의해서 일어나는 질병을 확인하고 이를 일으키는 병원체를 찾고 질병을 치료하거나 예방하는 방법을 이해하기 위해서는 기본적인 생물학 지식이 필요하다. 이 책은 현재 고등학교 생명과학 교과 수준, 보다 바람직스럽게는 대학교 1학년 수준의 생명과학 지식을 가진 독자가 책을 읽는다는 전제로 쓰였다. 물론 생명과학의 발전 속도는 매우 빠르기에 학교를 졸업한 지 오래된 사람이라면 현재 고등학교 교과서에 수록된 내용도 생소할 수 있다. 책에서는 이러한 독자도 고려하여 가급적 기초적인 개념부터 설명하려고 노력하였다. 하지만 혹시라도 이 책의 내용이 어렵다면 고등학교 생명과학 교과서 혹은 대학 수준의 일반생물학 교과서를 같이 참조하기를 권해드린다.

이 책은 바이러스와 바이러스에 의한 질병 이외에도 이를 치료하는 치료제나 백신의 개발 과정에 대해서도 비교적 자세히 다룬다. 코로나19 이후 치료제와 백신에 대한 일반인들의 관심이 높아졌지만 치료제나 백신이 개발되기 위해서는 어떤 연구 개발 노력이 필요했는지에 대한 이해는 부족하다. 하루아침에 등장한 것 같은 치료제나 백신도 사실 이전부터 오랜 시간의 연구 개발 노력이 있었기에 팬데믹 위기 때에 바로 등장할 수 있었다. 특히 한국은 제약 산업의 기반이 취약하고 평소 이 분야에 대한 관심도 적다. 전반적인 제약 산업에 대한 이해 부족은 때로는 일반인들에게도 큰 피해를 입힐 수 있다. 치료제나 백신 개발에 대한 이해 없이 소중한 재산을 바이오 관련 주식에 투자했다가 큰 손해를 본 사람이라면 뼈저리게 실감할 것이다. 이 책을 통해 바이러스 치료제나 백신이 개발되기 위해서는 어떤 연구들이 필요하며 어느 정도의 시간과 노력이 필요한지에 대한 대략적인 이해를 얻을 수 있을 것이다.

이렇게 바이러스와 인류의 끝나지 않는 전쟁 속에서 우리의 '적'에 대한 지식, 그리고 이러한 적과 어떻게 맞서 인류를 지키는가에 대한 지식은 '과학 교양'이라기보다는 현대 사회에서 생존하기 위한 '필수 생존 지식'에 가깝다. 만약 이러한 기초 지식이 없다면 코로나19 시국에 흔히 볼 수 있는 언론이나 SNS 등을 통해 무분별하게 살포되는 온갖 부정확한 정보 속에서 바이러스에 의한 팬데믹보다 더 위험한 정보전염병, '인포데믹Infodemic'의 희생자로 전락하여 소중한 건강과 생명, 그리고 재산까지도 위협받을 것이다. 이 책이 '인포데믹으로부터 우리를 지키는 백신'으로써의 역할을 조금이라도 할 수 있길 바라본다.

2021년 6월

남궁석

INFLUENZA VIRUS

1부

인플루엔자 바이러스

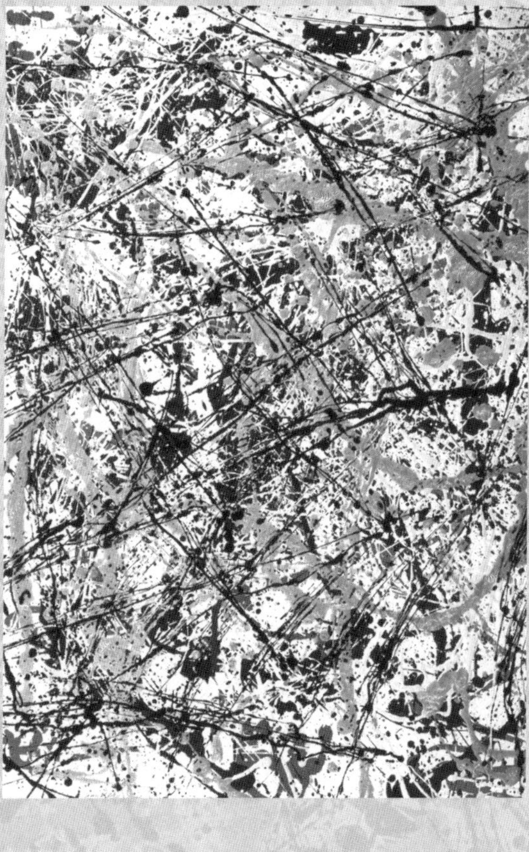

1. 1918년의 인플루엔자 팬데믹

2020년대 인류는 코로나 바이러스감염증-19Covid-19, 이하 코로나19라는 코로나 바이러스의 세계적 팬데믹Pandemic의 폭풍 속에 있다. 2021년 6월 현재 전 세계적으로 1억 4,000만 명이 감염되었고, 약 330만 명에 달하는 사망자를 냈다. 일부는 이러한 팬데믹이 인류가 한 번도 경험해 본 적이 없는 미증유의 대재앙이라고 칭하기도 한다.

그런데 코로나19는 과연 인류가 한 번도 경험한 적이 없는 역대급의 팬데믹일까?

비록 코로나 바이러스에 의한 팬데믹 상황은 인류에게 처음일지도 모르지만 (3부에서 설명하겠지만 코로나 바이러스에 의한 팬데믹도 처음이 아닐 가능성도 있다) 인류는 현재까지 수많은 종류의 전염병과 싸워 왔으며 이중에서는 코로나19 이상으로 전 세계적인 범유행을 일으켜 많은 인명 피해를 끼쳤던 것들도 꽤 있다.

그 대표적인 예로 1918년부터 1919년까지 지구를 강타한 인플루엔자 팬데믹, 흔히 '스페인 독감Spanish Flu'이 있다. 인플루엔자로 인한 팬데믹으로 약 5억 명이 감염되었고(당시 세계 인구의 1/3), 이로 인한 사망자는 약 2,000만 명에서 5,000만 명으로 추산된다. 그러나 이러한 대유행에도 인류는 살아남았으며 이를 극복하였다. 이 과정을 이해하면 2021년 현재 진행되는 코로나19 팬데믹을 어떻게 극복할지, 그리고 앞으로 발생할 수 있는 새로운 전염병에 대비할 수 있는 교훈을 얻을 것이다.

1918년 봄의 인류는 대전쟁의 폭풍 속에 있었다. 1914년부터 1918년 11월까지 약 4년 간 지속된 전쟁(이후의 사람들은 이를 '제 1차 세계대전'이라 부른다)에서 약 2,000만 명의 사람이 희생되고, 희생자와 비슷한 숫자의 부상자를 낳았다. 이것은 지금까지 인류가 경험해 보지 못했던 엄청난 비극이었다. 그러나 이 대전쟁 와중에서 전쟁의 희생자보다 2배 이상의 희생자를 낼 비극의 씨앗이 싹트고 있었다.

1918년 봄, 미국 캔사스 주의 하스켈 카운티Haskell County라는 인구 1,200명 정도의 한적한 시골 마을에서 기존에 보고되지 않은 새로운 종류의 인플루엔자Influenza•가 발생했다. 인플루엔자라는 질병은 이미 19세기 말부터 알려져 있었지만 하스켈 카운티에서 발견된 인플루엔자는 훨씬 증상이 심했다. 인플루엔자의 일반적인 특징인 고열이나 기침은 물론이고, 극심한 두통과 온몸의 통증이 수반되었다. 하스켈 카운티에서 발견된 인플루엔자는 특이했다. 노인이나 어린이가 주로 걸렸던 이전의 인플루엔자와는 달리 마을에서 제일 건강하고 혈기 왕성한 청년들이 앓아누웠다. 하스켈 카운티에서 18명의 인플루엔자 환자가 발생했고, 3명이 사망하였다. 마을의 의사 로링 마이너Loring Miner는 보건 당국에 새로운 종류의 인플루엔자가 발견되었다고 보고했다. 그러나 보건 당국은 이 보고를 대수롭지 않게 여겼다. 이전에도 겨울 혹은 환절기에는 인플루엔자가 종종 발생하였고, 하스켈 카운티에서 발생한 인플루엔자 역시 흔한 계절성 인플루엔자라고 생각했기 때문이다.

그러나 이 경솔한 판단은 큰 참극을 낳는다.

하스켈 카운티에서 북동쪽으로 약 450km정도 떨어진 푼스톤Funston에는 미군의 군 훈련소가 있었다. 1914년 시작된 제 1차 세계대전에 1917년 11월에야 뒤늦게 참전한 미국은 참전할 병

• 흔히 독감毒感이라 부르는 감염성 질환. 오르토믹소바이러스Orthomyxoviridae에 속하는 인플루엔자 바이러스Influenza virus가 일으키는 질환을 말한다. 감기Common Cold라고 불리는 질환과 인플루엔자를 혼동하는 경우가 있지만 감기는 라이노 바이러스, 코로나 바이러스, 아데노 바이러스 등 다양한 바이러스에 의해서 일어나는 호흡기 질환을 통칭하고 인플루엔자는 인플루엔자 바이러스에 의해서 일어나는 질환만을 한정적으로 칭한다.

력을 징병했다. 캔사스 주에서 소집된 징병 대상 청년들은 푼스톤의 훈련소에 모여서 기초 군사 훈련을 받았다. 하스켈 카운티의 청년들도 물론 징집 대상이었다. 이중에 하스켈 카운티에서 발생한 인플루엔자에 감염된 사람이 있었고, 밀집된 훈련소의 환경에서 인플루엔자는 금방 전파되어 약 1,000여 명의 환자가 발생하였고 200명에게서 폐렴 증상이 나타났으며 이중 38명이 사망하였다. 푼스톤 훈련소는 동시에 5만 명의 장병이 한데 모여 기초 군사 훈련을 받는 거대한 훈련소였고 미국에만 비슷한 규모의 훈련소가 32개 있었다. 군 훈련소에서 기초 군사 훈련을 마친 청년들은 제 1차 세계대전의 주 전장인 유럽 전선으로 이동하였다. 매달 수십만 명의 미군 병력들을 가득 채운 열차와 수송선이 대서양을 건너 유럽에 땅을 밟았다. 이렇게 많은 사람이 밀집된 환경 탓에 하스켈 카운티에서 푼스톤 훈련소로 전파된 인플루엔자는 급격하게 퍼졌고, 급기야는 전 군대로 확산되었다.

인플루엔자 바이러스는 미군의 동맹국인 프랑스군과 영국군으로 퍼졌다. 전선 건너편의 적군인 독일군에도 퍼졌다. 곧 프랑스군의 30%, 영국군의 50% 이상이 하스켈 유래의 인플루엔자 바이러스에 감염되어 인플루엔자를 앓았다. 군대를 중심으로 퍼지던 인플루엔자는 곧 민간인들에게도 전파되었다.

인플루엔자가 퍼지기 시작한 1918년 초반만 하더라도 하스켈에서 유래한 인플루엔자 유행은 팬데믹이라고 이야기할 정도로 심각한 수준은 아니었다. 1918년 전반기 미국에서는 인플루엔자/폐렴 관련으로 약 7만 5,000명이 사망하였는데, 이 숫자는 1915년의 같은 기간 중 사망자 6만 3,000명과 비교하면 어느 정도 증가하긴 했지만 예년보다 조금 높은 수준 정도였다. 그러나 분명히 1918년 봄 인플루엔자가 군대를 중심으로 퍼지고 있었던 것은 분명했다. 제 1차 세계대전 중에 있던 미국, 영국, 프랑스, 독일 등 참전국들은 군의 사기를 고려하여 언론 보도를 엄격하게 통제했고 따라서, 군에서 인플루엔자가 유행하고 있다는 소식도 보도되지 않았다. 따라서 1918년 전반기까지 인플루엔자의 유행은 비밀에 붙여졌다.

그러나 중립국이었던 스페인에서는 인플루엔자에 대한 보도 통제가 없었다. 따라서 스페인 언론들은 인플루엔자가 퍼지고 있으며, 스페인의 국왕 알폰소 13세와 정부 관료들도 감염되었다는 소식을 보도하였다. 스페인에서 인플루엔자가 유행하고 있다는 보도를 본 연합국 언론들은 1918년의 인플루엔자 유행을 '스페인 독감Spanish flu, Spaninsh influenza'으로 부르기 시작한다. 정작 인플루엔자가 시작된 곳은 미국, 영국, 프랑스 등 참전국이었음에도 불구하고 단지 스페인에서 제일 먼저 보도되었다는 이유로 1918년의 인플루엔자는 현재까지 '스페인 독감'으로 불린다.

여름 동안 누그러졌던 인플루엔자의 유행은 1918년 가을 찬 바람이 불기 시작하자 다시 시작하였다. 1918년 9월부터 시작

(왼쪽 위)1918년 인플루엔자 팬데믹의 풍경들. (오른쪽 위)인플루엔자 대유행이 시작된 것으로 알려진 미국 캔사스주 푼스톤의 미군 훈련소의 임시 병동. (왼쪽 아래) 1917~1918년 푼스톤 훈련소에서의 인플루엔자 및 폐렴 환자 발생 현황. 1918년 3월에 인플루엔자와 폐렴 환자의 발생이 급증하였다. 1919년 1월 영국 브리검 대학 강당에 모인 학생들이 모두 마스크를 착용하고 있는 모습. (오른쪽 아래)'마스크를 쓰지 않으려면 감옥에 가라 Wear a Mask or go to jail'이라는 팻말을 걸고 마스크를 착용한 1918년 캘리포니아의 시민들. 1918년 인플루엔자 팬데믹 때 미국 및 유럽의 기록사진에서 마스크를 철저히 착용한 광경을 볼 수 있다. 2020년 코로나19 팬데믹 초반 서구에서 마스크 착용에 불성실했던 것과는 매우 대조적이다.

된 인플루엔자 유행은 1918년 봄의 첫 번째 유행보다 훨씬 심각해서 그때까지 인플루엔자 관련 보도를 통제하고 있던 국가들도 더 이상 인플루엔자의 유행을 숨길 수 없게 되었다.

1918년 9월 보스턴 근처의 데븐스 기지Fort Devens에서 시작된 인플루엔자 2차 유행으로 훈련소에 있던 인원의 1/4인 1만 4,000명이 감염되었으며, 이중 757명이 사망하였다. 인플루엔자는 군대를 넘어 민간으로 급속히 퍼지기 시작했다. 1918년 10월 미국에서 인플루엔자로 사망한 사람은 19만 5,000명이었으며 1918년 9월부터 12월까지 30만 명이 사망했다. 전쟁으로 인해 많은 의사와 간호사가 전선의 야전 병원에 투입되었기 때문에 이는 인플루엔자 유행을 더욱 악화시켰다. 의사와 간호사의 부족으로 인플루엔자 환자들은 적절한 치료를 받지 못해 사망자는 더욱 늘었다.

1918년의 인플루엔자 바이러스는 전선의 야전 병원에서 독특한 진화의 기회를 얻었다. 진화생물학자 폴 이왈드Paul W. Ewald는 1918년의 인플루엔자가 전쟁이라는 특수한 환경에서 어떻게 진화했는지를 설명하는 다음과 같은 이론을 주장한다.

인플루엔자 바이러스는 사람에게서 전파되면서 점점 수를 불림과 동시에, 지속적으로 변종을 만든다. 형성된 인플루엔자 바이러스의 돌연변이 변종 중에는 심한 증상을 나타내는 변종도 있지만, 반대로 증상을 심하지 않게 하는 변종도 있을 것이다. 일반적인 상황에서 일어나는 인플루엔자라면 심한 증상을 나타내는 변종에 감염된 사람은 증상 때문에 외부 출입을 하지 못한다. 따라서 심한 증상을 나타내는 변종은 빨리 확산하지 못한다. 반면 보다 가벼운 증상을 나타내는 변종에 감염된 사람은 계속 외부 출입을 하고 학교나 직장에 간다. 즉 심한 증상을 나타내는 변종에 감염된 사람은 증상 때문에 알아서 '사회적 거리두기'를 할 수밖에 없고 덕분에 이러한 변종은 그리 빨리 확산되지 않는다. 반면 가벼운 증상을 나타내는 변종의 숙주가 되는 사람은 '사회적 거리두기' 정도가 약해지므로 이 변종은 좀더 빨리 확산될 것이다.

하지만 1918년의 인플루엔자 바이러스는 전쟁과 야전 병원이라는 특수한 상황에 처해 있었다. 전장에서 가벼운 인플루엔자에 걸렸다고 바로 야전 병원에 후송되지는 않는다. 전장에서 야전 병원에 후송되려면 목숨을 위협하는 부상을 입었거나, 인플루엔자 증상이 위중하여 생명을 위협할 정도는 되어야 할 것이다. 가벼운 증상을 유발하는 인플루엔자에 감염된 사람들은 계속 전장에 남을 것이고, 중증을 유발하는 변종에 감염되어 인플루엔자 증상이 위중해야만 야전 병원에 후송될 가능성이 높다.

그러나 총탄이 날아다니는 전쟁터에서는 전장에 남은 사람

• 인플루엔자 바이러스의 유전 정보는 대부분의 생물과 달리 DNA가 아닌 RNA이다. 유전 정보가 RNA이기 때문에 유전 정보를 복제할 때 오류가 많이 일어난다. 이러한 오류는 높은 빈도의 돌연변이를 초래하며 바이러스 유행 중에 수많은 변종이 형성된다.

의 생존 확률이 야전 병원에 후송된 사람의 생존 확률보다 결코 높지 않다. 가벼운 증상을 유발하는 인플루엔자 변종에 감염될 사람들은 인플루엔자로 목숨을 잃을 확률은 낮아졌지만 대신 전투에서 전사하거나 부상당할 확률은 높아졌다. 반면 야전 병원에 인플루엔자로 후송된 사람들은 매우 증상이 심한 사람들, 즉 매우 심한 증상을 유발하는 변종의 인플루엔자를 가진 사람들일 것이다. 이들은 야전병원에 자신이 가진 변종의 인플루엔자를 전파시킨다. 전쟁의 상황이 '독하고 심한 증상을 보이는 인플루엔자 변종에 감염된 환자'만 골라서 야전병원에 전파시키는 일종의 '선택압Selection Pressure'으로 작용한 것이다.

그리고 어린이나 연령이 높은 사람에게 주로 사망자가 나오던 종래의 인플루엔자와는 달리 1918년의 인플루엔자는 오히려 25~35세 정도의 매우 건강하고 젊은 사람들에게서도 노인들과 비슷한 수준의 사망율을 기록하였다. 전장이라는 독특한 환경은 25~35세 사이의 젊은이들에게 치명적으로 심한 증상을 보이는 바이러스를 효과적으로 '선별'하여 '전파'하게 만들었다. 이것이 1918년의 인플루엔자 바이러스가 유별났던 이유 중의 하나라는 폴 이왈드의 주장이다.

인플루엔자는 1918년 가을부터 군대와 민간을 가리지 않고 급격히 퍼지기 시작했다. 일부 미국 도시들은 이를 더욱 부채질하였다. 전시에는 전쟁 자금이 필요하다. 대부분의 국가는 이 자금을 조달하기 위해 정부 채권을 발행했고 이를 홍보하는 캠페인을 활발히 전개했다. 이러한 캠페인 방법 중 하나가 퍼레이드이다. 인플루엔자의 2차 유행이 막 시작되던 1918년 9월 28일, 미국 필라델피아에서는 정부 채권 판매 홍보를 위한 퍼레이드가 열렸고 사람들이 운집했다. 이렇게 모인 군중들 사이에서 인플루엔자가 퍼졌고 퍼레이드에 참여한 군중 중 1만 2,000명이 인플루엔자에 걸려 사망하였다.

사망자가 급격히 늘어나자 공동 묘지가 모자라는 상황이 발생했다. 육류를 보관하던 냉장 창고를 시체 임시 보관소로 사용할 지경이었다.• 관을 짤 나무가 부족하자 노면전차를 만드는 회사에서 관을 만들었다. 샌프란시스코, 뉴욕, 뉴올리언즈, 보스톤, 피츠버그 등 미국의 거의 모든 도시에서 사망자가 속출했다.

1918년 11월 11일 독일과 미-영-프 연합국이 정전 협정에 서명하면서 제 1차 세계대전이 끝났다. 전선에 있던 수백만 명의 군인들이 고향길에 올랐다. 전선에 퍼졌던 인플루엔자는 귀향 장병들을 통해 각 지역으로 전파됐고 이를 계기로 인플루엔자는 전 세계적 팬데믹이 되었다. 미군을 통하여 서부 유럽에 건너온 인플루엔자는 전선을 넘어 독일을 거쳐서 러시아에 도달하였다.

• 이러한 상황은 100년 후 코로나19로 급격히 사망자가 늘었던 2020년 초반에 미국 뉴욕 등에서 다시 재현됐다.

시베리아를 지난 인플루엔자는 1918년 9월, 일제 식민지 하의 조선에 도착했다. 조선에 부설된 철도를 따라 북에서 남으로 인플루엔자가 퍼졌고 1918년 11월 조선 전역에 인플루엔자가 유행하기 시작하였다. 조선총독부의 통계에 따르면 당시 조선 인구 759만 명 중 38%에 달하는 288만 명이 감염되었고, 14만 명의 사망자가 나왔다. 일본에서는 전체 인구의 1/3 이상이 감염되었고 25만 명이 사망하였다.

인플루엔자의 피해가 가장 심했던 곳은 당시 영국의 식민지였던 인도로 추정된다. 유럽 전선에서 인플루엔자에 감염된 영국군을 거쳐 인도 봄베이(현 뭄바이)에 1918년 6월 처음 인플루엔자 환자가 발생하였고 마드라스(현 첸나이)와 캘커타(현 콜카타) 등의 대도시로 확산되었다. 인도에서만 약 1,200~1,400만 명이 사망하였는데 당시 인도 인구의 5%에 해당하는 엄청난 피해였다. 당시 인도의 부족한 의료 인프라와 가난은 피해를 더욱 심화시켰다. 인도 독립운동 지도자였던 마하트마 간디까지도 당시 인플루엔자에 걸렸었다.

1919년 1월 오스트레일리아를 시작으로 3번째의 유행이 시작되었다. 2차 유행보다는 약한 강도였지만 1919년 봄 내내 지속되다 1919년 6월에야 끝이 났다. 다음 해인 1920년 봄 산발적인 유행은 일어났지만 전 세계적 인플루엔자 팬데믹은 이것으로 끝이었다.

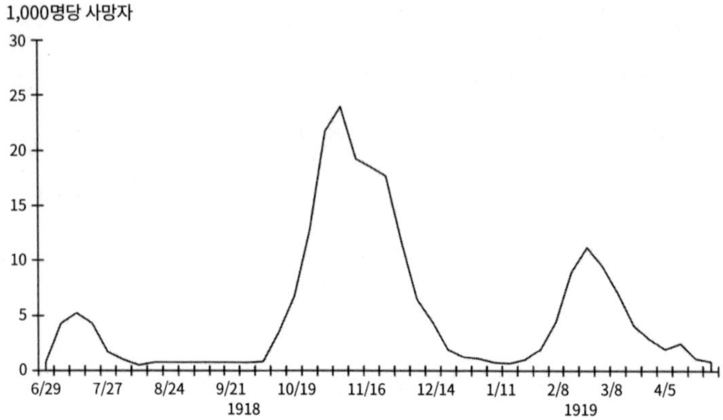

영국의 인플루엔자 및 폐렴으로 인한 사망자 추이(1918~1919). 1918년 인플루엔자는 크게 3파의 유행이 있었다. 1918년 봄의 유행은 이전의 인플루엔자에 비해서 그리 심하지 않았다. 가장 많은 희생을 낸 것은 1918년 가을부터 몰아닥친 2차 유행이었고 이때 대부분의 희생자가 생겼다. 1919년 봄의 3차 유행을 마지막으로 1918년의 인플루엔자 팬데믹은 서서히 종식되었다.

그렇다면 1918년의 인플루엔자 대유행으로 얼마나 많은 사람들이 희생되었을까? 여기에 대한 정확한 수치는 알 수 없다. 상당수의 국가에서 정확히 조사되지 않았기 때문에 감염자와 희생자 수치는 추산에 의존할 수밖에 없었다. 다만 현대의 학자들은 1918~1920년의 인플루엔자 팬데믹으로 최소한 5,000만 명이 희생되었을 것이라 추정한다. 1918년 인플루엔자 팬데믹의 원류라 의심되는 미국에서는 비교적 정확한 통계가 있는데 1918년에만 약 67만 명이 인플루엔자로 사망하였다(2020년부터 2021년 6월까지 미국의 코로나19로 인한 사망자는 약 60만 명이다). 특기할 만한 점은 코로나19의 경우 대부분의 사망자는 80대 이상의 고령자이지만, 1918년 인플루엔자의 사망자 중 상당수는 20~30대라는 점이다. 1918년 인플루엔자로 청년층이 많이 사망한 관계로 미국의 평균 수명이 팬데믹 직전의 55세에서 1918년 43세로 8세나 낮아졌다.

비국뿐만 아니라 영국에서 30만 명, 프랑스에서 40만 명 이상, 브라질에서 30만 명, 러시아에서 45만 명, 캐나다에서 5만 명이 희생되었다. 즉 2,000만 명의 사망자와 2,100만 명의 부상자를 낸 제 1차 세계대전보다 1918년의 인플루엔자로 희생된 사람이 더 많았다. 그때까지 인류 역사상 가장 큰 인간 사이의 전쟁보다 바이러스와의 전쟁이 더 많은 희생을 치르게했다.

지금까지 1918~1920년에 유행했던 소위 '스페인 인플루엔

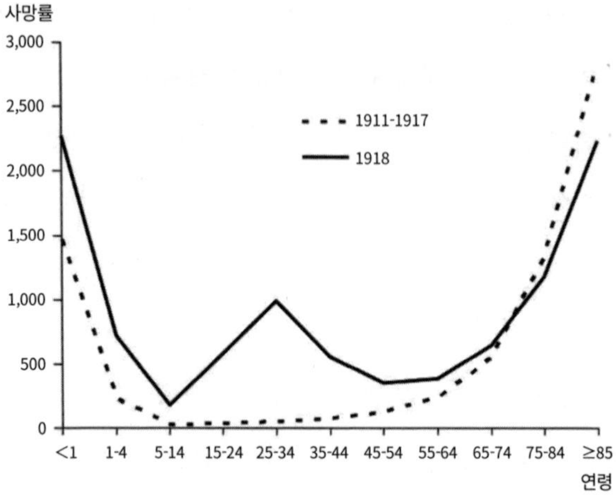

1918년의 인플루엔자는 다른 인플루엔자와 달리 유아와 고연령층 뿐만 아니라 20~30대 젊은층 사망률이 무척 높았다. 1918년 인플루엔자의 어떤 특징이 이러한 결과를 초래했는지는 지금 현재도 정확히 알려져 있지 않다.

자'가 어느 정도 규모의 팬데믹이었으며 얼마나 많은 피해를 주었는지를 알아봤다. 그러나 약 30년 전인 1889~1890년에도 유럽 전역에서 인플루엔자 팬데믹이 보고되었을 정도로 인플루엔자는 그때도 이미 알려진 질병이었다(하지만 최근 연구에 의하면 1889년의 '인플루엔자' 팬데믹은 사실 인플루엔자 팬데믹이 아닌 코로나 바이러스 팬데믹이 아닐까 하는 의심이 제기되고 있다. 여기에 대해서는 3부에서 다룬다). 왜 하필 유독 1918년의 인플루엔자는 그 이전, 혹은 이후의 인플루엔자에 비해서 많은 희생을 낸 것일까?

먼저 1918년의 인플루엔자는 특이한 점이 있다. 일반적인 인플루엔자의 경우 연령대별로 사망하는 비율을 그래프로 그리면 그림에서 보는 것처럼 'U'자 형의 그래프가 된다. **유아와 고연령층에서 사망율이 올라가고, 젊은이의 경우에는 거의 사망하지 않는다.** 그러나 1918년 인플루엔자는 'W'자 모양의 그래프가 나왔다. 즉 **유아와 고연령층 이외에도 20~30대의 젊은이에서의 사망자가 많이 나왔다.**

왜 1918년의 인플루엔자는 그렇게 큰 피해를 가져왔을까? 또 다른 인플루엔자와는 달리 20-30대의 젊은이에서 사망률이 높은 패턴을 보였을까? 이 비밀을 풀기 위해 최근 과학자들은 100년이 넘게 보존되어 있던 당시 인플루엔자 환자로부터 채취한 시료로부터 바이러스 유전자를 증폭하여 현재까지 알려진 다른 인플루엔자 바이러스와 비교해 보았다. 그러나 유전자 정보만으로는 1918년의 인플루엔자 바이러스가 그 이후에 발견된 인플루엔자 바이러스에 비해 딱히 병원성이 강했던 이유를 알기 어려웠다. 2005년 과학자들은 1918년 인플루엔자 바이러스의 유전 정보에 근거하여 1918년 인플루엔자 바이러스를 유전공학 기술로 재구성하여 실험 동물에 감염시켰다. 확실히 1918년의 인플루엔자 바이러스는 다른 인플루엔자 바이러스에 비해서 높은 독성을 나타냈다. 일반적인 바이러스는 자신이 유래하지 않은 새로운 실험 동물에 접종되었을 때 활발히 증식하지 못한다. 숙주가 아닌 다른 동물에서 증식되기 위해서는 해당 숙주에 잘 적응할 수 있는 변이가 생겨야만 한다. 그러나 21세기 과학자들이 유전공학으로 다시 살려낸 1918년의 인플루엔자 바이러스는 별다른 적응 과정 없이 다른 인플루엔자 바이러스는 일반적으로 높은 독성을 보이지 않는 마우스와 같은 실험 동물에서도 높은 독성을 나타냈다. 1918년의 인플루엔자 바이러스는 분명 유전적으로 특이한 바이러스였다.

한편 1918년의 인플루엔자 바이러스는 여태까지 발견된 사람과 동물 유래의 인플루엔자 바이러스 중에서도 돼지에서 발견된 것과 가장 유사했다. 그리고 1918년의 인플루엔자 바이러스를 감염시킨 원숭이에서 일반적인 인플루엔자 바이러스에 비해 폐 세포가 더 많이 감염되어 폐손상이 더 심했으며, 강한 염증 반응이 일어났다. 1918년 인플루엔자 바이러스가 유도하는 강한 염증 반응은 면역력이 좋은 (따라서 염증 반응도 활발하게 일어나는) 2~30대의 젊은이들의 치사율이 높았던 이유와 일맥상통한다. 분명한 것은 1918년의 인플루엔자 바이러스는 그동안 사람에게서 유행했던 인플루엔자 바이러스와는 전혀 성질이 다른 바이러스였으며 대부분의 사람들은 여기에 대응할 면역력을 가지고 있지 못했고, 결국 전대미문의 피해로 이어졌다.

인플루엔자 팬데믹이 종료될 때까지 인류는 이를 예방하거나 치료할 아무런 수단을 가지지 못했다. 심지어 어떤 병원체가 인플루엔자를 일으키는지도 파악하지 못한 상태였다. 결국 인류는 그때까지의 대부분의 바이러스에 의한 질병과 마찬가지로 의학의 힘이 아닌 인플루엔자 바이러스 감염 이후 형성된 면역력 덕분에 팬데믹에서 생존할 수 있었다.

그 당시 유일한 방호 수단이라면 인플루엔자 바이러스가 입과 코로 전파된다는 경험적인 직관에 의해서 전파를 최소화하기 위하여 만들어진 '천 마스크'였다. 1918년의 인플루엔자 대유행 시절에 찍힌 미국의 기록 사진들을 살펴보면 대학교의 입학식 등 군중이 모여 있는 장소에서부터 거리의 행인, 경찰관 등 대부분의 사람들이 천 마스크로 입과 코를 단단히 가리고 있다. 1918년 미국의 신문에는 "마스크를 쓰지 않는 사람들은 적국에 부역하는 부역자이다"라는 공익광고를 쉽게 찾아볼 수 있었다. 2020년 초 코로나19가 전 세계를 강타하였을 때 미국, 유럽 국가에서 한동안 마스크를 착용하는 사람들이 드물었던 것을 생각하면 격세지감인 셈이다. 그리고 학교와 사람이 모이는 곳에서 전파가 많이 일어난다는 경험에 기인한 '사회적 거리두기'였다. 미국과 유럽의 학교는 1918년 내내 거의 대부분 휴교하였다.

그동안 경험하지 못했던 강력한 인플루엔자 바이러스라는 미증유의 위협 속에서 인류는 전쟁의 2배가 넘는 막대한 희생을 치렀지만 결국 살아남았다. 인플루엔자에 걸린 사람의 2.5%가 사망하였지만• 그 이야기는 반대로 말하면 97.5%의 사람들은 생전 경험해 보지 못한 강력한 병원체에 감염되고도 이를 극복하고 살아남았다는 뜻이다. 결국 이러한 외래 병원체를 이기는 능력, 그동안 진화하면서 발달시킨 면역력이 바이러스로부터 인류를 지킨 셈이다.

1920년을 기점으로 1918년 봄에 시작한 인플루엔자는 거의 종식되었다. 하지만 연구자들은 여전히 인플루엔자의 원인을 찾고 이를 예방 혹은 치료하는 방법을 찾고자 노력했다. 인플루엔자는 일단 종식되었다고 하더라도 다음번에 필히 다시 찾아오기 때문이다. 1918년의 인플루엔자에 대한 대처가 어려웠던 가장 큰 이유는 팬데믹이 일어날 때까지 과연 어떤 병원체가 인플루

• 통상적인 인플루엔자의 경우 감염된 사람 대비 사망하는 사람의 비율인 치명률은 0.1% 이하다.

엔자라는 질병을 유발하는지에 대한 충분한 지식이 없었기 때문이다. 그러나 인플루엔자를 일으키는 병원체가 발견되기까지는 팬데믹 종식 후 15년이 지난 1930년대까지 기다려야만 했다.

참고문헌

1. Barry, John M.. The Great Influenza (p.95). Penguin Publishing Group.
2. Barry, J. M. (2004). The site of origin of the 1918 influenza pandemic and its public health implications. *Journal of Translational medicine, 2*(1), 1-4.
3. Byerly, C. R. (2010). The US military and the influenza pandemic of 1918–1919. *Public health reports, 125*(3_suppl), 81-91.
4. 천명선, & 양일석. (2007). 1918년 한국 내 인플루엔자 유행의 양상과 연구 현황: 스코필드 박사의 논문을 중심으로. *의사학*, 16(2), 177-191.
5. Taubenberger, J. K., & Morens, D. M. (2020). The 1918 influenza pandemic and its legacy. *Cold Spring Harbor perspectives in medicine, 10*(10), a038695.
6. Arnold, D. (2019). Death and the modern empire: the 1918–19 influenza epidemic in india. *Transactions of the Royal Historical Society, 29*, 181-200.
7. Morens, D. M., & Taubenberger, J. K. (2006). 1918 Influenza: The Mother of All Pandemics. *Emerging Infectious Diseases, 12*(1), 15-22.
8. Ewald, P. W. (2011). Evolution of virulence, environmental change, and the threat posed by emerging and chronic diseases. *Ecological research, 26*(6), 1017-1026.
9. Taubenberger, J. K., Kash, J. C., & Morens, D. M. (2019). The 1918 influenza pandemic: 100 years of questions answered and unanswered. *Science translational medicine, 11*(502).
10. Taubenberger, J. K. (2006). *Proceedings of the American Philosophical Society, 150*(1), 86.
11. Tumpey, T. M., Basler, C. F., Aguilar, P. V., Zeng, H., Solórzano, A., Swayne, D. E., ... & Garcia-Sastre, A. (2005). Characterization of the reconstructed 1918 Spanish influenza pandemic virus. *Science, 310*(5745), 77-80.
12. Kobasa, D., Jones, S. M., Shinya, K., Kash, J. C., Copps, J., Ebihara, H., ... & Kawaoka, Y. (2007). Aberrant innate immune response in lethal infection of

macaques with the 1918 influenza virus. *Nature, 445*(7125), 319-323.

13. Emergency hospital during influenza epidemic (NCP 1603), National Museum of Health and Medicine. CC by 2.0 https://www.flickr.com/photos/medicalmuseum/3300169510/
14. Chart of influenza and pneumonia at Camp Funston (Reeve 003176), National Museum of Health and Medicine
15. Tom Perry Special Collections, UAP 2 F-092. https://magazine.byu.edu/article/spanish-flu/
16. Raymond Coyne, Mill Valley Public Library, Lucretia Little History Room, https://archive.org/details/cmlpl_000402
17. Morens, D. M., & Taubenberger, J. K. (2006). 1918 Influenza: The Mother of All Pandemics. *Emerging Infectious Diseases, 12*(1), 15-22.
18. https://www.sciencephoto.com/media/874060/view

2. 인플루엔자 바이러스의 발견

앞에서 이야기한 것처럼 인플루엔자를 일으키는 병원체가 발견되기까지는 인플루엔자 팬데믹이 종식된 이후에도 15년이라는 시간이 더 필요했다. 왜 이렇게 인플루엔자를 일으키는 병원체는 늦게 발견되었을까? 여러 가지 복합적인 이유가 있지만 그중 한 가지로 인플루엔자를 일으키는 병원체는 세균(박테리아)이 아닌 당시 현미경으로는 관찰할 수 없었던 아주 작은 존재인 바이러스였기 때문이다.

그렇다면 바이러스는 언제부터, 어떤 과정을 거쳐서 인류에게 알려졌을까?

미지의 존재, 바이러스의 확인

바이러스에 의해 발생되는 수많은 질병 중의 상당수는 바이러스라는 존재를 인간이 인식하기 훨씬 전부터 알려져 있었다. 가령 천연두의 경우 기원전 1145년에 사망한 이집트 파라오 람세스 5세의 미라에도 천연두 자국이 있으며 중국에서도 비슷한 시기에 천연두에 대한 기록이 있다.

흥미롭게도 바이러스에 의해 일어나는 일부 질병은 병을 일으키는 원인이 정확히 무엇인지 알려지지도 않은 상태에서 예방법이 등장하였다. 가령 우두법•은 바이러스가 알려지기 훨씬 이전인 18세기 말 등장했다. 루이 파스퇴르Louis Pasteur, 1822~1895가 광견병 백신을 개발한 것도 광견병 바이러스라는 존재가 미처 알려지기 전이었다. 그러나 바이러스와 바이러스에 의한 질병에 대해서 좀더 확실하게 이해하기 위해서는 결국 병을 일으키는 원인이 되는 병원체를 발견해야 했다. 하지만 바이러스보다 발견하기 쉬운 다른 종류의 병원체인 세균Bacteria의 발견이 바이러스

• 천연두와 유사한 바이러스인 소의 천연두 바이러스인 우두 바이러스 cowpox 를 사람에게 인위적으로 감염시키면 천연두를 예방할 수 있는데 이를 우두법이라 한다.

•• 세균의 크기는 1~5μm(1,000μm=1mm)로 일반적인 광학 현미경으로 관찰 가능하다. 그러나 바이러스의 크기는 0.08~0.15μm정도로 일반적인 광학현미경의 관측 한계인 0.2μm보다 작다. 따라서 전자현미경이 발명되기 전인 20세기 초에는 바이러스의 실체를 확인하기 어렵다. 그리고 세균은 별도의 세포를 가진 독자 생존이 가능한 생물이다. 하지만 바이러스는 다른 세포에 감염해야만 생존할 수 있다.

보다 앞섰다.[••]

19세기 말, 독일의 미생물학자 로베르토 코흐Roberto Koch, 1843~1910와 파스퇴르 같은 학자들은 대부분의 질병의 원인이 눈에 보이지 않는 미생물, 즉 세균이라고 주장하였다. 이들은 모든 질병은 한 종류의 세균이 몸에 감염되서 일어난다는 '세균 병인설Germ Theory of diseases'을 주장하였고, 이를 입증하기 위해 질병을 일으키는 세균을 찾아 나섰다. 이러한 노력으로 19세기 말, 수많은 종류의 전염병과 이를 일으키는 세균이 발견되었다. 대표적인 것으로 탄저병을 일으키는 탄저균*Bacillus anthraxis*, 결핵을 일으키는 결핵균*Mycobacterium tuberculosis*, 콜레라균*Vibrio cholera*, 장티푸스균*Salmonella enterica serovar Typhi* 등이 있다.

모든 병이 세균에 의해서 일어난다는 것을 증명하기 위해서는 우선 환자로부터 세균을 분리해야 한다. 게다가 원하는 세균만 배양하려면 배지medium,[•] 배양용기 등 실험에 사용하는 모든 것을 무균 상태로 만들 필요가 있다. 파스퇴르의 조수였던 찰스 챔버랜드Charles Edouard Chamberland, 1851~1901는 1884년 파스퇴르의 실험에 사용하기 위하여 도자기로 만들어진 필터, 일명 챔버랜드 필터를 만들었다. 이 필터 구멍의 직경은 0.1~1μm로 세균보다 작아서 이를 이용하면 세균을 여과하여 무균 상태의 액

• 미생물이 먹고 자랄 수 있는 영양분이 들어있는 '미생물의 밥'이다.

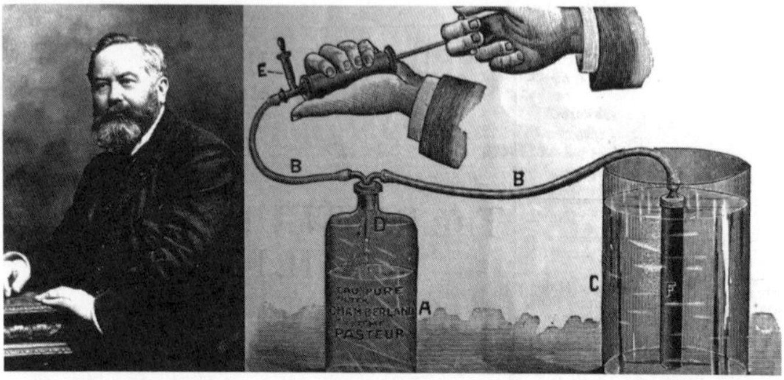

세균을 여과하는 필터를 개발한 찰스 챔버랜드와 그가 개발한 챔버랜드 필터. 세균보다 작은 구멍을 가진 도자기 필터를 만들어서 액체에서 세균을 제거해냈다. 챔버랜드의 필터는 나중에 세균보다 작은 병원체인 바이러스가 존재한다는 것을 발견하는데 결정적인 역할을 한다.

체를 만들 수 있다. 이 필터로 여과하여 세균을 모두 걸러낸 배지를 이용하면 환자로부터 병을 유발하는 균만 배양할 수 있었다. 챔버랜드는 이외에도 오늘날의 고압멸균기Autoclave[•]에 상응하는 기구도 만들었다.

멸균을 위해 만들어진 기구인 챔버랜드의 필터는 바이러스 발견에 결정적인 역할을 했다. 모든 세균을 걸러낸다고 믿었던 챔버랜드의 필터에 걸러지지 않고 통과하는 병원체가 있었던 것이다. 이는 **세균보다 작은 크기의 미지의 병원체**가 있음을 의미한다.

최초로 발견된 바이러스, 담배 모자이크 바이러스

담배 모자이크 바이러스Tobacco Mosaic Virus, TMV는 담배, 고추, 토마토 등 가시과에 속하는 식물에 감염하여 잎에 반점을 형성하는 '담배 모자이크병'을 일으킨다. 인간 등의 동물은 감염되지 않고 식물에만 감염하는 바이러스인 담배 모자이크 바이러스를 이 책에서 소개하는 이유는 바로 담배 모자이크 바이러스가 인류 최초로 발견된 바이러스이기 때문이다.

• 배지나 배양기 등 미생물 배양에 사용하는 실험재료를 무균 상태로 만들기 위하여 섭씨 121°C와 1.02기압 조건으로 미생물을 사멸시키는 기기이다.

1886년 독일의 아돌프 메이어Adolf Mayer, 1843~1942는 식물에 반점을 일으키는 담배 모자이크병을 처음 발견하였다. 그는 당대의 다른 학자들처럼 이 질병이 세균에 일어난다고 믿고 병을 일으키는 세균을 발견하려고 했으나 성공하지 못했다. 이 질병이 세균이 아닌 세균보다 작은 병원체에 의해서 일어남을 처음으로 보여준 사람은 러시아의 생물학자 디미트리 이바노프스키Dimitri Ivanovsky, 1864~1920였다. 그는 담배 모자이크병에 걸린 식물을 채취하여 이를 갈아 추출물을 만들었다. 그 다음 이 추출물을 챔버랜드 필터로 여과하여 세균을 제거했다. 그런데 여과한 추출물을 처리한 식물은 여전히 담배 모자이크병에 걸렸다. 이러한 관찰에 근거하여 이바노프스키는 담배 모자이크병을 일으키는 병원체는 세균보다 작은 '어떤 물질'이라고 주장했다. 물론 이바노프스키는 그 '물질'이 어떤 성질을 가졌는지 정확히 알지 못했다. 머지 않아 동물에도 세균보다 작은 병원체가 있다는 것이 밝혀졌다.

최초의 동물 바이러스의 발견

식물에 병을 일으키는 '세균보다 작은 물질'의 존재가 알려진 후 얼마 안 되어 동물에서 병을 유발하는 비슷한 물질이 발견되었다. 그러나 이 물질은 세균보다는 작았지만 일반적인 화학

물질보다는 큰 '입자'였다.

프리드리히 뢰플러Friedrich Loeffler, 1852~1915와 파울 프로쉬Paul Frorsch, 1860~1928은 오늘날 구제역 바이러스병Foot and Mouse Virus로 이름 붙은 질병을 연구하고 있었다.• 이들은 이바노프스키의 실험처럼 구제역에 걸린 동물의 체액을 챔버랜드 필터로 여과하여 세균을 제거한 추출물을 동물에 접종했을 때 여전히 구제역을 일으킨다는 것을 확인했다. 이들은 여기서 한 단계 더 나아가 챔버랜드가 만든 필터보다 더 작은 구멍을 가진 필터로 여과한 추출물이 질병을 일으키는지 실험하였다. 그러나 새로운 필터로 여과한 추출물은 더 이상 구제역을 일으키지 않았다. 구제역을 일으키는 병원체는 세균 크기의 물질을 걸러내는 필터는 통과하지만 이보다 더 작은 구멍을 가진 필터로는 여과된다는 의미이다. 즉 병을 일으키는 물질은 세균보다는 작지만 일반적인 화학 물질보다는 큰, 일종의 '입자'라는 것이다. 구제역이 세균보다는 작은 병원체에 의해서 일어난다는 것이 밝혀진 이후, 인간에서도 비슷한 특징을 가진 병원체의 존재가 알려졌다. 그 첫 번째가 '황열병Yellow Fever'이다. 모기를 매개로 전파되어 황열병을 일으키는 병원체는 챔버랜드 필터로 여과되지 않는

• 발굽이 있는 소나 돼지 등과 같은 동물에만 감염되는 바이러스성 동물 질병이다. 한국에서도 2000년, 2002년, 2010년에 유행하여 소, 돼지를 대거 살처분하는 곤욕을 겪게 했다.

병원체였다.

1908년에는 소아마비 역시 이러한 '세균보다 작은' 병원체에 의해 일어남이 밝혀졌다. 칼 란트슈타이너Karl Landsteiner, 1868~1943와 에르윈 포퍼Erwin Popper, 1879~1955는 소아마비로 사망한 9세 아동에서 적출한 척수 추출물을 챔버랜드 필터로 거른 후 여러 실험동물에 주사하였다. 토끼, (흔히 모르모트라고 부르는) 기니피그Guinea Pig, 실험쥐Mouse에서는 아무런 이상이 나타나지 않았지만 두 종의 원숭이에서는 사람의 소아마비와 비슷한 증상이 나타났다. 즉 소아마비 역시 세균보다 작은 미지의 병원체에 의해서 일어나는 질병이었다.

20세기 초반 세균보다 작지만 정체를 정확히 알 수 없는 병원체의 존재가 알려지기 시작했고, 이를 '바이러스Virus'라 부르기 시작했다. 그러나 '세균보다 작은 병원체'의 존재를 의심하는 학자들도 많았다. 약 1,000배의 확대능을 가진 당시의 광학 현미경으로 관찰할 수 있는 세균과 달리 광학 현미경으로 관찰할 수 없는 바이러스의 존재를 믿지 않는 학자들도 많았기 때문이다. 바이러스의 존재가 모든 사람으로부터 인정받은 것은 바이러스를 실제로 관찰할 수 있는 기술인 전자현미경이라는 기술이 1930년대에 등장한 이후였다.

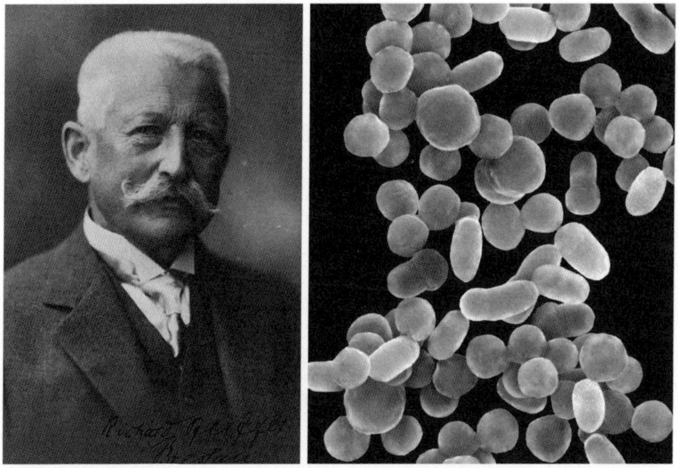

리하르트 파이퍼와 그가 인플루엔자 환자에서 발견한 세균인 헤모필루스 인플루엔자. 그가 1892년 발견한 헤모필루스 인플루엔자는 처음에 인플루엔자를 일으키는 병원체로 생각되었다. 그러나 이후 헤모필루스 인플루엔자는 인플루엔자 한자에 자주 감염될 뿐, 인플루엔자를 일으키는 병원체는 아닌 것으로 판명났다.

인플루엔자를 일으키는 세균?

1장에서 알아본 것처럼 1918년의 인플루엔자는 전 세계적으로 약 5,000만 명의 희생자를 냈으며 이를 일으키는 병원체 규명에 많은 의과학자들의 관심이 쏠렸다. 그러나 인플루엔자가 바이러스에 의해서 일어난다는 것은 1930년대에 이르러서야 밝혀졌다. 인플루엔자를 일으키는 병원체의 발견이 늦어진 이유에는 19세기 후반의 의학을 지배하던 '세균 병인설'에 대한 믿음이 너무 지나쳤던 것에도 어느 정도 원인이 있다. 1890년대에도 인플루엔자의 유행이 있었다. (3부에서 설명하겠지만 이때의 대유행이 인플루엔자 바이러스에 의해 일어난 것인지는 확실하지 않다.) 1892년 독일의 미생물학자 리하르트 파이퍼Richard Pfeiffer, 1858~1945는 인플루엔자를 일으키는 세균을 찾으려 했다. 파이퍼는 세균 병인설의 창시자 격인 로베르트 코흐의 제자로 그 자신도 이전에 장티푸스균을 발견하고 이를 예방하는 백신을 처음 개발한 유능한 미생물학자였다. 그는 인플루엔자가 걸린 환자의 인후에서 한 종류의 세균을 분리하였고, 이 세균이 많은 인플루엔자 환자에서 발견되는 것을 확인하였다. 그는 자신이 발견한 세균을 인플루엔자를 일으키는 병원체라고 주장하였다.

발견 당시에는 파이퍼 간균Piper's bacillus이라 불리던 세균에 나중에는 헤모필루스 인플루엔자*Haemophilius influenza*라는 정식 학

명이 붙었다. 당시만 하더라도 세균학의 전성시대로 콜레라, 장티푸스 등 수많은 질병이 세균에 의해서 일어난다고 믿었다. 때문에 파이퍼의 발견 역시 인플루엔자의 병원체 발견이라 여겼다.

그러나 1918년 전 세계적인 인플루엔자 팬데믹 이후 파이퍼가 발견한 세균이 진짜로 인플루엔자를 일으키는지에 대한 의심이 일기 시작하였다. 수천만 명의 사망자를 낸 세계적인 인플루엔자 대유행에서 당시의 의학자들이 마냥 손 놓고 있지만은 않았다. 이전에 파이퍼가 발견한 '인플루엔자의 원인 병원체'인 헤모필루스 인플루엔자를 환자에게서 분리하고 이를 배양하여 백신을 만들면 인플루엔자를 예방할 수 있다고 믿었다. 그들은 인플루엔자 환자로부터 이 세균을 분리하려 했다. 그러나 인플루엔자 환자 중에서 파이퍼가 발견한 세균이 발견되는 경우도 있었지만, 그렇지 않은 경우도 많았다. 하지만 이 세균은 배양이 매우 까다로운 세균이라서 이 세균이 인플루엔자를 일으킨다고 믿는 사람들은 세균 배양 기술이 미숙했기 때문에 발견되지 않았다고 믿었다.

그러나 인플루엔자 환자 중에서 헤모필루스 인플루엔자가 발견되는 환자가 극히 적었기 때문에 점점 많은 사람들은 헤모필루스 인플루엔자가 과연 인플루엔자의 병원체인지에 대해서 의심을 품기 시작했다. 조선 세브란스 의학 전문학교에서 미생물학을 가르치던 캐나다 출신의 미생물학자 프랭크 스코필드Frank

William Schofield, 1889~1970는 당시 조선의 인플루엔자 유행 과정을 기록하고 인플루엔자 환자로부터 헤모필루스 인플루엔자의 분리를 시도한다. 그러나 다른 연구자들과 마찬가지로 모든 환자로부터 이 세균의 존재를 확인할 수 없었다. 따라서 스코필드 역시 헤모필루스 인플루엔자가 과연 인플루엔자의 병원체인지에 대해서 확신하지 못했다. 파이퍼의 스승인 로베르토 코흐가 정립한 엄격한 기준을 적용한다면 사실 헤모필루스 인플루엔자가 과연 인플루엔자의 병원체라 확실히 결론내리기는 어려웠다.

파이퍼의 스승인 로베르토 코흐는 어떤 미생물이 어떤 질병의 원인 병원체라고 주장하려면 다음의 조건을 만족해야 한다고 주장하였다.

1. 해당 미생물은 질병을 가진 대상(사람/동물)에게는 많이 존재하지만 건강한 대상에서는 존재하지 않아야 한다.
2. 이 미생물은 질병을 가진 대상에게서 분리되어 단일한 미생물로 순수 배양될 수 있어야 한다.
3. 순수 배양된 미생물을 건강한 대상에 주입하면 병을 일으켜야 한다.
4. 순수 배양된 미생물을 주입하여 병이 일어난 대상에서 다시 미생물을 분리하면 동일한 미생물이 분리되어야 한다.

코흐의 조건에 따르면 질병을 가진 사람에서 분리 가능한 미생물이라고 하여 이 미생물이 모두 다 질병을 일으키는 원인이라고 할 수는 없다. 만약 질병을 가진 사람과 건강한 사람 모두에 어떤 동일한 미생물이 존재한다면, 이 미생물이 병의 원인이라 입증할 수 없기 때문이었다. 코흐의 4가지 기준은 그가 결핵균, 콜레라, 탄저병 등 질병을 일으키는 세균을 찾으며 겪은 시행착오에서 얻은 교훈이었다. 사실 헤모필루스 인플루엔자는 인플루엔자에 걸린 환자에 많이 존재하지만 인플루엔자에 걸린 환자 모두에게서 발견되지 않았고, 이 세균을 건강한 대상에 주입한다고 인플루엔자가 발생하는 것도 아니었다. 따라서 코흐가 제시한 4가지 조건을 제대로 만족하지 못했다.

그럼에도 파이퍼의 권위는 쉽게 흔들리지 않았다. 1918년의 인플루엔자 팬데믹이 끝날 때까지 파이퍼가 발견된 세균은 적어도 독일을 중심으로 한 당시의 주류 학계에서는 인플루엔자의 병원체라고 여겨졌다. 그러나 이러한 상황은 팬데믹이 끝난 이후 변하기 시작하였다.

인플루엔자의 진짜 병원체의 발견

19세기 석유왕 존 록펠러John D Rockerfeller, 1839~1937는 1870년

석유회사 '스탠더드 오일Standard Oil'을 세운 후 10여 년 만에 미국 석유시장을 독점하여 막대한 부를 축적하였다. 하지만 반작용으로 독점자본주의에 대한 원성도 높아졌다. 그 결과 스탠더드 오일은 1911년 셔먼 반독점법Sherman Antitrust Act에 의해 34개의 회사로 분할되었다. 오늘날 미국의 주요 석유회사인 엑손Exxon, 셰브론Chevron 등은 스탠더드 오일의 후손이다.

독점자본주의의 폐해가 극에 달한 20세기 초, 록펠러는 자신의 이미지를 개선하기 위한 일환으로 자선사업을 시작하였다. 그 중 하나로 1901년 뉴욕에 록펠러 의학연구소Rockerfeller Institute of Medical Research(현 록펠러 대학교)를 세웠다. 록펠러 의학연구소는 인플루엔자, 황열병 등 당시 사람들에게 공포의 대상인 전염병을 주로 연구하였다. 이후 1913년 록펠러 재단을 설립하여 본격적으로 자선사업과 과학 연구 지원에 나섰다.

전염병 연구에 중점을 둔 록펠러 연구소의 연구자들은 1918년 인플루엔자 팬데믹 이후 인플루엔자 관련 연구에도 뛰어들었다. 1921년 록펠러 대학의 피터 올리츠키Peter Olitsky, 1886~1964와 프레데릭 게이츠Frederick Gates, 1853~1929는 파이퍼가 이야기한 세균이 인플루엔자를 일으키는지에 대한 의문을 제기하는 실험 결과를 발표한다. 이들은 인플루엔자 환자에게서 채취한 콧물을 토끼에 주입하여 토끼가 인플루엔자에 감염되는지 살펴보았다. 예상대로 토끼는 인플루엔자와 비슷한 증상을 냈다.

이번에는 콧물을 챔버랜드 필터로 여과한 추출물을 토끼에 주입하였다. 만약 파이퍼가 이야기한 세균이 인플루엔자 병원체라면 필터로 여과된 콧물은 인플루엔자를 형성하는 능력을 잃어야 할 것이다. 그러나 필터로 여과된 추출물은 인플루엔자를 일으키는 능력을 잃지 않았다. 그 이야기는 인플루엔자를 일으키는 병원체는 세균보다 작은 바이러스라는 의미이다. 그러나 기존의 과학자들은 올린스키와 게이츠의 주장에 회의적이었다. 올린스키와 게이츠가 시도한 실험과 비슷한 실험을 수행해 보았지만 이들의 결과는 쉽게 재현되지 않았고, 이들의 연구 결과는 묻혀진 채, 또 10여 년이 흘렀다.

인플루엔자의 병원체를 발견하는 돌파구는 예상하지 못한 곳에서 나왔다. 1918년과 1929년, 미국 아이오와Iowa의 돼지 축산 농가에서 매우 감염력 높은 질병이 발견되었다. 이 질병은 인간의 인플루엔자와 매우 증상이 유사하였으므로 '돼지 인플루엔자'라고 불렀다. 록펠러 연구소의 연구자인 리처드 쇼프Richard Edwin Shope, 1901~1966와 폴 루이스Paul A. Lewis, 1879~1929는 돼지 인플루엔자에 감염된 돼지로부터 파이퍼가 발견한 것과 매우 흡사한 세균을 발견했다. 이들은 **순수 배양한 세균을 병에 걸리지 않은 돼지에 접종해 보았으나 이 돼지에서는 아무런 인플루엔자의 증상이 나타나지 않았다**. 즉 이 세균은 **'돼지 인플루엔자'의 병원균이 아니었던** 것이다.

쇼프는 올린스키와 게이츠가 한 것처럼 샘플을 필터로 여과해서 돼지에 접종해 보았다. 그랬더니 돼지 인플루엔자 증상이 나타났지만 증상은 돼지 체액을 그대로 접종했을 때보다는 약했다. 그 이야기는 돼지 인플루엔자를 일으키는 병원체는 박테리아가 아닌, 세균보다 작은 바이러스라는 이야기였다. 쇼프는 이번엔 여과된 샘플에 따로 분리했던 세균을 같이 섞어서 접종해 보았다. 이제 돼지에서는 인플루엔자에 걸린 분비물을 접종했을 때와 동일한 정도의 심한 증상이 나왔다.

쇼프는 이러한 결과를 다음과 같이 해석하였다.

1. 돼지 인플루엔자의 병원체는 세균을 거르는 필터를 통과하는 바이러스이다.
2. 돼지 인플루엔자에 걸린 돼지에서 검출되는 세균은 그 자체만으로 인플루엔자를 일으키지 못한다.
3. 바이러스 존재 하에 세균이 같이 감염되면 증상이 더 심해진다.

한편 1933년 영국의 윌슨 스미스Willson Smith, 1897~1965 연구팀은 쇼프와 동일한 방법으로 인간 인플루엔자 환자의 체액을 여과하여 실험동물인 패렛Farret에 접종하면 인플루엔자에 감염되는 것을 확인하였다. 즉 돼지뿐만 아니라 인간에 인플루엔자를 일으키는 병원체 역시 세균보다 작은 병원체인 바이러스라는 것이다.

인플루엔자 바이러스의 발견자들. (왼쪽)돼지 인플루엔자 바이러스를 발견한 리처드 쇼프, (가운데)인간 인플루엔자 바이러스 A를 발견한 윌슨 스미스, (오른쪽)인플루엔자 바이러스 B를 처음 발견한 토마스 프랜시스 주니어

그렇다면 돼지 인플루엔자 바이러스와 인간 인플루엔자 바이러스 사이에는 어떤 관계가 있을까? 쇼프가 분리한 돼지 인플루엔자 바이러스에 감염된 실험동물의 혈액 내에 생성된 항체는 사람 인플루엔자 바이러스를 무력화시킬 수 있었고, 반대로 사람 인플루엔자 바이러스에 의해서 생성된 항체 역시 돼지 인플루엔자 바이러스를 무력화시킬 수 있었다. 즉 면역학적으로 두 개의 바이러스는 거의 동일한 성질을 가진 것이다. 이후 바이러스의 유전체 분석 이후 알려진 것이지만 이때 돼지에서 분리된 인플루엔자 바이러스는 사람에서 분리한 인플루엔자 바이러스와 거의 동일한 바이러스였다. 1918년의 팬데믹의 원인 인플루엔자 바이러스가 어디서 온 것인지는 아직 정확히 알려져 있지 않지만 적어도 1930년대에 돼지와 사람에서 분리된 인플루엔자 바이러스는 1918년 사람에게서 유행하던 인플루엔자와 거의 같은 바이러스가 사람에서 돼지로 전파되었고, 각각 발견된 것으로 보인다.

1936년 토마스 프랜시스 주니어Thomas Francis Jr., 1900~1969는 1933년에 발견된 인플루엔자 바이러스와는 다른 새로운 바이러스를 발견하였다. '바이러스가 다르다'라는 것을 어떻게 알 수 있을까? 이때의 바이러스 분류 기준은 면역학적인 차이에 기반했다. 새롭게 발견된 바이러스가 이전에 발견된 바이러스에 감염된 동물의 혈액에 존재하는 항체에 인식되지 않는다면, 이 두 가지 바이러스는 다른 바이러스라고 간주하였다. 1936년에 발견된 바이러스에 의해서 형성된 항체는 1933년의 바이러스를 인식하지 못하고 반대로 1933년의 바이러스에 의한 항체는 1936년 발견된 바이러스를 인식하지 못했다. 즉 두 바이러스는 면역학적으로 구분된 별도의 바이러스인 셈이다.●

1936년의 바이러스는 1918년, 1933년에 발견된 바이러스와 구별되는 새로운 바이러스이므로 이를 구분할 새로운 이름이 필요로 했다. 1933년의 바이러스(1918년 대유행한 바이러스)는 '인플루엔자 바이러스 A'라 명명되었고, 1936년도에 발견된 바이러스는 '인플루엔자 바이러스 B'라는 이름이 붙었다. 인플루엔자를 일으키는 병원체가 1918년의 세계적인 대유행 이후 무려 15년이 지나서야 드디어 밝혀진 것이다. 2019년 코로나19 유행이 시작된 지 불과 1개월 만에 새로운 코로나 바이러스 병원체를 찾은 것과 비교하면 아주 오래 걸렸다고 생각하겠지만, 이것은 오늘날의 생명과학 기술의 발전 덕분이고, 이전에는 인플루엔자뿐만 아니라 대부분의 전염병의 병원체가 알려지기까지 최소 수 년의 시간이 걸리는 것이 보통이었다.

● 반면에 1933년 사람과 돼지에서 발견된 2개의 바이러스에 대한 각각의 항체는 서로 다른 바이러스를 인식할 수 있다. 이 경우에는 면역학적으로 동일한 바이러스라고 간주한다. 요즘은 바이러스를 구성하는 유전 정보를 결정하여 보다 정확하게 바이러스의 종류를 판별할 수 있다. 하지만 당시에는 유전 정보를 확인할 기술이 없었기 때문에 항체가 바이러스를 인식하는지의 여부로 바이러스를 구분했다. 항체에 의한 바이러스 구분법은 바이러스의 큰 특징은 인식하지만 바이러스 간의 세부적인 차이는 잘 구분하지 못하는 편이다.

이제 인플루엔자를 유발하는 병원체가 바이러스임이 밝혀졌다. 그렇다면 인플루엔자를 예방할 수 있는 백신은 어떻게 개발되었을까?

참고문헌

1. Schofield, F. W., & Cynn, H. C. (1919). Pandemic Influenza in Korea: with Special Reference to its Etiology. *Journal of the American Medical Association*, 72(14), 981-983.
2. Wollstein, M. (1919). Pfeiffer's Bacillus and Influenza: A Serological Study. *The Journal of experimental medicine*, 30(6), 555-568.
3. Olitsky, P. K., & Gates, F. L. (1921). Experimental studies of the nasopharyngeal secretions from influenza patients: I. Transmission experiments with nasopharyngeal washings. *The Journal of experimental medicine*, 33(2), 125-145.
4. Olitsky, P. K., & Gates, F. L. (1921). Experimental Studies of the Nasopharyngeal secretions from influenza patients. Filterability and Resistance to Glycerol. *The Journal of experimental medicine*, 33(3), 361-372.
5. B., W. The Alleged Discovery of the Virus of Epidemic Influenza. *Nature* 111, 193–194 (1923).
6. Van Epps, H. L. (2006). Influenza: exposing the true killer. *The Journal of experimental medicine*, 203(4), 803.
7. Smith, W., Andrewes, C. H., & Laidlaw, P. P. (1933). A virus obtained from influenza patients. *Lancet*, 66-8.
8. Shope, R. E. (1931). Swine influenza: III. Filtration experiments and etiology. *The Journal of experimental medicine*, 54(3), 373-385
9. Horzinek, M. C. (1997). The birth of virology. *Antonie van Leeuwenhoek*, 71(1-2), 15-20.
10. Magill, T. P., & Francis Jr, T. (1936). Antigenic differences in strains of human influenza virus. *Proceedings of the Society for Experimental Biology and Medicine*, 35(3), 463-466.

3. 인플루엔자 백신의 개발

백신의 기본 원리

이번 장에서는 인플루엔자 백신이 개발되는 과정을 알아보자. 먼저 백신에 대한 기본적인 상식에 대해 먼저 이야기해보자. 우리 몸의 면역, 특히 '후천성 면역'은 어느 병원체에 감염된 후 동일한 병원체에 다시 감염되더라도 병을 앓지 않도록 해당 병원체에 대한 면역을 형성하는 것을 의미한다.• 면역이 형성되려면 일단 한번은 병원체에 감염되어야 한다. 여기서 인간은 '어떻

• 우리 몸속에서 어떻게 면역이 이루어지는지에 대한 내용은 2부에서 자세히 다룬다.

게 하면 전염병을 앓지 않고 병에 대한 면역력을 획득할 수 있을까?'라는 생각을 하기 시작했다. '병을 앓기는 싫지만 병에 대한 면역을 얻고 싶은' 이기적인(?) 인간의 욕망을 만족시키기 위해 만들어진 것이 바로 백신이다.

최초의 백신은 18세기 말에 등장한 '우두법'이다. 우두법은 소에 감염하는 인간 천연두와 비슷하지만 사람에게는 훨씬 더 가벼운 증상을 일으키는 '우두 바이러스'에 일부러 감염되는 것이다. 가벼운 병을 앓아 후천성 면역을 획득하여 한번 걸리면 목숨이 위태로운 인간 천연두 바이러스Vaccina Virus에 대한 면역을 얻는 것이다. **인간이 가지고 있는 면역계를 병에 걸리지 않은 상태에서 '병에 걸렸다'라고 속여 면역력을 얻는 것이 백신의 본질**이다. 이후에 '실제로 병에 걸리지 않은 상태에서 마치 병원체가 우리 몸에 있는 것처럼' 속여 면역을 유도하는 여러 가지 백신이 개발되었다. 독자들 중에서는 입으로 한 방울 섭취하는 '먹는 소아마비 백신'의 기억이 있는 사람이 있을지도 모른다. '먹는 소아마비 백신'은 사실 살아 있는 바이러스이다. 단 돌연변이가 일어나서 인간에 질병을 일으키지 못한다. 질병을 일으키지 못하도록 변형된 소아마비 바이러스가 몸속에서 증식하여 면역을 유도하고 실제로 소아마비를 일으키는 바이러스에 대한 면역을 형성해 준다. 이렇게 **살아 있는 바이러스를 이용한 백신을 '생백신' 혹은 '약독화 백신Live attenuated vaccine'이라고 부른다.** 한편 '바이러스

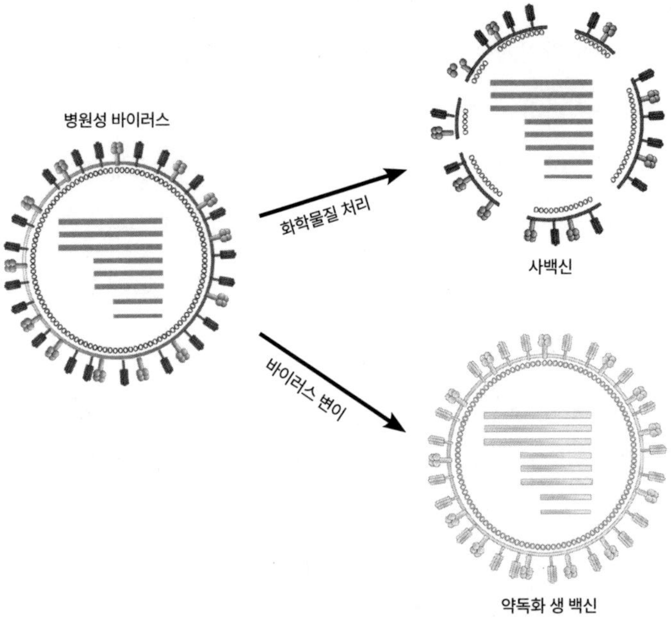

백신을 만드는 전통적인 2가지 방법. 바이러스를 배양한 다음 이를 포르말린 등의 화학물질로 처리하여 바이러스를 죽이는 사백신Inactivated vaccine과 바이러스를 오랫동안 배양하여 더 이상 독성을 가지지 않는 변종 바이러스를 얻어 백신으로 사용하는 약독화 백신. 현재 사용하는 인플루엔자 백신은 사백신에 해당하고, 황열병 백신이나 먹는 소아마비 백신은 약독화 생백신이다.

의 시체'도 면역을 형성할 수 있다. 바로 인플루엔자 바이러스 백신이 바로 이러한 백신이다. 먼저 살아 있는 바이러스를 배양한 후 **화학물질을 처리하여 바이러스를 죽인 것이 흔히 맞는 인플루엔자 백신, 즉 '독감 백신'이다.** 사멸한 바이러스가 우리 몸에 들어가면 면역계는 이를 인식하여 살아 있는 인플루엔자 바이러스를 무력화하는 면역력을 만들어 낸다. 바이러스를 예방하는 백신이 만들어지려면 일단 병을 일으키는 바이러스가 확인되고, 그 다음에는 이를 대량으로 배양할 수 있는 기술이 등장해야만 한다. 2장에서 인플루엔자 바이러스가 1918년의 인플루엔자 대유행이 시작된 지 무려 15년이 지난 1933년이 되서야 발견되었다고 이야기를 했다. 이제 백신 개발을 향한 다음 단계인 인플루엔자 바이러스를 대량으로 배양하는 기술의 개발에 대해서 알아보자.

바이러스 대량 배양법의 개발

앞에서 설명한 것처럼 백신을 만들기 위해서는 둘 중 한 가지가 필요하다. 인간에게 해를 가하는 않지만 면역을 부여하는 성질은 가진 살아 있는 변종 병원체, 혹은 병원체를 인위적으로 죽여서 얻은 병원체 유래 물질, 둘 중 하나가 필요하다. 어떤 방법을 택하든 이를 위해서는 바이러스를 지속적이고 대량으로 증식시킬 수 있어야만 한다. 바이러스 연구 초창기 바이러스를 증식하는 방법은 바이러스에 감염되는 동물에 바이러스를 접종하여 감염시키고 이 동물에서 바이러스를 채취한 후, 새로운 동물에 반복하여 접종하는 것이었다.

동물을 이용한 바이러스 배양은 번거롭고 바이러스를 대량으로 배양하기도 어려웠을 뿐더러 동물 조직을 이용하여 백신을 만드는 경우 가끔 예상치 않은 부작용이 발생했다. 가령 파스퇴르가 개발한 광견병 백신의 경우 광견병 바이러스를 접종한 동물의 척수를 채취하여 만들었다. 그러나 이 백신의 경우 낮은 빈도로 척수 마비가 일어나는 부작용이 있었다. 나중에 부작용의 원인이 밝혀졌는데 척수 조직에서 얻은 바이러스로부터 만든 백신을 접종받는 경우 간혹 바이러스가 있는 척수 조직에 들어있는 미엘린 베이직 단백질myelin basic protein이라는 단백질에 대한 항체가 생겨 백신 속 항체가 척수 조직을 공격하여 척수마비를 일으키기 때문이었다. 이처럼 동물 조직을 이용하여 백신을 만드는 것은 그리 경제적이지도, 안전하지도 않은 방법이었다. 인플루엔자 바이러스와 같이 많은 사람에게 접종이 필요한 백신을 개발하기 위해서는 바이러스를 안전하고 저렴하게 대량 배양할 수 있는 방법을 찾아야만 했다. 문제는 세균의 경우라면 영양분을 공급하는 배지에 세균을 접종하여 얼마든지 대량으로 배양할 수 있었지만 바이러스는 혼자서는 자라지 못하고 동물 세포 내에서만 자란다. 제일 먼저 바이러스가 증식할 수 있는 동물 세포 및 조직을 체외에서 배양하는 방법을 개발해야만 했다. 1907년 존스 홉킨스 대학의 로스 그랜빌 해리슨Ross Granville Harrison은 신경계로 발달하는 개구리의 배아 조직의 일부를 체외에서 몇 주 동안 살아 있도록 하는데 성공하였다. 해리슨의 연구를 바탕으로 1913년 콜롬비아 대학의 스테인하트Edna Steinhardt와 램버트R. A. Lambert는 토끼의 각막내피세포Corneal epithelium에서 천연두 바이러스를 접종하여 배양하는데 성공하였다. 그 이후 여러 가지 동물 조직을 이용하여 체외에서 바이러스를 배양하려는 시도가 계속되었다. 그러나 체외에서 동물 조직이나 세포를 증식시키거나 살아 있게 하는 것 자체가 20세기 초에는 쉬운 일이 아니었다. 또한 동물 조직이나 세포를 증식시키기 위해서는 영양분을 공급해 주어야 하는데 세균의 성장을 억제하는 항생제가 아직 개발되지 않았던 20세기 초반에는 동물 조직이나 세포를 배양하려다가 세균에 오염되는 경우가 많았다. 이러한 여러 가지 문제 때문에 바이러스를 체외에서 배양하는 것은 그 당시에는 매우 어려운 일이었다.

난감한 상황은 1930년대 초 밴더빌트 대학의 병리학자 어네스트 굿패스처Ernest Goodpasture, 1886~1960과 그와 함께 일하던의 연구원 앨리스 우드러프Alice M. Woodruff, 유진 우드러프Eugene

Woodruff의 연구에 의해서 바뀌게 되었다. 1920년대 굿패스쳐 연구팀은 바이러스를 체외에서 배양하는 여러 가지 방법을 찾고 있었다. 이들은 천연두 바이러스의 일종이지만 인간에게는 감염되지 않는 바이러스인 닭 천연두 바이러스Fowl-pox virus로 연구를 하고 있었다. 이들은 처음에 닭의 신장 세포를 이용하여 바이러스를 배양하려 하였으나 실패하였다. 그러던 중 수정된 달걀에 닭 천연두 바이러스를 주입하면 닭의 배아에서 바이러스를 성공적으로 배양할 수 있다는 것을 발견하였다. 닭의 배아는 양막이라는 막으로 둘러싸여 있는데 양막 안으로 바이러스를 주입하면 양막 내부에서 바이러스가 활발하게 증식하였다. 이 배양법은 닭 천연두 바이러스뿐만 아니라 사람 천연두 바이러스 같은 다른 바이러스도 배양할 수 있었다. 닭의 배아는 무균 상태에서 자라므로 그동안 바이러스의 배양에서 문제가 된 세균의 오염에서도 안전했을뿐만 아니라, 수정란에 주사기로 바이러스를 접종하는 것만으로 바이러스를 증식시킬 수 있으므로 큰 비용을 들이지 않고도 대량으로 바이러스를 배양할 수 있게 되었다.

1936년 오스트레일리아의 면역학자 프랭크 맥팔레인 버넷Frank MacFarlane Bernet, 1899~1985은 닭 배아에서 사람 인플루엔자 바이러스도 증식시킬 수 있다는 것을 발견하였다. 인플루엔자 바이러스가 여러 실험 동물에서 증식할 수 있다는 것은 이미 알려져 있었지만 수정된 달걀에서 대량으로 바이러스를 배양할 수 있게 됨으로써 인플루엔자 백신의 개발에 가속도가 붙었다.

이제 병원체인 인플루엔자 바이러스를 발견하고 바이러스를 대량으로 증식시키는 방법까지 알아냈으니 백신을 만드는 데 필요한 요건의 2/3가 갖추어졌다. 이제 남은 일은 어떤 방법으로 인플루엔자를 막는 백신을 만드냐이다.

인플루엔자 백신의 개발

1939년 제 2차 세계대전이 발발하였다. 제 1차 세계대전과 마찬가지로 수천만 명이 전쟁터로 이동하였다. 제 1차 세계대전 당시 대규모 병력 이동으로 인해 1918년의 인플루엔자 팬데믹이 발생했다는 교훈을 얻은 여러 국가들은 이러한 일이 다시 일어나지 않도록 인플루엔자 백신 개발에 착수하였다. 그렇다면 인플루엔자 백신을 어떻게 만들까? 앞에서 우리는 백신을 개발하는 방법에 크게 2가지가 있다고 이야기하였다. 첫 번째는 병원성을 잃은 바이러스를 얻어서 이를 백신으로 이용하는 '생백신'이고 두 번째는 병원성을 그대로 유지하는 바이러스를 대량으로 키워서 이를 화학적으로 바이러스를 죽인 후 백신으로 사용하는 '사백신'이 있다. (59페이지) 일부 연구자들은 '생백신' 형태의 인플루엔자 백신을 개발하고자 했다. 그 중의 한 명이 닭 수정란에서 사람 인플루엔자 바이러스를 증식하는 방법을 개발한 프랭크 버넷이다. 버넷은 막스 테일러Max Theiler, 1899-1972가 황열병 생백신을 만든 것에 크게 영향을 받았다. 그렇다면 닭 수정란을 이용한 생백신은 어떻게 만들까? 근본적으로 생백신은 돌연변이가 일어나 병원성을 잃었지만 면역을 부여하는 성질은 잃지 않은 돌연변이 바이러스이다. 2장에서 설명했듯이 모든 바이러스는 증식하면서 돌연변이가 일어나고, 현재 자라고 있는 숙주 동물에 가장 잘 적응하는 돌연변이를 가진 바이러스가 살아남는다. 즉 바이러스가 현재의 환경에 맞게 '적응'하는 셈이다. 닭 수정란 같이 바이러스가 자라던 환경이 아닌 새로운 환경에서 바이러스를 키우면 이 바이러스는 닭 수정란에 맞게 적응하며 서서히 변한다. 그러나 이러한 변화를 겪다 보면 어떤 바이러스들은 원래 가지던 독성을 잃어버려 더 이상 병원성을 나타내지 않게 된다. 하지만 독성을 잃어 병을 일으키지 못하게 된 바이러스도 여전히 동물의 몸속에 들어가면 면역 반응을 일으킨다. 독성을 잃어 더 이상 병을 일으키지 못하는 바이러스는 훌륭한 백신이 된다.•

1938년 막스 테일러는 이러한 과정을 통하여 수정란에서 황열병 바이러스를 지속적으로 수정란에서 장기간 배양하여 독성을 잃은 황열병 바이러스를 얻었다. 막스 테일러는 황열병 백신

• 병을 일으키지 못하게 만든 바이러스를 '약독화 바이러스'라고 부른다.

개발에 대한 공로로 1951년 노벨 생리의학상을 수상한다. 이것이 바로 현재까지 사용하는 황열병 백신이다. 버넷 역시 이 방법으로 약독화된 인플루엔자 바이러스를 얻고자 했다. 그러나 여러 시도에도 불구하고 약독화된 인플루엔자 바이러스를 얻는 데 실패하였다.

그러나 닭 수정란에서 인플루엔자 바이러스를 대량으로 배양할 수 있게 되자 다른 방식으로 백신을 만들려는 시도가 진행되었다. 닭 수정란에서 대량으로 배양된 인플루엔자 바이러스를 원심분리 등의 방법으로 분리, 정제하였고 바이러스의 물리 화학적인 성질에 대한 연구가 진행되었다. 록펠러 의학연구소의 웬델 스탠리Wendell Stanley, 1904~1971는 바이러스에 화학물질 포르말린Formalin을 처리하면 감염성을 잃지만, 면역성은 그대로 남아 있는 것을 발견하였다. 화학 물질을 처리하면 바이러스는 파괴되지만 바이러스를 구성하는 단백질들은 파괴되지 않고 그대로 남았다. 이를 접종하면 바이러스를 구성하는 단백질에 대한 항체가 생성되어 살아있는 바이러스가 감염되었을 때 면역을 부여하는 것이다. 인플루엔자 B 바이러스를 발견한 토마스 프랜시스 주니어와 그의 제자 조너스 소크Jonas Salk, 1914~1995는 1946년 인플루엔자 바이러스 B를 화학 처리하여 백신을 만들 수 있음을 보였다. 소크는 이후에 동일하게 화학 처리하여 바이러스를 죽이는 방법으로 최초의 소아마비 백신을 개발한다.

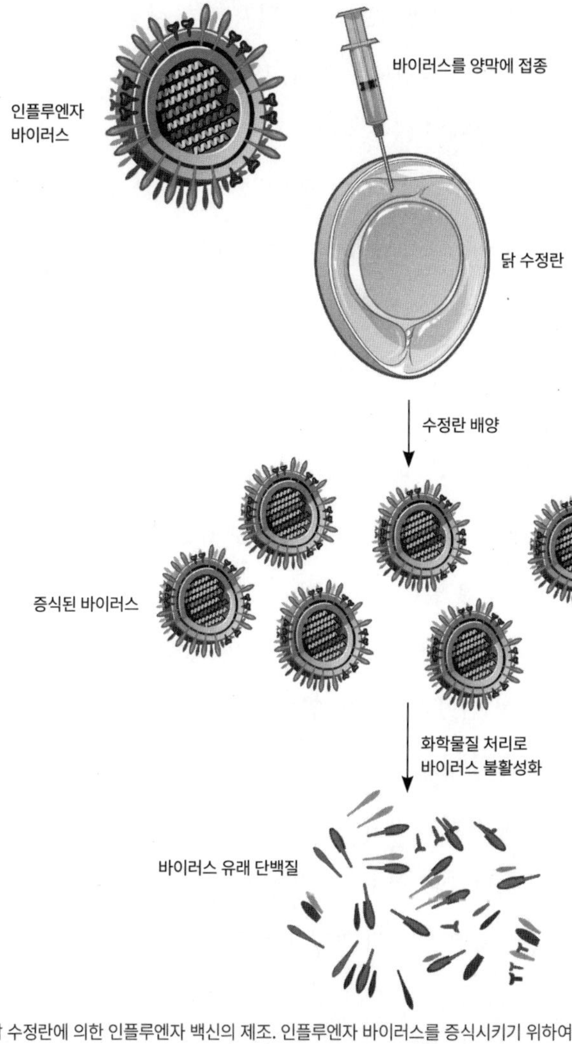

닭 수정란에 의한 인플루엔자 백신의 제조. 인플루엔자 바이러스를 증식시키기 위하여 인플루엔자 바이러스를 닭 수정란의 배아를 둘러싸고 있는 막인 양막에 접종하면 인플루엔자 바이러스가 닭 수정란의 양막에서 증식한다. 증식된 바이러스를 분리한 다음 이를 포르말린 등의 화학물질로 처리하여 바이러스를 죽인다. 사멸한 바이러스는 더 이상 인플루엔자를 일으키지 못하지만, 바이러스에서 나온 단백질은 면역을 유도하는 성질을 유지하고 있어서 인플루엔자 바이러스에 대한 면역을 유도한다.

1945년 제 2차 세계대전이 종결되자 세계 각지에 퍼졌던 수천만 명의 병력이 고향길에 올랐다. 1918년의 팬데믹을 되새김질 한다면 종전 후에 수많은 장병이 이동함으로써 제 2의 인플루엔자 팬데믹이 일어날 위험성이 제기되었다. 학자들은 이러한 일이 재발되지 않도록 1945년 당시까지 알려진 인플루엔자 바이러스 A와 B에 동시 면역을 부여할 수 있는 '2가 백신Divalent Vaccine'을 개발하였고, 미군을 대상으로 접종을 시작하였다. 1946년부터 민간을 대상으로 하는 인플루엔자 백신 접종도 개시되었다. 이러한 백신의 덕으로 제 1차 세계대전 보다 훨씬 더 많은 인원의 밀집과 이동이 일어났음에도 불구하고 1918년과 같은 인플루엔자 팬데믹과 같은 일은 일어나지 않았다.

1918년의 인플루엔자 대유행으로 약 5,000만 명의 인류가 희생된 후 20여 년이 지나서야 인류는 인플루엔자를 예방할 수 있는 백신을 손에 넣게 되었다. 현재 사용하는 인플루엔자 백신도 1940년대에 개발된 방법과 특별히 다르지 않은 원리로 제작하지만 동시에 면역을 부여하는 바이러스 종류가 3종(3가 백신), 혹은 4종(4가 백신)인 정도의 차이가 있다.

인플루엔자 백신의 지속적인 업데이트

그러나 연구자들은 인플루엔자 바이러스는 지속적으로 돌연변이를 일으키고, 이전에 유행하던 바이러스를 이용하여 만든 백신이 새로 유행하는 바이러스에 대해서 제대로 된 면역을 부여하지 못하는 것을 알게 되었다. 이를 해결하는 방법은 가장 최근에 유행한 인플루엔자 바이러스를 채집하여 백신을 업데이트하고, 새롭게 업데이트된 백신을 인플루엔자가 유행하는 겨울이 되기 전에 접종을 매해 반복하는 것이다.

지금 현재 매년 인플루엔자 백신은 다음과 같은 과정을 통하여 만든다.

1. 세계보건기구World Health Organization, WHO은 매년 유행하는 인플루엔자 바이러스를 수집하여 그 분포를 파악한다.
2. 수집된 인플루엔자 바이러스 중에서 그 해의 백신에 사용할 가장 대표 바이러스를 골라 증식시킨다.
3. 증식된 바이러스를 백신화하기 위해 약간의 변형을 거친다. 인플루엔자 바이러스 중에서 닭의 수정란에서 잘 자라고 독성이 덜하도록 변형된 변종과 지금 유행하는 신종 바이러스를 동시에 닭 수정란에 접종한다.
4. 인플루엔자 바이러스의 유전체 정보는 8조각의 RNA로 되어

있다. 닭 수정란에 동시에 2종류 이상의 바이러스가 감염되면 각 바이러스를 구성하는 RNA는 서로 혼종을 형성한다.

5. 이 중 닭의 수정란에서 잘 자라면서 동시에 유행하는 인플루엔자 바이러스의 항원 유전자를 가진 재조합 바이러스를 찾아낸다.
6. 이렇게 찾은 혼종 바이러스가 면역을 성공적으로 유도하는지를 검증한 다음 백신 제조회사에 공급된다.
7. 백신 제조회사는 공급된 바이러스를 닭의 수정란에 접종하여 대량생산한다.
8. 생산된 바이러스를 화학물질 처리로 불활성시킨 다음 백신으로 배포한다.

이렇게 매년 유행하는 인플루엔자에 맞게 백신으로 사용할 바이러스를 업데이트 하고 있지만, 어떤 경우에는 기존의 백신으로 전혀 면역력을 부여할 수 없는 새로운 종류의 인플루엔자가 발생하기도 한다. 이 경우 인플루엔자 팬데믹이 일어난다. 이러한 예가 바로 1956년·1968년·2009년, 말·조류·돼지 등의 가축에서 건너온 새로운 인플루엔자 바이러스가 인간에 퍼져 팬데믹으로 발전했다.

우두법과 그 이후 등장한 개선된 백신에 의해서 완전히 박멸된 천연두 바이러스와는 달리 인플루엔자 바이러스와의 싸움은 백신이 처음 개발된 지 80년이 지난 지금까지 계속 이어지고 있다. 백신으로 인플루엔자의 예방을 획득하면 바이러스는 다시 변화하여 백신의 면역력을 회피하고 다시 유행하는 바이러스에 대항하는 백신을 만드는, 인류와 인플루엔자 바이러스 간의 끝없는 군비 경쟁은 인플루엔자 백신이 등장한 이후 계속되고 있다.

그렇다면 지금 사용하는 인플루엔자 백신은 어느 정도의 효과를 가질까? 미국 질병통제예방센터Centers for Disease Control and Prevention, CDC의 조사에 따르면 2009년~2019년 사이에 인플루엔자 백신의 효과는 38~60% 정도였고,• 2014~2015년 백신의 효과는 19%에 불과했다. 이렇게 해마다 인플루엔자 백신의 효과가 달라지는 이유는 인플루엔자는 급속히 변하는 바이러스이기 때문이다. 준비된 백신에 비해서 인플루엔자가 변하는 속도가 훨씬 빠르면 백신에 의해 유도된 면역력을 피해가는 바이러스가 반드시 존재한다. 특히 기존에는 인간에게 유행하지 않았지만 가축 등에서 유행하다가 인간에 처음 건너온 소위 '신종 플루'가 유행할 때면 기존의 백신의 효과는 크게 떨어진다. 이처럼 인플루엔자 바이러스와 인간의 전쟁은 아직도 현재진행형이다. 다음 장에서는 끊임없이 변화하는 인플루엔자 바이러스와 인간 사이 전쟁의 최신 현황을 다룬다.

• 백신 효과: 백신을 맞은 사람이 그렇지 않은 사람에 비해서 어느 정도로 질병을 피할 수 있는지의 비율을 의미한다.

참고문헌

1. Harrison, Rose G., et al. "Observations of the living developing nerve fiber." *The Anatomical Record* 1.5 (1907): 116-128.
2. Steinhardt, E., Israeli, C., & Lambert, R. A. (1913). Studies on the cultivation of the virus of vaccinia. *The Journal of Infectious Diseases*, 294-300.
3. Site, L. N. V. Ernest Goodpasture and the Egg in the Flu Vaccine. https://norkinvirology.wordpress.com/2014/11/26/ernest-goodpasture-and-the-egg-in-the-flu-vaccine/
4. Woodruff, A. M., & Goodpasture, E. W. (1931). The susceptibility of the chorio-allantoic membrane of chick embryos to infection with the fowl-pox virus. *The American journal of pathology*, 7(3), 209.
5. Theiler, M., & Smith, H. H. (1937). The effect of prolonged cultivation in vitro upon the pathogenicity of yellow fever virus. *Journal of Experimental Medicine*, 65(6), 767-786
6. Burnett FM. Influenza virus infection of the chick embryo lung. *Br J Exp Pathol.* 1940;21:147–153.
7. Francis, T., Salk, J. E., & Brace, W. M. (1946). The protective effect of vaccination against epidemic influenza B. *Journal of the American Medical Association*, 131(4), 275-278.;
8. Chen, J. R., Liu, Y. M., Tseng, Y. C., & Ma, C. (2020). Better influenza vaccines: An industry perspective. *Journal of biomedical science*, 27(1), 1-11.
9. CDC Seasonal Flu Vaccine Effectiveness Studies, https://www.cdc.gov/flu/vaccines-work/effectiveness-studies.htm

4. 신종 인플루엔자 바이러스의 역습 항바이러스 치료제의 개발

인플루엔자 바이러스의 생활사

제 2차 세계대전이 끝난 1940년대 중반, 인플루엔자 바이러스에 대한 백신이 등장했지만 천연두나 소아마비와는 달리 인플루엔자는 근절되지 않았다. 인플루엔자가 백신의 등장 이후에도 끈질기게 살아남아 팬데믹으로 이어진 이유를 이해하기 위해서는 먼저 인플루엔자 바이러스에 대한 기초 지식이 필요하다. 앞에서 설명한 것처럼 바이러스가 처음 발견될 때는 세균보다 훨씬 작은 바이러스를 관찰할 수 있는 방법이 없었다. 광학현미경에서 관찰할 수 있는 제일 작은 물체의 한계가 약 0.2μm(사람의 머리카락의 두께가 50μm이다)인데 인플루엔자 바이러스 크기는 0.08μm 정도이므로 광학현미경으로 관찰할 수가 없었다. 이 한계는 가시광선 대신 훨씬 작은 물체를 볼 수 있는 전자현미경이 등장한 이후에 해결되었다

1950년대에 이르러 최초로 인플루엔자 바이러스가 전자현미경을 통하여 관찰되었다. 이후 순수 분리된 인플루엔자 바이러스의 화학적 조성을 확인한 다음 인플루엔자 바이러스가 어떤 구조를 가졌는지 밝혀졌다. 동물, 식물, 미생물과 같이 단독으로 증식할 수 있는 생물은 모두 '세포Cell'라는 생명의 기본 단위체로 구성된다. 하지만 다른 생물의 세포에 들어가야만 증식할 수 있는 바이러스는 자신의 유전 정보를 담은 DNA 혹은 RNA와 이를 감싸고 있는 껍질로만 구성되어 있다. 인플루엔자 바이러스는 유전 정보가 8조각의 RNA에 담겨 있다. 인플루엔자 A 바이러스의 RNA 총 길이는 대략 13,500염기base pair, bp정도이다. 동물 세포의 유전 정보는 DNA인 반면 인플루엔자 바이러스의 유전 정보는 RNA로만 구성되어 있다. DNA 대신 RNA를 유전 정보로 사용할 때 생기는 문제가 하나 있는데, 유전 정보를 복제할 때 거의 오류가 없는 DNA에 비해서 RNA로만 복제되는 인플루엔자 바이러스의 경우 오류가 발생하는 빈도가 높고 따라서 돌연변이가 많이 발생한다. 이렇게 유전 정보가 복제될 때 발생하는 오류 때문에 인플루엔자 바이러스의 유전정보는 매우 빠르게 변화하며,

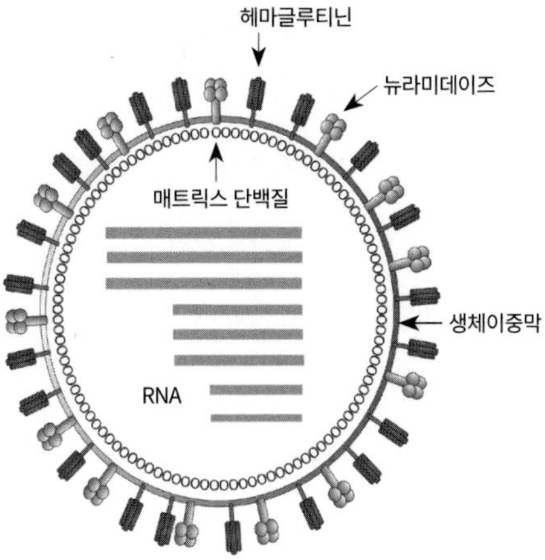

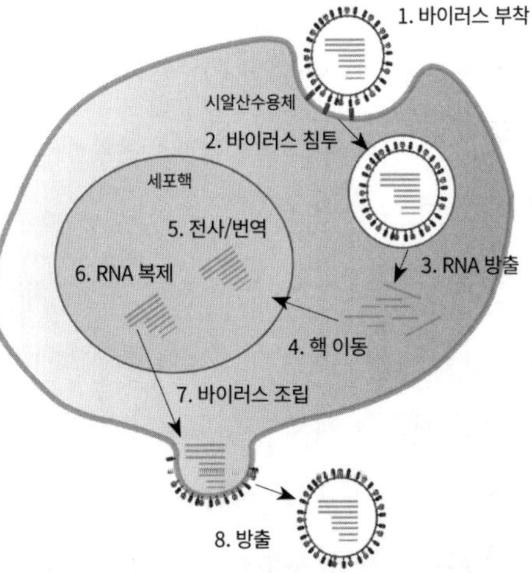

(위)인플루엔자 바이러스의 구조 모식도와 (아래)생활사. 인플루엔자 바이러스는 8조각의 RNA에 유전정보가 수록되어 있으며, 이를 매트릭스 단백질로 된 단백질층과 생체 이중막이 둘러싸고 있다. 생체 이중막에는 헤마글루티닌과 뉴라미데이즈라는 단백질이 위치하고 있으며 헤마글루티닌은 바이러스의 세포 내 침투에, 뉴라미데이즈는 바이러스의 방출에 중요한 역할을 한다. 인플루엔자 바이러스의 헤마글루티닌은 표적이 될 세포막의 시알산 수용체와 결합하여 바이러스를 세포막에 고정시키고, 세포내흡수작용을 통하여 세포 내로 침입한다. 엔도솜으로 침투한 바이러스는 RNA를 방출하고 바이러스의 RNA는 핵에서 복제되며 RNA는 전사와 번역 과정을 거쳐서 바이러스 단백질을 만든다. 바이러스의 단백질은 생체막에서 조립되어 세포 밖으로 방출된다.

이러한 빠른 변화는 뒤에서 설명할 빠른 변종의 출현을 낳는다.

이제 인플루엔자 바이러스의 유전 정보를 둘러싼 '껍질'에 대해 알아보자. 일단 바이러스의 유전 정보 전달체를 둘러 싼 캡시드Capsid 단백질 층이 둘러싸고 있고, 캡시드 단백질 층 밖으로 일반적인 동물 세포의 세포막과 같은 성분인 지질 이중막층Lipid Bilayer이 덮여져 있다.

지질 이중막 층에는 2종류의 단백질이 이중막 층 위로 솟아나와 바이러스의 표면을 형성하는데, 이 단백질은 헤마글루티닌Hemagglutinin과 뉴라미데이즈Neuramidase 이다. 뒤에 자세히 설명하겠지만 이 단백질들은 인플루엔자 바이러스 증식에 중요한 역할을 한다. 헤마글루티닌은 바이러스를 동물 세포 안으로 들여보내는데 필수적이고, 뉴라미데이즈는 세포 내에서 증식된 바이러스가 세포 밖으로 방출되는데 꼭 필요한 단백질이다. 인플루엔자 바이러스는 어떻게 세포 안으로 들어갈까? 바이러스 입자가 증식의 터전이 될 세포의 세포막에 접촉하면 **바이러스 표면의 헤마글루티닌이 세포막 물질 중 시알산Sialic acids이라는 물질에 특이적으로 결합**한다. 즉 인플루엔자 바이러스가 세포 내에 침투하기 위한 '손잡이'가 바로 시알산이다. 헤마글루티닌이 시알산과 결합하여 세포막에 고정되면 바이러스가 세포의 세포내흡수Endocytosis 기전에 의해서 세포 내로 들어가고, 그 이후 세포질로 바이러스 RNA와 바이러스 단백질이 들어간다. 인플루엔자 바이러스의 RNA는 일단 핵으로 들어간 다음, 자신의 RNA를 복제함과 동시에 전사/번역을 통하여 바이러스를 구성하는 단백질을 만든다. 하지만 인플루엔자 바이러스와 같은 거의 대부분의 바이러스는 숙주 세포 내 단백질을 만드는 과정을 이용하여 자신의 단백질을 만든다. 한마디로 바이러스는 숙주 세포에 침투하여 세포 내의 자원을 '약탈'하여 자신을 복제하는 '무단 침입자'인 셈이다. 세포 내에서 만들어진 바이러스 구성물, 즉 바이러스 단백질과 RNA는 숙주 세포의 세포막에서 조립된다.

이제 바이러스는 세포의 세포막과 분리되어 떨어져 나가야 하는데 이때 바이러스 표면에 존재하는 뉴라미데이즈가 중요한 역할을 한다. **뉴라미데이즈는 바이러스가 세포 내에 들어오기 위하여 헤마글루티닌과 결합하여 손잡이로 사용한 시알산을 분해**한다. 바이러스의 표면에 존재하여 방출되는 헤마글루티닌은 세포벽에 있는 시알산과 또다시 결합하기 때문에 만약 시알산이 분해되지 않으면 바이러스는 세포 밖으로 방출되지 못하고 다시 세포 내로 융합된다. 그렇기 때문에 뉴라미데이즈에 의해 시알산이 분해되어 헤마글루티닌과 세포막과의 결합이 떨어져야만 증식된 바이러스가 다시 세포에 도로 융합되는 일이 없이 세포 밖으로 방출될 수 있다. 즉 인플루엔자 바이러스가 세포에 침투하고 방출되는 과정에서 바이러스 입자의 표면에 존재하는 헤마글루티닌과 뉴라미데이즈가 가장 중요한 역할을 한다. 헤마글루티

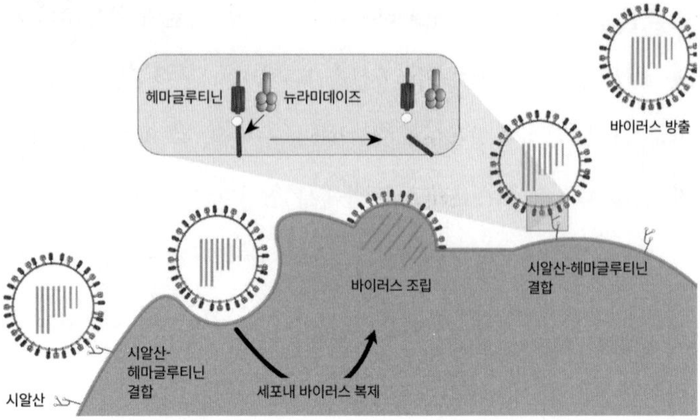

헤마글루티닌과 뉴라미데이즈의 인플루엔자 바이러스에서의 역할. 헤마글루티닌은 인플루엔자 바이러스가 세포에 침투할 때 세포 표면의 시알산에 결합하여 바이러스를 세포 표면에 고정시키는 역할을 한다. 그러나 바이러스의 복제가 끝나고 바이러스가 세포막에서 조립된 후에 헤마글루티닌과 시알산이 결합하고 있으면 바이러스가 세포와 떨어져 나갈 수가 없는데, 뉴라미데이즈는 헤마글루티닌과 결합한 시알산을 분해하여 바이러스가 세포 표면에서 떨어져 나갈 수 있게 해준다.

닌과 뉴라미데이즈의 종류에 따라서 인플루엔자 바이러스의 종류가 결정된다. 보통 헤마글루티닌은 H1, H2, H3…로 서로 다른 종류를 표기하며 뉴라미데이즈는 N1, N2…으로 다른 종류의 뉴라미데이즈를 구분한다. 인플루엔자 바이러스는 어떤 계열의 헤마글루티닌과 뉴라미데이즈를 가지고 있느냐에 따라서 바이러스를 구분한다. 예를 들어 1918년 팬데믹을 일으킨 인플루엔자 바이러스는 A형이고 이 바이러스의 헤마글루티닌은 H1, 뉴라미데이즈는 N1이므로 인플루엔자 A/H1N1으로 표기한다. 한편 1968년에 유행한 인플루엔자는 인플루엔자 A/H3N2로 다른 조합의 헤마글루티닌인 H3과 뉴라미데이즈 N2를 가지고 있다.

계속되는 인플루엔자 유행

1918년 대유행과 1940년대 인플루엔자 백신의 등장 후에도 인플루엔자 유행은 계속되었다. 그 이유는 무엇일까? 인플루엔자 대유행을 겪거나, 인플루엔자 백신 접종이 이루어지면 사람들은 이미 유행했던 바이러스에 대한 면역이 생겨 같은 바이러스에 다시 감염되더라도 병을 앓지 않는다. 구체적으로 이야기하면 인플루엔자 바이러스가 침투하면 우리 몸에서 인플루엔자 바이러스에 결합하는 항체를 만들어 바이러스가 세포에 침투하지 못

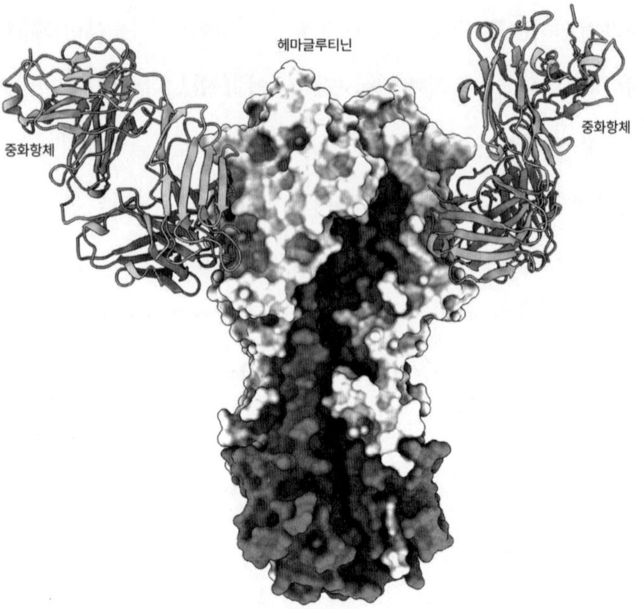

인플루엔자 바이러스의 헤마글루티닌에 중화항체가 결합된 모습. 인플루엔자 바이러스의 헤마글루티닌이 시알산과 결합하는 것은 바이러스가 세포에 침투하는데 필수적이며, 인플루엔자 바이러스가 우리 몸에 침투하면 면역계에 의해서 만들어지는 항체 중에서 헤마글루티닌에 결합하여 헤마글루티닌이 시알산과 결합하지 못하게 방해하는 항체가 있다. 헤마글루티닌이 시알산에 결합하지 못하면, 바이러스는 세포 내로 침투할 수 없다. 이렇게 바이러스의 침입을 억제하는 항체가 중화항체이다.. 한편 헤마글루티닌에 중화 항체가 붙는 영역은 인플루엔자 바이러스에서 돌연변이가 가장 많이 일어난다.

하게 한다. 이렇게 바이러스를 무력화시키는 항체를 '중화 항체 neutralizing antibody'라고 한다. 특히 인플루엔자 바이러스가 세포 내로 들어가는 핵심 단계는 바이러스 표면의 헤마글루티닌이 침투할 세포의 시알산과 결합하는 단계인데, 대개의 인플루엔자 바이러스 중화 항체는 헤마글루티닌과 결합하여 헤마글루티닌이 시알산과 결합하지 못하게 함으로써 바이러스가 세포에 침투하는 것을 막는다.

그러나 인플루엔자 바이러스에 변이가 일어나면 이전에 형성된 항체가 더 이상 인플루엔자 바이러스에 결합하지 못한다. 항체가 인플루엔자의 감염을 억제하지 못하게 되므로 바이러스는 세포에 침투하여 계속 증식한다. 특히 인플루엔자 A 바이러스는 사람 이외에도 돼지, 조류 등 다양한 동물에 감염될 수 있다. 상당수의 인플루엔자 대유행은 이전에 유행한 적 없던 변종이 처음 사람에게 건너오면서 일어난다. 새로운 변종이 처음 사람에게 감염되면 사람은 이 바이러스에 대한 면역을 가지고 있지 않기 때문에 바이러스는 급속히 퍼진다. 특히 축산 산업의 발전으로 대량의 가축을 좁은 면적에서 사육하는 소위 '공장제 축산'이 유행하면서 바이러스가 빨리 전파될 수 있는 환경이 만들어졌다.

게다가 인플루엔자 바이러스는 유전 정보가 RNA로 구성되어 있고 RNA는 DNA에 비해 복제되는 도중에 오류가 발생할 가능성이 훨씬 높다.• 따라서 완전히 새로운 바이러스가 아닌 경우가 아니더라도 유행하는 바이러스는 점점 돌연변이를 축적하고 자연히 이전의 바이러스에 대항하여 형성된 면역력은 제대로 작동하지 않을 가능성이 높아진다.

인플루엔자 바이러스의 변화를 더욱 촉진하는 요인은 또 있다. 코로나 바이러스 같은 다른 RNA 바이러스는 유전 정보가 연속적으로 이어진 한 가닥의 RNA로 구성되어 있다. 그러나 인플루엔자 바이러스는 8조각의 불연속적인 RNA가 모여서 바이러스 유전정보를 형성한다. 그렇기 때문에 만약 서로 다른 종류의 바이러스가 같은 개체에 감염되면 2개의 서로 상이한 바이러스 유전 정보가 손쉽게 혼합될 수 있다. 각 8조각의 RNA를 가진 바이러스 A와 바이러스 B가 만나서 A의 바이러스 조각 5개와 B의 바이러스 조각 3개, 혹은 바이러스 A의 조각 3개와 바이러스 B의 조각 5개가 섞이는 새로운 '혼종' 바이러스가 형성되기 쉽다. 따라서 인플루엔자 바이러스는 유전 정보가 하나의 조각으로 되어 있는 바이러스에 비해서 다양한 바이러스가 빠르게 생성된다. 인플루엔자 바이러스는 변이 속도가 다른 바이러스에 비해 현저하

• 인플루엔자 바이러스가 한번 복제될 때 특정한 위치에서 돌연변이가 일어날 확률은 2.0×10^{-5}로 추정한다. DNA로 구성된 인간의 유전체가 세대를 거치며 돌연변이가 일어날 확률은 1.1×10^{-8} 정도이다. 인플루엔자 바이러스는 인간에 비해 돌연변이가 일어날 확률이 1,000배 이상 높다

게 빠르고 때로는 기존에 경험하지 못한 새로운 종류의 인플루엔자 바이러스가 동물에서 인간으로 건너오는 일도 빈번히 생기므로, 인플루엔자는 다른 바이러스에 의한 질병처럼 쉽게 백신으로 박멸하기 어려운 것이다.

1956년 중국 구이저우성Guizhou에서 그때까지 알려졌던 인플루엔자 바이러스와는 면역학적으로 상이한 새로운 인플루엔자 바이러스, '신종 인플루엔자'가 발견되었다. 1957년 2월에는 싱가폴에서 발견되었으며 4월에는 홍콩에서, 그리고 6월에는 미국에 상륙하였다. 기존의 바이러스와 면역학적으로 달랐기 때문에 기존에 개발된 인플루엔자 백신은 더이상 새로운 바이러스에 대한 면역을 부여하지 못하였다. 이 바이러스 유행으로 미국 내에서만 약 7만 명이 사망했다. 1957년 인플루엔자 대유행으로 얼마나 많은 사람들이 희생되었는지는 정확히 집계되지 않았다. 다만 이후 연구에서 1957년 인플루엔자 유행으로 전 세계적으로 약 110만 명이 희생되었다 추산한다. 1957년에는 이 인플루엔자 바이러스가 1918년 인플루엔자와 얼마나 다른지 알 수 있는 기술이 없었다. 1970년대에 이르러서야 바이러스 단백질의 아미노산을 분석하는 기술이 등장하였고 그 이후에 RNA 서열을 분석할 수 있게 됨으로써, 바이러스간의 정확한 족보를 구축할 수 있게 되었다. 1918년 인플루엔자 바이러스인 H1N1형은 돼지 유래 인플루엔자 바이러스와 가장 유사했다면 1957년의 인플루엔자는 오리 등의 조류에서 발견된 인플루엔자와 유사했다. 1957년 바이러스는 헤마글루티닌과 뉴라미데이즈 타입에 따라 H2N2형으로 이름 붙였다. 그렇지만 1957년의 H2N2 인플루엔자 팬데믹이 1918년의 인플루엔자보다 상대적으로 적은 피해를 낸 것은 백신 기술 덕분이다. 신속히 개발된 백신 덕분에 1957년의 팬데믹은 1918년의 팬데믹에 비해 상대적으로 적은 피해를 내고 끝났다. 그러나 변종 바이러스에 의해서 인플루엔자 대유행이 재현됨으로써 인플루엔자의 유행을 완전히 근절시키기는 쉽지 않다는 것을 깨닫게 되었다. 인플루엔자의 대유행은 가축 유래 인플루엔자 바이러스가 인간에게 새롭게 전파될 때마다 반복적으로 일어났다. 1957년 대유행 후 10년 쯤 지난 1968년 H2N2의 변종인 H3N2 타입 바이러스 대유행이 시작되었고, 이 변종 바이러스 역시 전 세계적으로 퍼져서 미국에서만 약 3만 명 이상의 사망자를 냈다. 가장 최근에는 '2009년 신종 플루'라 일컬어지는 돼지 유래 H1N1 바이러스의 변종이 유행하였다. 전 세계 인구의 11~21%가 감염되어 약 15~57만명 정도의 희생자가 발생하였다.

이렇게 기존의 백신이 제대로 예방할 수 없는 신종 인플루엔자 바이러스는 앞으로도 동물을 거쳐 인간에게 건너와 계속 유행을 일으킬 것이다. 때문에 인플루엔자 바이러스에 감염된 환자들의 증상을 완화시켜줄 수 있는 항바이러스 약물의 개발이 점점 절실해졌다. 그러나 몸속에서 면역이 어떻게 형성되는지를 이해하지 못해도 백신의 개발이 가능했던 것과 달리, 인플루엔자 바이러스의 증식을 억제하는 항바이러스 약물을 개발하려면 먼저 인플루엔자 바이러스가 어떻게 증식하는지 알아야만 했다. 1960년대 이후 인플루엔자가 세포 속에서 증식하는 과정이 대략적으로 밝혀지자 인플루엔자 바이러스의 증식 과정을 저해하는 약물을 개발하려는 노력이 시작되었다.

인플루엔자 바이러스의 약점을 찾아서: 뉴라미데이즈

앞서 알아본 것처럼 인플루엔자 바이러스가 증식하는데는 외피의 두 단백질, '헤마글루티닌'과 '뉴라미데이즈'가 매우 중요한 역할을 한다. 헤마글루티닌은 침투 대상 세포막의 시알산과 결합하여 바이러스가 세포 안으로 침투하는데 필수적인 역할을 하며, 뉴라미데이즈는 바이러스가 숙주 세포를 떠날 때 세포막의 시알산을 제거하여 바이러스가 무사히 탈출하도록 돕는다. 바이러스가 세포 내에 침투하는 과정과 세포 내에서 복제된 후 세포를 떠나는 과정이 바이러스 증식에 제일 중요한 두 과정이다. 사실 인플루엔자 바이러스 감염으로 생성되는 중화항체는 주로 헤마글루티닌에 결합하여 바이러스가 세포 내에 침투하지 못하도록 한다.

그렇다면 바이러스가 증식을 마치고 세포에서 떠날 때 역할을 하는 뉴라미데이즈를 억제하면 어떨까? 뉴라미데이즈가 기능을 제대로 하지 못하면 바이러스의 증식이 불가능하다. 그러므로 뉴라미데이즈의 기능을 억제시키는 약물이 있다면 인플루엔자 바이러스의 증식을 억제시킬 수 있을지도 모른다. 이 아이디어는 뉴라미데이즈의 바이러스 증식에 대한 기능이 밝혀지기 시작한 1960년대 이후에 나왔다.

1966년 영국 에딘버러 제약Edinburgh Pharmaceutical Industry의 연구자들은 시험관 수준에서 인플루엔자 바이러스 유래 뉴라미데이즈의 효소 활성을 억제하는 옥사믹산Oxamic acids 계열의 화학물질을 발견하였다. 그러나 바이러스를 배양 중인 닭 수정란에 옥사믹산을 처리하면 빠르게 분해되어 약물로 사용할 수 없었다. 1974년에는 시알산 유사 화합물이 뉴라미데이즈를 저해한다는 것이 발견되었다. 그러나 이 물질의 저해 능력은 약으로 사용할 만큼 높지 않았다. 뉴라미데이즈는 세균과 동물에도 존재하는 효소이므로, 인플루엔자 바이러스의 생육을 저해하면서도 독성이 없으려면, 인플루엔자 바이러스의 뉴라미데이즈에만 선택적으로 결합하여 이의 기능을 저해해야 한다. 하지만 이 화합물은 세균과 동물의 뉴라미데이즈도 저해하는 비특이적인 물질이라 약물로서의 가치는 없었다.

인플루엔자 바이러스의 뉴라미데이즈를 선택적으로 저해하는 물질이 개발된 결정적인 계기는 1983년 인플루엔자 바이러스의 뉴라미데이즈의 단백질 입체 구조가 규명된 것이었다.

오스트레일리아 생체분자연구소의 피터 콜만Peter M. Colman은 인플루엔자 바이러스 H2N2 유래의 뉴라미데이즈의 구조를 규명하였다. 인플루엔자 바이러스의 뉴라미데이즈는 4개의 단백질 단위체Subunit가 마치 4장의 꽃잎으로 구성된 꽃처럼 배열되어 있으며 단백질 단위체의 각각 중앙에는 뉴라미데이즈가 결합하여 반응하는 물질인 시알산이 결합하는 부분이 존재한다. 1991년에는 뉴라미데이즈와 시알산이 결합한 단백질 구조를 규명하는데 성공하였다. 이로 인해 시알산이 결합하는 뉴라미데이즈 중앙 부분의 어떤 아미노산이 시알산과 상호작용 하는지 알 수 있게 되었다. 시알산과 직접 결합하는 아미노산들은 인플루엔자 바이러스의 여러 변종에서도 거의 변화가 없었다. 당연한 일이지만 모든 인플루엔자 바이러스의 뉴라미데이즈는 시알산과 결합하여 세포막을 분해시키므로 시알산과의 상호작용에 꼭 필요한 아미노산들은 진화과정 중에서 보존될 수밖에 없는 것이다.

이렇게 뉴라미데이즈와 시알산의 결합 구조 정보가 1990년대 초반에 밝혀지자 이 정보를 이용하여 뉴라미데이즈에 결합하여 뉴라미데이즈의 기능을 억제할 수 있는 새로운 화학 물질, 즉 뉴라미데이즈의 활성을 저해하여 인플루엔자 바이러스의 증식을 억제하는 물질을 만들려는 노력이 시작되었다.

최초의 구조 기반 뉴라미데이즈 저해제, 자나미비르

오스트레일리아의 생체분자연구소, 모나시 대학Monash Univerisity 산하 바이오텍 기업인 바이오타Biota는 뉴라미데이즈의 단백질 구조 정보를 이용하여 뉴라미데이즈에 강하게 결합하여 시알산 분해를 못하게 막는 뉴라미데이즈 저해물질을 개발하기 시작하였다. 이들은 시알산과 뉴라미데이즈가 결합한 구조를 분석하여 단백질간의 결합력을 컴퓨터 프로그램을 이용하여 계산하였고, 이를 바탕으로 시알산을 변형하여 원래의 시알산보다 더 강하게 결합하는 물질을 찾아 나섰다.이들은 시알산의 4번째 히드록시기(-OH)를 아미노기(-NH_3)로 바꾸면 단백질과 좀 더 단단히 결합하는 것을 알아내었고, 이를 이용하여 시알산의 4번째 히드록시기를 아미노기 혹은 구아니디노기(-$HNC(NH_2)_2$)로 바꾸어 시알산보다 훨씬 강하게 뉴라미데이즈에 결합하여 효소 반응을 방해하는 화합물을 개발하였다. 이렇게 개발된 화합물과 뉴라미데이즈의 구조를 분석해보니 뉴라미데이즈의 효소 활성 작용에 필수적인 119번째 아미노산인 글루탐산과 화합물의 아미노기가 이온 결합을 하여 강하게 결합한다는 것을 알게 되었고, 이러한 상호작용이 이 화합물이 뉴라미데이즈의 기능을 저해하는 것을 알게 되었다. 이렇게 개발된 화합물은 배양 세포와 실험동물에서 인플루엔자 바이러스 A와 인플루엔자 바이러스 B의 증식을 성공적으로 억제하였다. 이 화합물에 자나미비르Zanamivir라는 이름이 붙여졌으며 제약회사 글락소Glaxo●가 이 약물을 상품화할 권리를 획득하였다. 1999년 미국 식품의약국Food and Drug Administration, FDA는 자나미비르를 인플루엔자 환자에 대한 치료제로 승인하였고 자나미비르는 리렌자Relenza라는 이름으로 판매되기 시작하였다. 리렌자는 먹는 약으로 복용하였을 때 잘 흡수되지 못하고 빠르게 배출되기 때문에 분말 형태의 흡입제로 만들어졌다.리렌자는 인플루엔자 바이러스의 뉴라미데이즈를 저해하여 인플루엔자 증상을 치료하는 약물로 최초로 등장한 약물이었으나,●● 리렌자가 시장에서 유일한 인플루엔자 치료제의 위치를 차지한 시간은 불과 몇 개월에 지나지 않았고, 곧 새로운 약물의 도전을 받게 된다.

● 현재는 합병되어 글락소스미스클라인GlaxoSmithKline, GSK 라는 약칭으로 더 잘 알려졌다.

●● 이러한 약물을 제약업계에서는 보통 퍼스트 인 클래스 약물Fist-in-class drug 이라고 부른다.

타미플루의 등장

항바이러스 약물 개발에 특화된 바이오텍으로 잘 알려진 길리어드 사이언스Gilead Science 역시 뉴라미데이즈를 저해하여 인플루엔자를 치료하는 약물 개발을 시도하였다. 이들은 리렌자가 흡입에 의해서만 투여 가능하다는 약점이 있다는 것에 착안하여 이러한 약점이 없는 새로운 약물을 만들려고 하였다. 길리어드 연구팀은 시알산과 아주 다른 화학 구조를 기반으로 하여 약물 개발을 시도하였다. 이들은 뉴라미데이즈가 시알산을 분해하는 반응의 중간체가 사이클로헥센Cyclohexene과 유사한 점에 주목하여 이를 이용한 화합물을 개발하려고 했다. 화합물의 화학 구조를 바꿔가며 가장 좋은 활성을 가지는 약물을 찾는 과정에서 사이클로헥센의 3번째 탄소에 결합하는 부분을 비극성한 것으로 바꿀수록 뉴라미데이즈에 대한 저해 활성이 높아진다는 것을 발견하였다. 이러한 일련의 약물 최적화 과정을 통하여 뉴라미데이즈에 매우 강하게 결합하여 뉴라미데이즈를 저해하는 후보물질 GS4071이 만들어졌다.

그러나 처음 만들어진 후보물질인 GS4071은 동물 실험에서 경구 투여하였을 때 생체 내로 흡수되는 비율이 전체 약물의 5%에 지나지 않았다. 먹어서 흡수되는 비율이 낮은 리렌자의 단점을 개선하려는 개발 목적을 아직 달성하지 못한 것이다. 이를 개선하기 위하여 GS4071의 카르복시기(-COOH)에 에틸에스테르 (-$C_4H_{10}O$)를 결합시켜, 세포 내 흡수를 높이고, 세포 내로 흡수된 다음에 활성이 있는 상태로 변환되도록 약물을 개선하였다. 이 화합물에는 GS4104라는 이름이 붙었다. 이렇게 개선된 화합물은 GS4071에 비해서 먹어서 흡수되는 비율이 5배 이상 증가되어, 원래의 목표대로 먹어서 섭취할 수 있는 약물로 만들 수 있었다. GS4014는 오셀타미비르Osteltamivir라는 정식 성분명을 얻었으며 1999년 FDA로부터 판매 허가를 얻어 '타미플루Tamiflu'라는 상품명으로 팔리기 시작했다. 오셀타미비르는 흡입제 형태로만 투여가 가능한 자나미비르에 반해 먹어서 섭취 가능한 최초의 뉴라미데이즈 저해제였기 때문에 리렌자에 비해서 높은 시장 점유율을 가지게 되었다. 특히 2009년의 H1N1 인플루엔자 대유행 당시 타미플루가 대거 처방되어 증상을 완화시키는데 크게 기여하였다.

타미플루는 인플루엔자 증상이 발생한 지 2일 이내에 복용을 권장하며 빨리 사용하면 할수록 효과가 좋다. 반면에 증상이 나타난 후 2일 이후에 사용한 경우에는 약을 복용하지 않은 것과 별 차이가 없었다. 반면에 초기에 타미플루가 투여된 경우 인플루엔자 A 및 인플루엔자 B 모두 증상이 나타난 이후 약을 복용하지 않았을 때보다 1일 이상 빠르게 치유된다. 그리고 인플루엔자 환자에서 빈번히 발생하는 폐렴 발생의 위험은 타미플루를 투여하였을 때 위약군보다 50% 낮았고, 인플루엔자의 고위험군(고연령층 등)에서는 폐렴 발생 위험이 34% 낮았다. 또한 백신을 아직 접종받지 않은 젊은 성인이 인플루엔자 유행 도중에 1일 1회 6주간 복용하면 인플루엔자 감염 위험이 50% 감소되는 예방 효과도 있었다. 이렇게 타미플루의 효과가 입증된 이후 타미플루는 인플루엔자의 표준 치료방법이 되었고 많은 국가들은 인플루엔자 팬데믹을 대비하여 타미플루를 비축하기 시작했다. 물론 타미플루는 인플루엔자 증상이 나타난 즉시 사용하지 않으면 큰 효과를 보지 못한다는 한계를 가진다. 그러나 여태까지 인플루엔자 바이러스에 감염된 환자를 치료하는 방법은 증상을 완화시키는 대증요법 뿐이었다. 바이러스성 질병에 대처하는 방법에 감염을 예방하는 백신 이외에는 인간의 면역력에 기댈 수밖에 없었다는 것을 생각하면 바이러스의 감염 자체를 억제하는 약물이 등장한 것으로도 큰 의미를 가진다 볼 수 있다.

그러나 인플루엔자 바이러스는 변이가 잘 일어나므로 타미플루의 사용이 개시 후 오래지 않아 타미플루에 대해서 내성을 가지는 바이러스가 등장하였다. 가령 변이에 의해 뉴라미데이즈의 활성 자리에 존재하는 275번째 아미노산인 히스티딘이 타이로신으로 바뀌면 타미플루와 뉴라미데이즈의 결합력이 떨어져서 타미플루에 대한 내성이 생긴다. 2017년의 인플루엔자 바이러스의 조사를 통하여 약 1%의 바이러스가 타미플루에 대한 내

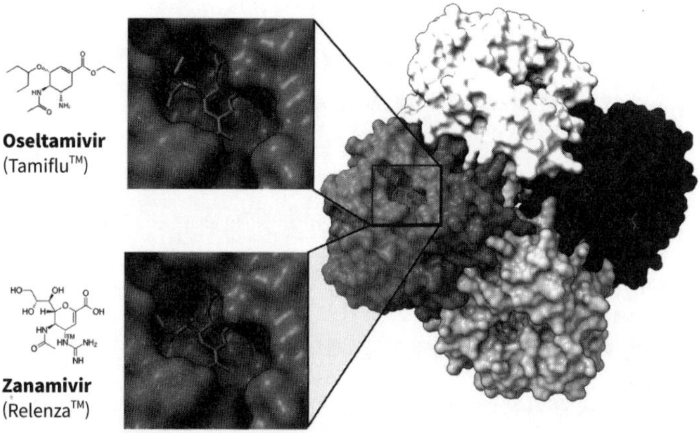

인플루엔자 바이러스의 뉴라미데이즈와 여기에 오셀타미비르(상품명: 타미플루) 혹은 자나미비르(상품명: 리렌자)가 결합한 모습. 뉴라미데이즈는 동일한 서브유닛 4개가 결합한 구조이며 각 서브유닛의 중앙에 실제 시알산의 분해가 이루어지는 활성자리가 존재한다. 오셀타미비르와 자나마비르는 뉴라미데이즈의 중앙 부위에 거의 동일한 방식으로 결합하여 있다.

성 돌연변이를 가졌다고 밝혀졌다. 반면 리렌자의 경우 아직 내성을 가진 바이러스가 출현된 보고가 없는 관계로 타미플루에 내성을 가진 바이러스가 감염된 환자에게는 리렌자 처방이 권장되고 있다.

새로운 기전의 인플루엔자 치료제

타미플루를 비롯한 뉴라미데이즈 저해제가 승인된 이후에 뉴라미데이즈 저해제에 내성을 가진 변종이 출현하면서 새로운 기전에 기반한 인플루엔자 치료제의 개발의 필요성이 대두되었다. 이때 연구자들이 주목한 것은 인플루엔자 바이러스의 RNA 복제 및 전사과정이다. 인플루엔자 바이러스 RNA는 인플루엔자 바이러스의 3개 유전자로 구성된 RNA 의존성 RNA 중합효소RNA-dependent RNA Polymerase, RdRp에 의해서 복제되고 mRNA로 전사되어 단백질을 만든다. 인플루엔자 바이러스가 mRNA를 만드는 전사 과정은 매우 독특하다. 일단 숙주세포 내의 mRNA를 만드는 RNA 중합효소의 활성을 억제하고, 이와 동시에 숙주세포 내의 mRNA 의 5' 시작부분의 캡 구조물Cap Structure을 잘라 바이러스 mRNA 전사를 개시하는 시발체Primer로 사용한다. 인플루엔자 RdRp를 구성하는 3개의 단백질 PA, PB1, PB2는 이 독

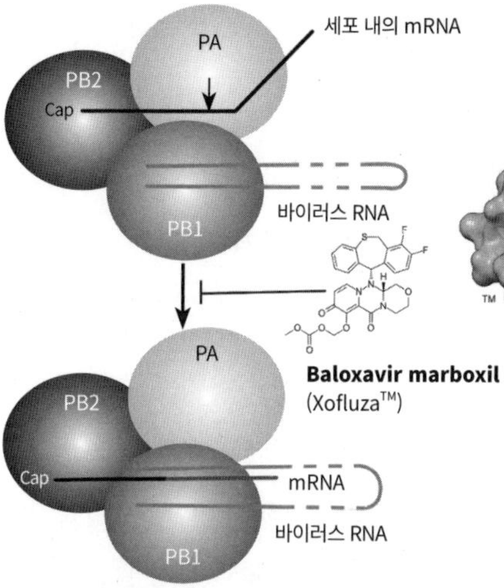

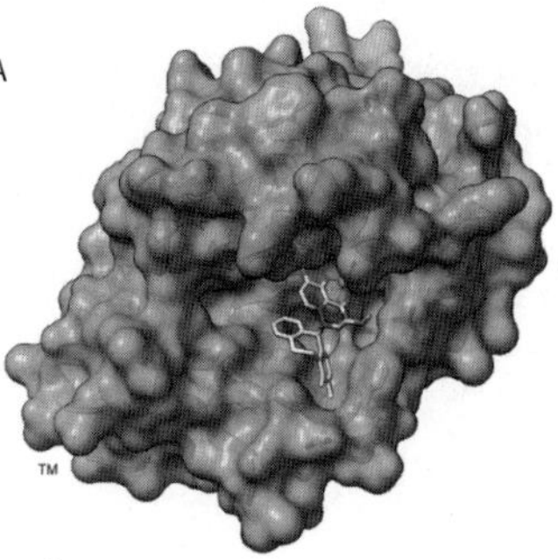

인플루엔자 바이러스는 단백질을 만들기 위해서 mRNA를 만들 때 세포 내에 있는 mRNA의 끝에 달려 있는 캡 부분을 잘라서 이를 자신의 mRNA를 만들 때 사용한다. 이 기전을 '캡 날치기'라고 한다. 이 과정을 억제하면 인플루엔자 바이러스는 mRNA를 만들 수 없기 때문에 증식이 억제된다. 시오노기 제약의 발록사비르 마르복실(상품명: 조플루자)은 바로 이 과정을 억제하여 인플루엔자 바이러스의 증식을 억제한다. (왼쪽)인플루엔자 바이러스의 캡 날치기 기전의 모식도. (오른쪽)발록사비르산이 캡 날치기를 수행하는 PA 서브유닛에 결합하여 있는 모습.

특한 인플루엔자 바이러스 전사 개시에서 각각 다른 역할을 수행한다. PB1은 RNA 중합 작용을 수행하는 서브유닛Subunit이며, PB2는 캡 구조물을 인식하는 역할, PA는 캡을 포함한 세포 내의 mRNA를 잘라서 바이러스에게 전달하는 역할을 한다. 이러한 독특한 기전을 '캡 날치기Cap Snatching'라고 부른다. 이 기전은 통상적인 동물에는 존재하지 않고 인플루엔자 바이러스만이 가지는 특이적 작용이다. 따라서 이를 저해하면 인플루엔자 바이러스 특이적 저해물질을 만들 수 있다는 기대를 갖게 하였다.

일본의 시오노기 제약은 mRNA의 캡 영역을 자르는 단계를 저해하는 발록사비르산Baloxavir acid라는 화합물을 개발하였다. 또 발록사비르산의 생체이용률을 높이기 위해 흡수된 다음 분해되어 약물로 작동하게 하는 '프로드럭prodrug'인 '발록사비르 마르복실Baloxavir marboxil'을 이어서 개발하였다. 타미플루가 하루 2회 5일간 투여해야 하는 것에 비해 발록사비르 마르복실은 1회만 투여하면 되므로 훨씬 더 간편하고 타미플루에 내성을 보이는 인플루엔자 바이러스를 포함하여 인플루엔자 A형과 B형에 대해서 모두 효과가 있다는 특징을 가졌다. 시오노기 제약은 다국적 제약사인 로슈Roche와 협력하여 임상개발을 추진하였고, 일본에서는 2018년 2월, 미국에서는 2018년 10월 판매가 허가되어 '조플루자Xofluza'라는 상품명으로 판매되기 시작하였다. 조플루자의 등장은 타미플루의 등장 이래 20년 만에 새롭게 등장한 새로운 기전의 인플루엔자 치료제인 셈이다. 인류는 이렇듯 인플루엔자 바이러스에 대항하는 무기를 점차 늘려가고 있다. 인류와 인플루엔자 바이러스 간의 '군비 경쟁'은 앞으로도 계속될 것이다.

참고문헌

1. Colman, P. M., Varghese, J. N., & Laver, W. G. (1983). Structure of the catalytic and antigenic sites in influenza virus neuraminidase. *Nature*, 303(5912), 41-44.
2. Edmond, J. D., Johnston, R. G., Kidd, D., Rylance, H. J., & Sommerville, R. G. (1966). The inhibition of neuraminidase and antiviral action. *British journal of pharmacology and chemotherapy*, 27(2), 415.
3. Meindl, P., Bodo, G., Palese, P., Schulman, J., & Tuppy, H. (1974). Inhibition of neuraminidase activity by derivatives of 2-deoxy-2, 3-dehydro-N-acetylneuraminic acid. *Virology*, 58(2), 457-463.
4. Burmeister, W. P., Ruigrok, R. W., & Cusack, S. (1992). The 2.2 A resolution crystal structure of influenza B neuraminidase and its complex with sialic acid. *The EMBO journal*, 11(1), 49-56.
5. Li, W., Escarpe, P. A., Eisenberg, E. J., Cundy, K. C., Sweet, C., Jakeman, K. J., ... & Mendel, D. B. (1998). Identification of GS 4104 as an orally bioavailable prodrug of the influenza virus neuraminidase inhibitor GS 4071. *Antimicrobial Agents and Chemotherapy*, 42(3), 647-653.
6. von Itzstein, M., Wu, W. Y., Kok, G. B., Pegg, M. S., Dyason, J. C., Jin, B., ... & Colman, P. M. (1993). Rational design of potent sialidase-based inhibitors of influenza virus replication. *Nature*, 363(6428), 418.
7. Hayden, F. G., Atmar, R. L., Schilling, M., Johnson, C., Poretz, D., Paar, D., ... & Oseltamivir Study Group. (1999). Use of the selective oral neuraminidase inhibitor oseltamivir to prevent influenza. *New England Journal of Medicine*, 341(18), 1336-1343.
8. Lin, W., Qiu, P., Jin, J., Liu, S., Ul Islam, S., Yang, J., ... & Wu, Z. (2017). The cap snatching of segmented negative sense rna viruses as a tool to map the transcription start sites of heterologous co-infecting viruses. *Frontiers in*

microbiology, 8, 2519.

9. Omoto, S., Speranzini, V., Hashimoto, T., Noshi, T., Yamaguchi, H., Kawai, M., ... & Cusack, S. (2018). Characterization of influenza virus variants induced by treatment with the endonuclease inhibitor baloxavir marboxil. *Scientific reports*, 8(1), 1-15.

10. Hayden, F. G., Sugaya, N., Hirotsu, N., Lee, N., de Jong, M. D., Hurt, A. C., ... & Watanabe, A. (2018). Baloxavir marboxil for uncomplicated influenza in adults and adolescents. *New England Journal of Medicine*, 379(10), 913-923.

HIV

2부

인간 면역 결핍 바이러스

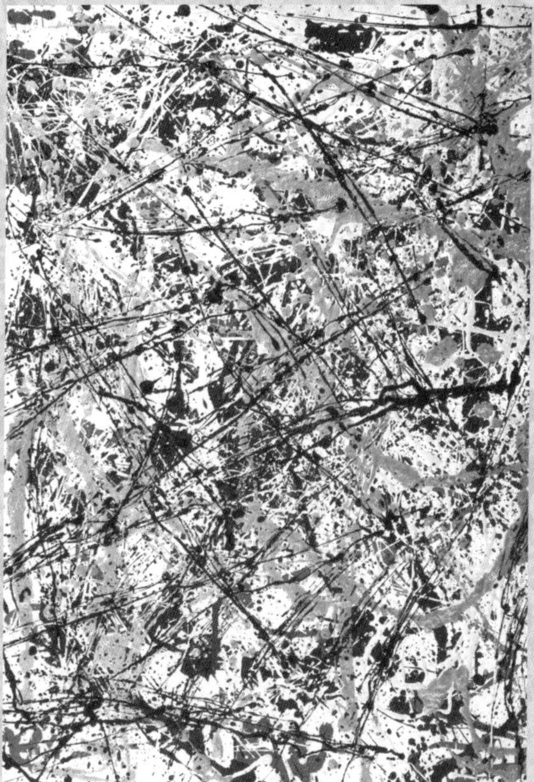

5. 면역은 우리 몸을 어떻게 방어하는가?

우리 몸의 면역 기능은 평상시에는 부지불식간에 바이러스, 박테리아, 곰팡이 등의 외부 병원체부터 우리 몸을 철저하게 방어해주기 때문에 대개 면역 기능의 존재조차도 의식하지 못할 경우가 많다. 그러나 사회가 무사히 돌아가기 위해 보이지 않는 곳에서 수많은 사람들의 역할이 필요한 것처럼 우리가 무사히 살아갈 수 있는 것은 면역 기능이 외부의 침입자를 철저하게 방어한 덕분이다.

흔히 면역은 인플루엔자 바이러스와 같은 전염병에 국한된 기능이라고 생각했겠지만 우리가 평상시에 별다른 병이 없이 건강을 유지할 수 있는 것 자체가 몸의 면역이 우리 몸을 철저하게 방어해 주고 있기 때문이다. 면역 기능이 망가졌을 때 어떤 일이 일어나는지는 2부에서 다룰 '후천성 면역 결핍증Acquired Immune Deficiency Syndrome', 즉 '에이즈AIDS'가 얼마나 위험한 질병인지를 생각해보면 쉽게 알 수 있다. 그러나 에이즈 환자라도 몸속의 면역기능이 완전히 마비된 것은 아니다. 궁극적으로 면역 기능이 정지될 때는 죽음을 맞이할 때이다. 죽음으로 면역 기능이 마비되면 몸은 불과 수 시간에서 수 일 내에 미생물들에 의해서 부패된다.

그렇다면 우리는 언제부터 면역에 대해서 이해하기 시작했을까? 사실 전염병에 한번 걸렸다가 회복된 사람은 같은 전염병에 다시 걸리지 않는다는 것은 현대 의학이 태동되기 한참 전부터 어렴풋한 상식으로 알려져 있었다. 면역에 대한 최초의 기록은 고대 그리스의 역사가 투키디데스Thucydides BC. 460?~400? 까지 거슬러 올라간다. 투키디데스는 기원전 430년 아테네에 창궐한 역병을 기술하면서 이전에 역병에 걸렸다가 나은 사람은 두 번 다시 역병에 걸리지 않으므로 역병에 걸린 사람을 간호할 수 있었다고 기록한다. 고대인들도 그 원리는 정확히 모르지만 한 번 역병에 걸린 사람은 역병에 대한 면역이 있다는 것을 인식하고 있었다는 증거이다.

그러나 면역에 대한 이해는 그 이후 20세기 초까지 전혀 진보되지 않았다. 흥미로운 것은 면역의 기작에 대해서는 전혀 이해하지 못했지만, 면역의 성질을 이용하여 질병을 앓지 않고도 면역력을 획득하는 일종의 '꼼수'인 백신은 개발해냈다. 그러나 실제로 백신이 어떻게 질병을 예방하는지 이해하기 시작한 것은 20세기 중반 이후였고, 인간의 면역계가 어떻게 작동하는지에 대한 대략적인 이해가 정립된 것은 20세기 말에 되어서였다. 즉 우리가 현재 가진 면역에 대한 지식은 정립된 지 수십 년도 되지 않은 비교적 최신의 지식인 셈이다.

간단하게 인간의 면역 기능은 크게 2가지 종류로 분류된다.

- 선천성 면역
- 후천성 면역

흔히 많은 사람들이 '면역'이라 생각하는 것은 '후천성 면역'이다. 어떤 질병을 앓은 후에 그 **질병을 일으키는 병원체에 대한 특이적인 면역이 생겨서 해당하는 병원체에 다시 감염되어도 질병에서 면하게 하는 것**을 말한다. 면역의 연구 과정에서도 '후천성 면역'이 먼저 연구되었고 그 기전이 알려지게 되었다.

그러나 20세기 말에 이르러서 '후천성 면역'은 복잡한 면역 시스템의 한쪽 면에 지나지 않음을 점차 이해하게 되었다. 우리 몸에는 병원체와 만나기 전부터 존재하는 방어 기전이 있다. 이 방어 기전은 특정 병원체에 특이적이지 않고, 다양한 종류의 병원체에 대해 우리 몸을 지킨다. 즉 **외부의 병원체의 침투에 의해서 유도된 면역이 아니라 우리가 태어날 때부터 가지고 있던 외부 병원체에 대한 방어 기전**이기 때문에 '선천성 면역Innate Immunity'라고 불린다. 그리고 선천성 면역과 후천성 면역은 별도로 작동하는 것이 아니라 서로 밀접한 연관성을 가지고 있다.

먼저 후천성 면역에 대해서 알아보자. 후천성 면역에도 '세포성 면역Cellular immunity'과 '체액성 면역Humoral Immunity' 2가지 서로 다른 기전이 있다.

세포성 면역과 체액성 면역

19세기 말 사람들은 아직 면역이 어떻게 일어나는지 전혀 몰랐지만 면역(후천성 면역)이 존재한다는 것은 확실히 알았다. 따라서 면역이 일어나는 방법에 대해 여러 가지 가설이 대두되기 시작하였다.

그중 1가지 가설은 면역이 몸에 존재하는 특정한 세포들에 의해서 일어난다는 것이다. 이 가설을 처음 주장한 사람은 러시아의 생물학자 일리아 메치니코프Ilya Mechnikov, 1845~1916였다. 1882년 그는 불가사리 애벌레를 가지고 실험하던 도중 매우 흥미로운 현상을 발견하였다. 애벌레 세포 중의 어떤 세포는 한 곳에 가만히 있지 않고 움직이는 것이었다. 그는 이 세포가 외부의 침입으로부터 애벌레를 보호하는 역할을 한다고 생각하였고, 이를 증명하기 위하여 나뭇 가시로 애벌레를 찔러 보았다. 다음날 애벌레를 찌른 가시는 세포로 뒤덮여 있었다. 그는 이와 비슷한 현상이 우리 몸속에도 일어난다고 생각했다. 즉 혈액 속에 있는 세포가 세균을 잡아먹어서 우리 몸을 병원균으로부터 보호한다고 생각하였고, 이러한 현상을 '포식 작용Phagocytosis'이라고 명명하였다. 이 생각은 면역을 담당하는 세포에 의해 면역이 일어난다는 '세포성 면역'의 효시가 되었다.

그러나 일부 학자들은 면역에 대해서 다른 아이디어를 가지고 있었다. 이들은 혈액이나 림프액 등의 체액에 외부의 병원체를 공격하여 몸을 보호할 수 있는 면역 능력이 있다고 주장하였다. 이러한 이론을 처음 주장한 이는 독일의 한스 부흐너Hans Buchner, 1850-1902와 파울 에를리히Paul Ehrligh, 1854-1915였다. 이들은 혈액 속의 혈청(혈액에서 적혈구와 백혈구를 제외한 액체를 혈청이라고 말한다) 속에 미생물을 공격하는 물질이 있다고 생각하였고, 이러한 물질을 '알렉신Alexin' 또는 '보체Complement'라고 불렀다. 물론 정확히 어떤 성질을 가진 물질인지에 대해서는 몰랐지만, 이들은 '체액 속 물질이 외부 병원체로부터의 방어의 핵심이다'라고 주장하였으며 이들의 주장을 '체액성 면역'이라고 불렀다.

오늘날의 우리는 이들의 주장이 둘 다 일리가 있음을 알고 있다. '우리 몸을 병원체로부터 보호하는 세포'와 '체액 속에 들어 있는 물질' 모두 몸을 병원체로부터 보호하는데 필수적인 역할을 한다. 그러나 당시의 학자들은 자신들이 발견한 현상이 우리 몸을 지켜주는 주된 면역 방법이라고 생각하였고, 열띤 논쟁을 벌였다.

혈청 요법과 항체

병원체가 몸속에 들어오면 이를 무력화할 수 있는 물질이 새롭게 생성되는 것을 처음 알아낸 것은 일본의 기타사토 시바사부로Kitasato Shibasaburo, 1853~1931와 독일의 에밀 폰 베링Emil Von Behring, 1854~1917이었다. 이들은 파상풍과 디프테리아•를 일으키는 세균을 처음 분리하였고 이후 치료법으로 연구를 확장하였다. 기타사토와 베링은 1890년 파상풍이나 디프테리아균에 감염된 토끼의 혈액은 이들 세균의 증식을 억제시키는 물질을 생성하지

• 디프테리아는 디프테리아균*Corynebacterium diphtheriae*에 의해서 일어나는 감염성 질환으로 증상은 디프테리아균이 분비하는 디프테리아 독소Diphtheria toxin 단백질에 의해서 일어난다. 디프테리아 독소는 세포 내로 들어가 단백질 번역을 억제하여 독성을 나타낸다.

면역학 연구의 선구자들. (왼쪽 위)일리아 메치니코프, (오른쪽 위)파울 에를리히, (왼쪽 아래)에밀 폰 베링, (오른쪽 아래)기타사토 시바사부로. 메치니코프는 포식 작용을 처음 발견하여 세포성 면역 연구의 효시가 되었으며 파울 에를리히는 혈액 안에 있는 물질이 면역의 핵심이라는 체액성 면역을 주장했다. 에밀 폰 베링과 기타사토 시바사부로는 병원체에 감염된 동물의 혈액에서 병원체의 증식을 억제시키는 물질이 형성된다는 것을 처음 발견하였다. 기타사토를 제외한 3명은 모두 노벨 생리의학상을 수상하였다.

만 아직 병원균에 감염되지 않은 토끼에는 이러한 물질이 존재하지 않는다는 것을 알게 되었다. 병원균에 감염된 토끼의 혈액을 채취하여 적혈구와 백혈구 등을 제거한 혈청을 쥐에 주사하면 병원균에 대한 예방 또는 치료 효과를 보이는 것을 알게 되었다. 그러나 병원균에 노출되지 않았던 토끼에서 추출한 혈청은 아무런 예방과 치료 효과를 보이지 않았다. 즉 병원균에 노출되면 혈액 안에 해당 병원균을 무력화하는 어떤 '물질'이 형성되는 것이다. 하지만 우리가 '항체Antibody'라고 부르는 이 물질의 실체를 알게 된 것은 더 이후의 일이었다.

그런데 병원체에 감염되었을 때 혈액 안에 병원체를 무력화하는 물질이 형성되는 것은 디프테리아나 파상풍균뿐만이 아니었다. 그 당시 존재가 막 알려지기 시작한 '세균보다 작은 미지의 병원체'인 바이러스에 감염되어도 이를 무력화하는 어떤 물질이 형성되었다. 이들은 '병원체가 감염되면 생성되는 혈액 안의 물질'이 면역의 실체라고 생각하고 이것이 어떻게 형성되는지를 설명하려고 하였다.

20세기 초반 면역을 유도하는 혈액 안의 물질을 '항체', 항체를 만드는 병원체 유래의 물질을 '항원Antigen'이라고 부르기 시작했다. 1923년 미국의 록펠러 연구소의 마이클 하이델버거Michael Heidelberger, 1888~1991와 오스왈드 에이버리Oswald Avery, 1877~1955[•]는 폐렴균에 감염된 토끼의 혈청 속에 폐렴균에서 분비하는 물질과 결합하여 이를 침전시키는 항체가 생긴다는 것을 확인했다. 이후 분리된 항체가 어떤 물질로 구성되어 있는지 분석해 보았다. 이 결과 항체는 단백질로 구성되어 있으며 단백질 이외에도 탄수화물이 소량 존재한다는 것을 알게 되었다. 즉 '항체는 당이 결합된 단백질'이라는 것이 이때 처음 알려진 것이다.

1939년 스웨덴의 생화학자 아르네 티셀리우스Arne Wilhelm Kaurin Tiselius, 1902~1971와 엘빈 카밧Elvin Kabat, 1914~2000은 혈청 내의 단백질을 종류별로 분류하였다. 당시 이미 혈청 내에는 알부민Albumin과 글로불린Globulin이라는 단백질이 있다는 것이 알려져 있었다. 이들은 새로운 실험기술인 '전기영동Electrophoresis'•• 이라는 기술로 알파, 베타, 감마 3종류의 글로불린 단백질을 찾았고 감마-글로불린이 항체의 화학적 본질이라는 것을 알게 되었다.

그러나 감마-글로불린은 동일한 단백질이 아니라 서로 조금씩 다른 성질을 가진 감마-글로불린의 혼합체로 혈액 내에 존

• 1943년에 유전 물질의 본질이 DNA라는 것을 처음 밝히기도 한 연구자이다. 에이버리는 원래 폐렴균을 연구하던 연구자였고, 폐렴균의 병을 일으키는 성질이 다른 폐렴균에 전파되는 과정을 연구하던 중에 유전 물질의 본질이 DNA라는 것을 처음 발견하였다.

•• 단백질이나 DNA 등의 생체 고분자를 크기, 이온 전하의 차이에 따라서 분리하는 연구 방법이다. 단백질, DNA, RNA 등은 고유의 전하를 띄기 때문에 전기장에 놓으면 전하에 따라서 특정한 방향으로 이동한다. 전기영동을 겔Gel 형태의 중합체에 수행하여 생체 고분자를 크기로 분리하는 겔 전기영동법은 현대 생명과학 연구에서 일상적으로 사용되는 기술이다.

재하였다. 즉 혈액 중에는 우리 몸에 들어온 수많은 외부 단백질, 즉 항원을 인식하는 여러 종류의 감마-글로불린이 존재한다. 이후 포유 동물은 외부 단백질을 접하면 병원체 유래 여부와는 상관없이 외부 단백질에 결합하는 항체를 만드는 능력을 가지는 것을 알게 되었다. 그렇다면 우리 몸은 어떻게 외래 단백질을 인식하고 이에 결합하는 단백질을 만들어 낼까?

우리 몸속에서 다양한 항체가 생기는 방법

혈액 세포 중 어떤 세포가 항체를 만들까? 스웨덴의 아스트리드 파그라우스Astrid Fagraeus, 1913-1997는 1949년 혈액에 있는 형질 세포Plasma Cell라는 세포가 항체를 만드는 것을 발견하였다. 지금이야 형질 세포가 골수 유래의 림프구인 B세포가 분화하여 형성된다는 것이 잘 알려져 있지만 그 당시에는 아직 밝혀지지 않은 상태였다.

그렇다면 어떻게 몸속의 형질 세포는 다양한 항원을 인식하는 항체, 심지어 한 번도 접하지 못한 항원에 대한 항체도 만들 수 있을까? 1950년대 초, 오스트레일리아 출신의 면역학자인 프랭크 맥팔레인 버넷•은 다양한 항체가 우리 몸에서 만들어지는 과정에 대한 가설을 제시하였다. 버넷이 제시한 '클론 선택 이론

Clonal Selection Theory'에서 항체는 다음과 같은 과정을 통하여 형성된다.

1. 항체는 혈액 안의 림프구에 의해서 만들어지는데 각각의 림프구 표면에는 한 가지의 항원과 결합할 수 있는 수용체가 있다.
2. 우리 몸속에는 매우 다양한 항원을 인식할 수 있는 수많은 림프구가 존재한다.
3. 림프구 하나는 고유한 항체 한 종류만을 만든다.
4. 우리 몸에 원래 존재하는 단백질과 결합하여 항체를 만드는 림프구는 발생 과정에서 사멸한다. 우리 몸속에 원래 있는 단백질과 결합하는 항체가 만들어진다면 해당 단백질의 기능이 마비되므로 이러한 림프구는 제거되어야 하기 때문이다.●●
5. 자신의 몸에 존재하는 단백질을 인식하는 림프구는 발생 과정에서 다 사멸하므로 결국 남는 것은 자신의 몸에 존재하지 않는 미지의 단백질을 인식하는 림프구뿐이다.
6. 외부 병원체 유래 미지의 단백질이 몸에 존재하면 몸의 림프구 중 해당 단백질을 인식하는 림프구가 이를 인식한다.

● 2장에서 인플루엔자 바이러스를 처음으로 닭 수정란에서 배양할 수 있다는 것을 발견할 때 소개한 연구자이다.

●● 실제로 몸에 있는 단백질을 인식하여 항체를 만드는 림프구가 살아남으면 자신의 몸을 공격한다. 이러한 병을 '자가면역질환'이라고 한다. 류마티스성 관절염은 대표적인 자가면역질환이다.

7. 외부 단백질을 림프구가 인식하면 이 림프구는 활성화되어 증식하기 시작하고, 동일한 항원을 인지하는 림프구의 숫자가 급격히 늘어난다.
8. 항원을 인식한 후에 수가 늘어난 림프구는 형질 세포로 변환되어 해당하는 항원에 결합하는 항체를 많이 만든다.

이러한 가설의 첫 번째 조건은 각각의 림프구가 다른 종류의 항체를 만들어야 한다는 것인데 이는 1958년 실험으로 입증되었다. 버넷은 1960년 후천성 면역에 대한 이론을 정립한 공로로 노벨 생리의학상을 수상했다. 그러나 버넷이 주창한 가설이 완전히 입증되는 데는 훨씬 오랜 시간이 흘러야만 했다.

항체의 화학적 구조

1960년대 생화학자 제럴드 에델먼Gerald Maurice Edelman, 1929~2014과 로드니 포터Rodney Robert Porter, 1917~1985에 의해 항체는 크기가 서로 다른 2개의 단백질 가닥 두 쌍으로 구성된다는 것이 밝혀졌다. 항체는 무거운 가닥Heavy Chain(H)과 가벼운 가닥Light chain(L)이 연결되어 있고, H-L가닥 조합이 한 쌍이 있어서 총 4개(2개의 H가닥, 2개의 L가닥)의 단백질 가닥으로 구성된다.

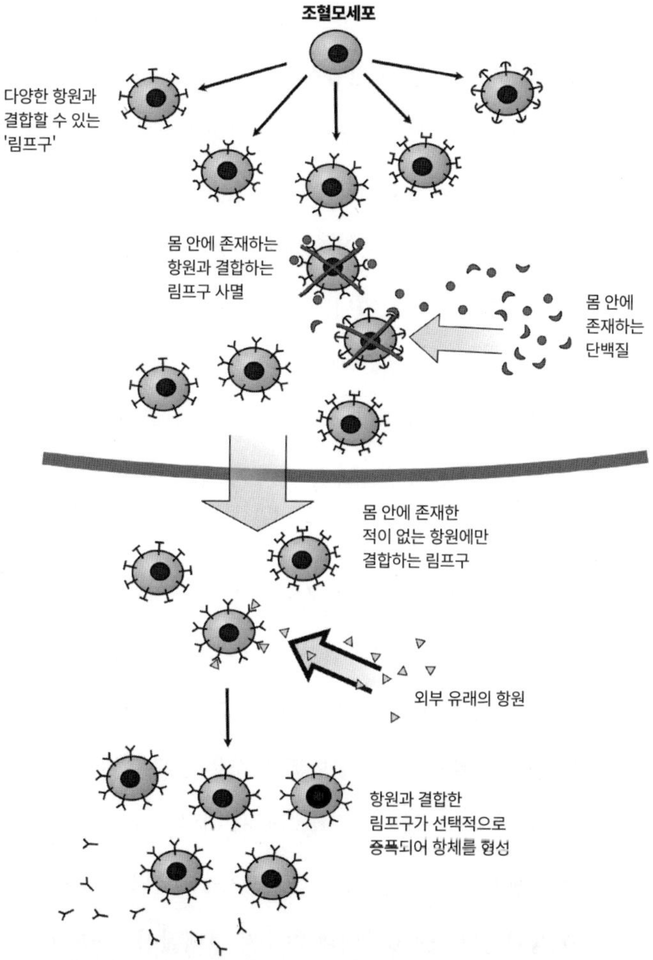

버넷의 클론 선택 이론. 프랭크 맥팔레인 버넷은 우리 몸이 한번도 접한 적이 없는 항원에 대한 항체를 형성하는 능력을 설명하기 위하여 다음과 같은 가설을 제창하였다. 항체는 림프구에 의해서 만들어지는데 림프구를 포함한 모든 혈액 세포로 분화할 수 있는 조혈모세포에서 혈액 세포가 분화할 때, 매우 다양한 종류의 항원과 결합할 수 있는 림프구가 만들어지며 각각의 림프구는 고유한 항원에 결합할 수 있다. 이 과정에서 이미 몸 안에 존재하는 단백질과 결합할 수 있는 림프구는 더 이상 성장하지 않고 사멸되며 외부의 항원에만 결합하는 림프구만 남는다. 외부에서 병원체가 침입하여 항원이 몸속에서 포착되면 림프구가 항원에 결합, 해당 림프구가 선택적으로 증식하여 동일한 항체를 대량 생산한다.

그림에서 보는 것처럼 항체는 영문자 'Y' 형태로 구성되어 있고 항원은 영문자 'Y'의 두 팔에 결합한다.

1969년 에델만 연구팀은 항체의 전체 아미노산 서열을 결정하였다. 그 결과 H가닥과 L가닥에는 인식하는 항원에 따라서 아미노산이 변하는 영역도 있는 반면, 어떤 영역은 항체에 관계 없이 항상 동일한 아미노산이었다. 서로 다른 항원에 결합하는 수많은 항체가 있지만 공통된 서열(불변 영역Constant Region)이 있는 반면 특이적인 서열(변화 영역Variable Region)도 있다. 변화 영역이 서로 다른 아미노산들로 구성되어 있기 때문에 다양한 단백질에 결합하는 항체가 존재하는 것이다. 에델만과 포터는 1972년 항체의 화학적인 구조를 발견한 공로로 노벨 생리의학상을 수상한다. 1977년에는 항체의 단백질 구조가 규명되어 항체가 2개의 H가닥과 2개의 L가닥으로 이루어진 'Y'자 모양을 하고 있으며, 이 Y자 모양의 양쪽 팔에 항원이 결합되는 것을 알게 되었다.

결국 항체의 다양성은 변화 영역에서 다양한 아미노산을 가지는 항체가 생김으로써 확보된다. 그렇다면 이렇게 다양한 항체는 어떻게 생기는가? 1970년대에 이르자 단백질이 DNA에 저장된 유전 정보에 의해서 만들어진다는 이론이 확실해졌다. 그러나 여기서 의문이 생겼다. 수많은 종류의 항원, 때로는 우리가 한 번도 접하지 못한 항원을 인식하는 항체가 만들어지기 위해서는 다른 단백질을 만드는 정보와 마찬가지로 항체를 만드는 정보

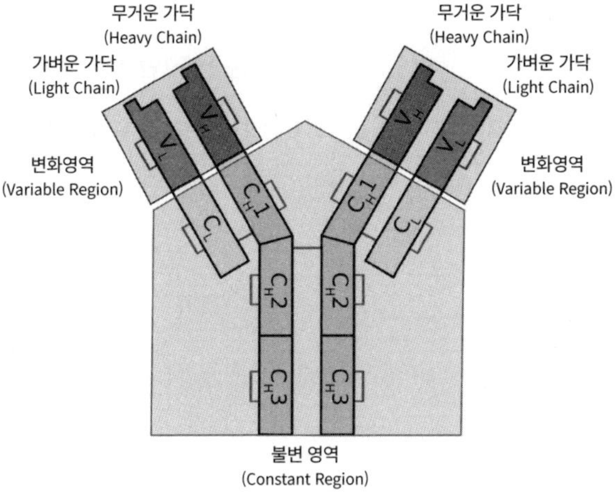

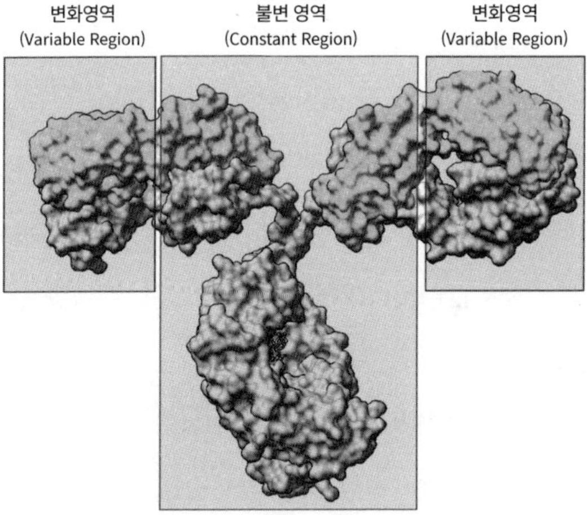

(위)항체 구조의 모식도, (아래)3차원 구조. 항체는 무거운 가닥과 가벼운 가닥이 한 쌍을 이루어 두 쌍의 단백질이 하나의 항체를 형성한다. 항원은 무거운 가닥과 가벼운 가닥으로 구성된 변화 영역에 결합한다.

도 DNA에 기록되어 있어야만 한다. 그러나 **DNA에 저장된 유전 정보는 한정적인데 어떻게 무한히 많은 다양한 항체를 만드는 정보가 담겨 있는 것일까?** 이 의문은 1970년대까지 면역학자와 분자생물학자들의 호기심을 자극했고 마침내 이러한 호기심을 푼 분자생물학자가 등장한다.

다양한 항체를 만들어지게 하는 유전적 변화

우리 몸속의 다양한 세포는 각각 다른 기능을 수행하지만 이들 세포가 가진 DNA는 모두 동일하다. 동일한 DNA로부터 다양한 기능을 하는 단백질을 어떻게 만들까? DNA는 모든 세포가 공유하는 설계도이다. 반면에 이 설계도에서 어떤 단백질을 만들 것인가는 세포의 종류, 발생 단계에 따라 달라진다. 그렇기 때문에 동일한 DNA로부터 다양한 성질을 가진 단백질을 합성할 수 있다.

모든 세포의 DNA가 동일하다고 했지만 여기에는 예외가 있다. 바로 항체를 만드는 형질 세포이다. 앞에서 알아본 것처럼 각 형질 세포는 다른 항원을 인지하는 항체를 만든다. 다시 말해 형질 세포의 항체 유전자에서 항원을 인식하는 부분(변화 영역)에 해당하는 유전 정보는 서로 다른 항체를 만드는 형질 세포마다 달라진다는 의미이다. 세포에 따라서 유전 정보가 바뀌는 일이 어떻게 일어날 수 있을까?

이 문제에 도전한 사람은 일본 출신의 분자생물학자 도네가와 스스무Tonegawa Susumu였다. 도네가와 연구팀은 몇 년간의 연구로 항체 유전자 영역, 특히 변화 영역 부분이 면역세포가 분화하는 과정에서 크게 변하는 것을 알아냈다. 면역세포로 아직 분화하기 이전의 세포의 항체 유전자의 변화 영역 부분은 크게 V(Variable), D(Diversity), J(Joining)으로 나뉜다. 각각 유전자가 조금씩 다른 복사본 유전자가 V부위 약 65개, D부위 27개, J부위는 6개 있으며, H가닥 및 L가닥은 이렇게 다른 조각들이 짜맞추어지며• 다양한 조합이 생긴다.

그 결과 분화된 면역세포에는 65(V)×27(D)×6(J)×320(L가닥의 종류)들이 재조합되어 총 3,369,600조합의 서로 다른 항체 유전자가 형성된다. 이렇게 항체 유전자 DNA가 면역세포 분화 과정에서 재조합이 일어나 각각의 면역세포가 서로 다른 재조합의 유전자를 가지는 과정을 V(D)J 재조합이라 한다. V(D)J 재조합이 생기는 과정에서 DNA 가 잘라 맞추어질 때 염기가 추가/삭제되기도 하며 이 과정에서도 항체 유전자에 변화가 생긴다.

• L가닥 유전자에는 D영역이 없으며 대신 L가닥 유전자가 두 종류로 존재하여 V 영역 40개, J영역 5개(카파), V영역 30개, J영역 4개(람다)로 총 조합은 320종류가 가능하다.

이외에도 항체 유전자에 추가적으로 다양성이 부여되기도 하는데, 항체 유전자 영역에서 항원과 바로 접촉하는 영역을 '상보성 결정 영역Complementarity-Determining Region, CDR'이라고 부르는데 이 영역은 면역 세포의 다른 유전자 영역보다 돌연변이가 100만 배 이상 빈번히 일어난다. 이러한 현상을 '체세포 초 돌연변이 Somatic Hypermutations'라고 하며 체세포 초 돌연변이는 항체의 다양성을 더욱 증가시킨다. 결과적으로 면역 세포가 발생하는 과정에서 항체를 만드는 유전자는 무한대에 가까운 다양한 유전자로 변하여 다양한 항체를 만들 수 있다. 덕분에 여러 가지 다양한 항원을 인식하는 면역 세포가 존재할 수 있다. 만약 외래 병원체 유래 항원이 들어오면 이 항원을 인식하는 항체를 만드는 면역 세포는 활성화되어 급속히 증식하고 이 면역세포로부터 분화된 형질 세포는 항체를 대량 생산한다.

면역 세포가 어떻게 다양한 항체를 생성하는지에 대한 유전적 기전을 규명한 공로로 도네가와 스스무는 1987년 노벨 생리의학상을 수상했다. 1980년대에 이르러 몸에서 다양한 항체가 어떻게 생성되는지, 그리고 항체는 어떻게 다양한 항원과 결합할 수 있는지에 대한 기본적인 기작이 알려졌다. 그러나 항체에 대해 아는 것은 복잡한 면역계를 이해하는 시작에 불과했다.

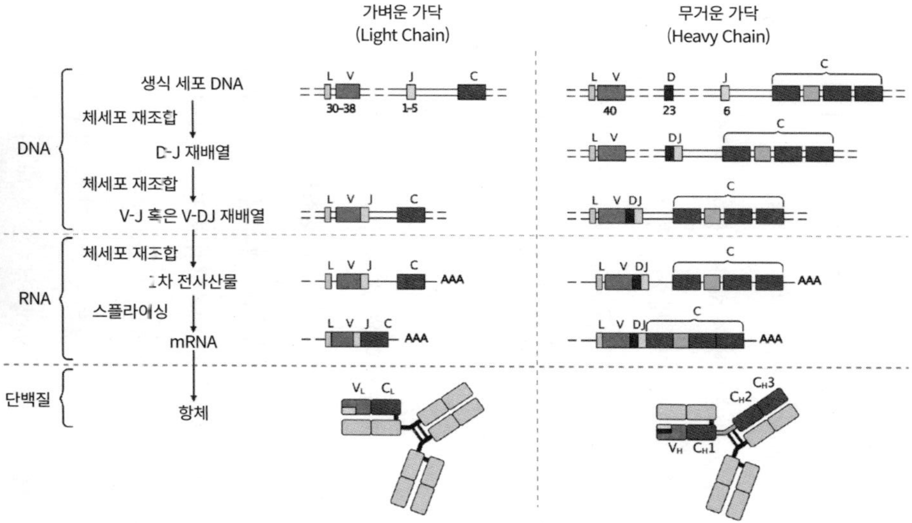

항체의 다양성이 만들어지는 체세포 재조합 기전과 이를 발견한 도네가와 스스무. 면역 세포가 되기 전 세포에서 항체 유전자 영역의 가변 영역에 해당하는 영역은 V, D, J의 별도의 영역으로 나뉘어 있으며 V, D, J 영역은 조금씩 서열이 다른 여러 복제본이 존재한다. 면역 세포로 성숙하면서 V, D, J 영역에서 재조합이 일어나고, 이 과정에서 다양한 조합이 형성되어 항체의 다양성이 확보된다. 이렇게 형성된 항체의 다양성은 항체 유전자 영역에서 항원과 바로 접촉하는 부분에서 돌연변이가 집중적으로 일어나는 체세포 초 돌연변이에 의해서 더욱 다양해진다. 결론적으로 성숙한 형질 세포는 세포마다 서로 다른 항체 유전자를 가지게 되고 이들은 각각 다른 항원과 결합할 수 있는 능력을 갖는다.

B세포와 T세포

1980년대까지 면역 과정에 대한 연구는 주로 외래 병원체가 침입하면 외래 병원체와 결합하여 이를 무력화시키는 항체를 중심으로 이루어졌다. 그러나 항체 자체가 만들어지기 위해서는 면역 세포가 필요하다. 그리고 면역 세포 중에는 항체를 만들지 않지만 외래 병원체와의 싸움에 꼭 필요한 세포들이 존재한다. 이들의 기능을 빼놓고 면역을 설명하는 것은 면역의 한 일면만을 다루는 것과 마찬가지이다.

먼저 혈액에 존재하는 혈액 세포들에 대해 알아보자. 일단 혈액에는 산소를 수송하는 역할을 하는 적혈구 세포가 가장 많다. 적혈구를 제외한 모든 혈액 세포를 총칭하여 백혈구라 칭한다. 백혈구는 크게 두 부류로 나뉘는데 세포 내에 과립 형태의 입자가 들어있는 과립성 백혈구Granulocyte와 림프구Lymphocyte로 나뉜다. 과립성 백혈구는 호중구, 호산구, 호염기구로 나뉘는데 이들은 주로 혈액 중에 침투한 세균이나 곰팡이 등 외부 병원체를 잡아먹는 포식 작용과 염증 작용에 관여한다. 즉 이들은 기존에 병원체를 접했는지 여부와는 상관없이 몸을 보호해주는 면역의 '1차 방어선'격인 선천성 면역에 관여한다(선천성 면역에 대해서는 뒤에서 알아본다). 과립성 백혈구를 제외한 백혈구 총량의 30%를 차지하는 림프구는 지금부터 알아보자.

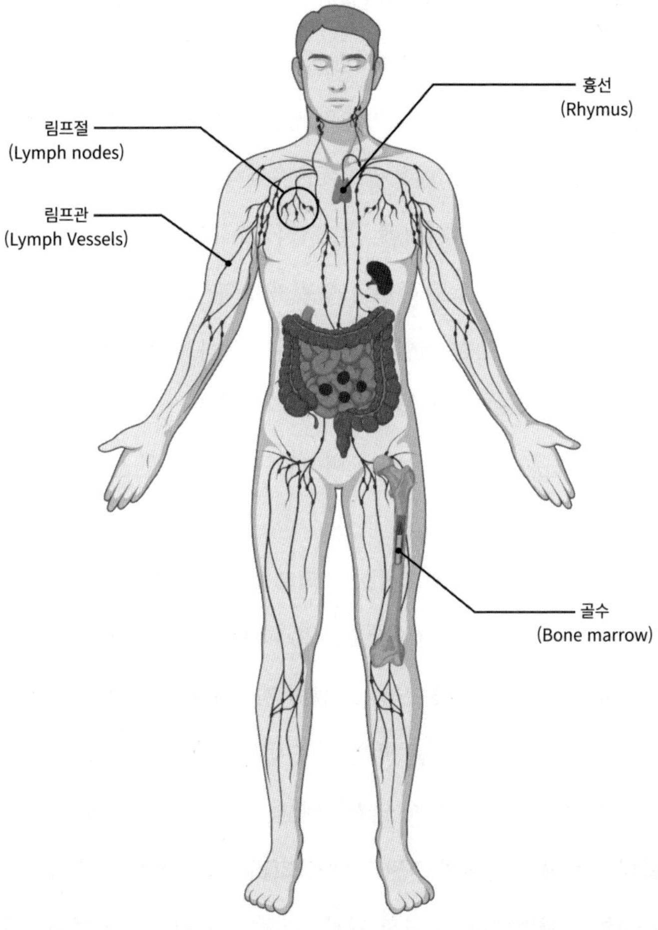

인간의 주된 면역 기관. 골수에는 혈액을 구성하는 세포가 되는 조혈줄기세포Hematopoetic stem cell가 있다. 혈액을 형성하는 모든 세포는 조혈줄기세포에서 만들어진다. 림프구에 해당하는 세포로 분화하는 세포들은 림프관을 통하여 이동하고, T세포는 흉선에서 성숙한다. T세포, B세포, 대식세포, 수지상세포 등의 면역세포들은 림프절에 모여 면역세포간의 상호 작용을 한다.

림프구는 크게 B세포B Cell와 T세포T Cell로 나뉜다. B세포와 T세포의 'B'와 'T'는 각 세포가 만들어지는 장소에 따라 이름이 붙었다. 인간과 같은 포유동물에서 B세포는 '골수Bone Marrow'에서 만들어진다. T세포는 가슴의 정중앙에 위치한 기관인 '흉선Thymus'에서 성숙되기 때문에 T세포라고 이름 붙였다.

B세포는 항체의 형성에 관여한다. T세포는 B세포의 기능을 도와 항체 형성을 촉진하거나 병원체에 감염된 세포를 죽이는 등의 세포 자체로써의 면역 기능을 수행한다. B세포와 T세포는 바이러스 등의 외부 병원체에 감염된 후, 같은 병원체에 두 번째 감염되었을 때 이를 신속하게 퇴치할 수 있게 해주는 후천성 면역의 핵심 역할을 한다.

그렇다면 B세포와 T세포는 어떻게 발견되었을까? 1956년 미시시피 주립 대학의 브루스 글릭Bruce Glick은 파브리키우스 주머니Bursa of Fabricius라는 닭의 기관의 기능을 연구하던 중 파브리키우스 주머니를 제거한 닭은 항체 형성 능력이 현저히 떨어지는 것을 발견하였다. 1963년 면역학자 맥스 쿠퍼Max Cooper는 글릭의 연구에서 한발 더 나아가 파브리키우스 주머니와 항체와의 관계를 연구하였다. 글릭의 연구에서는 파브리키우스 주머니를 제거해도 항체의 형성이 줄었을 뿐, 항체가 완전히 없어지지는 않았다. 쿠퍼는 파브리카우스 주머니를 제거하기 전에 이미 만들어져 혈액 속을 돌아다니는 림프구에 의해 항체가 만들어진다고

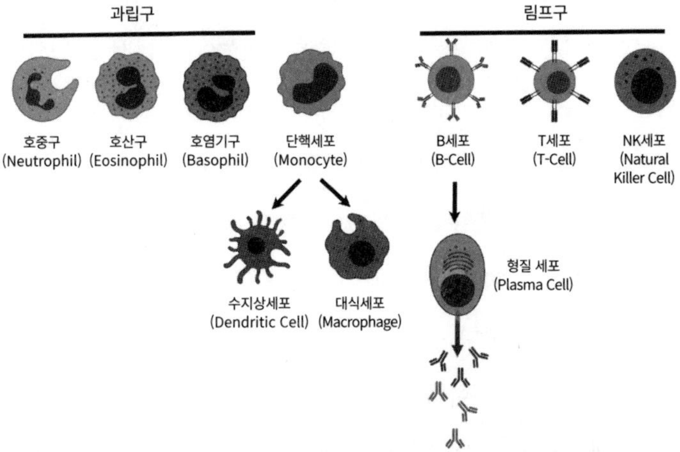

다양한 백혈구. 적혈구를 제외한 모든 혈액 세포를 총칭하여 백혈구라 하며 백혈구는 과립구와 림프구로 나뉜다. 과립구는 주로 선천성 면역에 관여하며 단핵세포는 수지상세포와 대식세포로 분화하여 선천성 면역과 후천성 면역에 관여한다. 림프구에는 항체 형성에 관여하는 B세포와 세포성 면역에 관여하는 T세포, 그리고 조직적합성 복합체가 없는 세포를 죽일 수 있는 NK세포가 있다.

생각하고 파브리키우스 주머니를 제거 후 방사선을 쪼아 혈액 안에 돌아다니는 림프구를 완전히 제거해 보았다. 그랬더니 닭이 항체를 형성하는 능력을 완전히 잃었다. 파브리키우스 주머니가 림프구를 만드는 곳이라 확인한 것이다. 항체를 만드는 림프구는 '주머니'를 뜻하는 'Bursa'를 따서 B세포라 이름이 붙었다. 이후 파브리키우스 주머니가 없는 포유류에서는 골수에서 B세포가 만들어진다는 사실이 밝혀졌다.

한편 림프구에는 골수에서 만들어지는 것 이외에 흉선에서 만들어지는 다른 종류 세포도 있다. 당시에는 흉선의 기능이 정확히 알려지지 않았고 맹장과 마찬가지로 특별한 기능이 없는 기관이라고 생각했다. 흉선을 제거한 실험동물도 정상 동물과 큰 차이가 없었기 때문이다. 그러나 면역학자 자크 밀러Jacque Miller는 쥐 태아의 흉선을 제거한 후 바이러스에 감염시키자 바이러스에 대한 면역력을 가지지 못한다는 것을 발견하였다. 또 흉선을 제거한 쥐에 다른 쥐의 흉선을 이식하자 바이러스에 대한 면역력이 되살아났다.

이후에 흉선에서 B세포와는 구별되는 다른 종류의 림프구가 생성된다는 것을 알게 되었고 이 림프구를 흉선의 이름을 따서 'T세포'라 부르게 되었다. 그렇다면 T세포는 어떻게 면역에 관여할까? 여기에는 2가지 방법이 있다.

세포를 '살처분' 하는 세포 독성 T세포

항체는 세포 밖에서 바이러스 등과 결합하여 바이러스가 세포 안으로 침투하지 못하게 막는다. 그러나 이미 세포에 침투하여 증식하는 바이러스는 어떨까? 항체는 세포 안으로 들어갈 수 없기 때문에 세포 내에서 증식하는 바이러스에 대해서는 속수무책이다. 바이러스에 감염되어 바이러스를 생산하는 공장으로 전락한 세포가 있다면 이 세포를 제거하는 것이 전체 생물을 방어하는 최선의 방법이다. 그렇다면 어떻게 바이러스에 감염된 세포를 제거할 수 있을까? 이러한 면역 반응에 관여하는 것이 바로 T세포, T세포 중에서도 세포 독성 T세포Cytotoxic T Cell이다.

오스트레일리아의 면역학자 피터 찰스 도허티Peter Charles Doherty와 스위스의 면역학자 롤프 마르틴 칭커나겔Rolf Martin Zinkernagel은 1973년 T세포가 어떻게 병원체에 감염된 세포를 죽이는지에 대한 연구를 시작하였다. 이들은 쥐에 뇌수막염을 일으키는 바이러스를 감염시켜 T세포가 감염된 쥐에서 채취한 세포를 죽이는지를 연구하였다. 이 실험을 통하여 T세포는 외래 병원체가 감염된 세포는 죽이지만, 그렇지 않은 세포는 죽이지 않는다는 것을 알게 되었다. 다시 말해 T세포는 바이러스가 감염된 세포인지 아닌지를 구분하여 감염된 세포를 제거한다.

이들은 여기서 더 나아가 1가지를 더 발견하였다. 유전적으로 다른 쥐에서 유래된 T세포는 바이러스에 감염되었다고 하더라도 죽이지 못하였다. 즉 T세포가 어떤 세포를 죽이기 위해서는 2가지 조건이 필요하다. '**자신에게서 유래된 세포**'여야 하며 '**이 세포는 외부 병원체에 감염되었음**'이라는 조건을 만족시켜야 T세포는 세포를 공격한다. 그렇다면 T세포가 이를 구분하기 위해서는 대상이 되는 세포에 어떤 '표식'이 있어야 한다. 그 표식은 무엇일까?

우리의 몸이 자신의 세포와 남의 세포를 구분하는 것은 이전부터 알려져 있었다. 20세기 초, 장기 이식 수술을 처음 시도한 의사들은 타인으로부터 유래된 장기를 이식하였을 경우 종종 거부반응이 일어나며 아주 가까운 친족이 아니라면 이식 거부 반응 때문에 장기이식이 불가능하다는 것을 발견하였다. 1940년 쥐를 대상으로 한 실험을 통하여 이식 거부 반응에 관여하는 유전자가 발견되었고 '주 조직적합성 복합체Major Histocompatibility Complex, MHC'라고 명명되었다.

왜 우리 몸에 이러한 기능이 있는 것일까? 장기 이식을 시도하는 의사를 골탕 먹이기 위해서 이러한 기능이 있는 것은 아닐 것이다. 나중에 알려진 사실이지만 장기 이식의 거부반응을 좌우하는 MHC가 바로 T세포 면역에 핵심이 되는 단백질이며 T세포가 어떤 세포를 죽이는지를 결정하는 '표식'과 관련했다.

MHC(보다 정확하게는 1형 MHCMHC Class I)는 핵이 있는 모

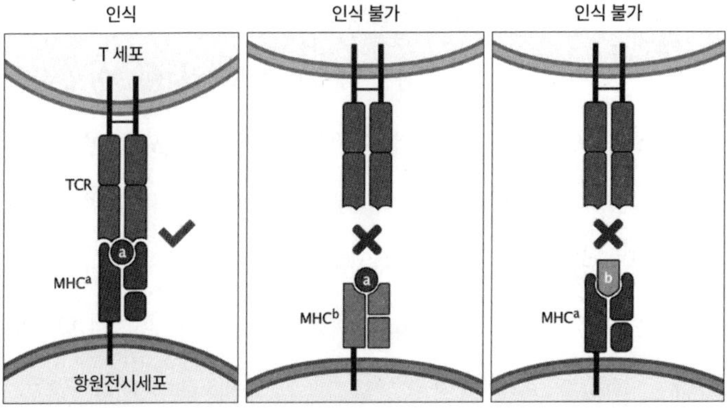

MHC와 T세포 수용체(TCR)의 인식. TCR은 MHC와 여기에 결합된 항원을 동시에 인식한다. 즉 항원 부위만을 인식하거나 MHC만을 인식하는 것으로는 TCR의 인식은 이루어지지 않으며 TCR이 인식할 수 있는 MHC와 결합된 항원의 조합을 가지고 있는 세포만을 인식하여 T세포를 활성화 시킨다.

든 세포의 표면에 존재한다. 이 단백질은 세포 내에서 분해된 단백질 조각과 결합하여 세포 표면으로 이동하여 표면에 노출된다. 만약 세포 내에 병원체가 있으면 분해된 병원체 단백질 조각이 MHC에 결합하여 표면에 노출된다. 결국 MHC는 세포 내에 병원체가 존재한다고 T세포에 알리는 표식인 셈이다.

앞에서 설명한 바이러스에 감염된 세포를 죽이는 세포 독성 T세포는 병원체 유래의 단백질 조각과 결합된 MHC가 세포 표면에 노출되어 있는 세포를 찾아 발견하면 이 세포를 공격하여 죽인다. 그렇다면 T세포는 어떻게 '병원체 유래의 단백질 조각+MHC'를 인식할까? T세포 표면에도 이를 인식하는 단백질이 있다. 'T세포 수용체T Cell Receptor, TCR'라고 하며 1985년 발견되었다.

TCR은 항체와 비슷한 점이 많다. 몸속에 수많은 항원을 인식할 수 있는 수많은 항체가 있는 것처럼 수많은 병원체 유래의 단백질 조각과 MHC 복합체를 인식할 수 있는 수많은 TCR이 있다. 다양한 TCR은 항체가 생기는 과정과 유사하게 V(D)J 재조합 기작을 통하여 형성된다. TCR과 항체의 차이가 있다면 **항체는 항원이 되는 단백질을 그대로 인식하지만 TCR은 MHC에 결합되어 있는 상태의 항원 단백질만을 인식한다**는 것이다.

T세포는 앞에서 본 것처럼 흉선에서 생기는데 이때 선별 과정을 거친다. MHC에는 병원체 유래 단백질 이외에도 세포 내에

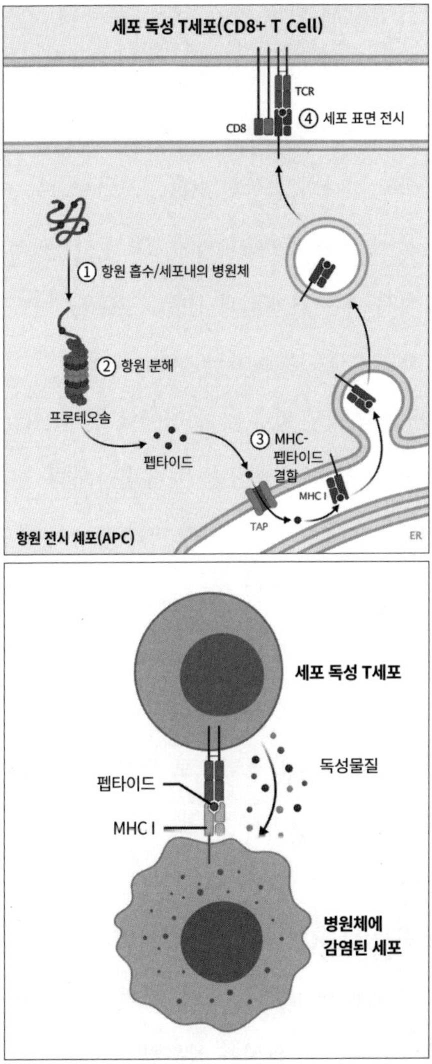

세포 독성 T세포와 1형 MHC. 바이러스 등의 병원체에 감염된 세포는 항원을 분해하여 1형 MHC에 결합시킨 후 세포 표면에 전시한다. 세포 독성 T세포는 세포 표면의 1형 MHC와 항원 펩타이드를 TCR로 인지한다. TCR에 의해 해당 세포가 병원체에 감염되었다고 판단하면 독성 물질을 분비하여 병원체가 감염된 세포를 제거하여 병원체의 증식을 원천적으로 차단한다.

원래 존재해서 분해된 단백질도 결합 가능한데, 만약 TCR이 세포 내에 원래 존재하는 단백질+MHC 조합을 인식하면 멀쩡한 세포를 공격하고, 자가면역질환의 원인이 된다. 즉 세포에 원래 존재하는 단백질 조각과 결합한 MHC를 인식하는 T세포(병원체에 감염되지 않는 멀쩡한 세포를 죽이는 세포)는 발생 과정에서 사멸하고 병원체에서 나온 단백질과 결합한 MHC가 표면에 있는 세포만을 인식하는 T세포만 살아남는다.

그렇다면 면역 거부 반응은 왜 일어날까? MHC 유전자는 사람의 유전자 중 가장 다양성이 높은 유전자이다. 현재까지 수만 종류의 MHC 유전자를 찾았다.• 즉 직계 혈육이 아닌 이상 대부분 서로 다른 MHC를 가지고 있다고 봐야 한다. 만약 서로 다른 MHC를 가진 사람의 장기가 이식된 경우 T세포는 이식된 장기 세포를 어떻게 인식할까? 질병에 걸리지 않은 정상적인 세포에서 MHC에 결합되어 세포 표면으로 전시되는 항원 단백질 자체는 거의 동일하지만 사람마다 MHC가 다르다. TCR은 MHC에 결합된 항원과 MHC를 합쳐서 인식한다. 이식된 장기에 있는 자신이 알지 못하는 MHC와 세포 내에 원래 존재하던 단백질의 조합을 T세포는 MHC에 (병원체 유래) 미지의 단백질이 전시된 상태라고 생각할 것이고 병원체가 침투한 세포로 오인하여 공격할

• ABO 혈액형을 결정하는 유전자가 3종류 있다면 MHC의 유전형을 결정하는 유전자는 수만 종류가 있다.

것이다. 이것은 이식 거부 반응으로 이어진다.

T세포가 병원체가 감염된 세포를 인식하고 공격하는 기작은 1980년대 중반에 이르러 알려졌다. 그러나 T세포는 단순히 병원체에 감염된 세포를 인식하여 공격하는 기능만 수행하는 것은 아니었다. 보다 정확하게는 병원체에 감염된 세포를 인식하여 죽이는 '세포 독성 T세포' 이외에 세포를 죽이지는 않지만 다른 기능을 수행하는 T세포가 존재했고, 면역 기능에서 이들의 역할은 매우 중요하다.

다른 면역세포를 활성화하는 헬퍼 T세포

1960년대 흉선 유래 T세포가 면역에 관여한다는 것이 알려진 이후 흉선 유래의 T세포의 기능을 알아보기 위한 다양한 실험이 진행되있다. 지그 밀러도 1968년 다음과 같은 실험을 했다.

1. 쥐에 방사능을 쬐어 방사능에 약한 림프구(T세포, B세포)를 모두 죽인다.
2. 림프구를 없앤 쥐에 T세포나 B세포를 선택적으로 넣은 후 항체 형성 능력이 돌아오는지 본다.

밀러는 B세포가 항체를 만드는 형질 세포가 된다고 생각했으므로 B세포만을 넣어도 항체 형성능력이 회복될 것이라 생각했지만 그렇지 않았다. 마찬가지로 T세포만을 넣어도 항체 형성능력은 돌아오지 않았다. T세포와 B세포를 같이 넣어줘야만 항체 형성능력을 회복하였다. 즉 **B세포가 항체를 형성하려면 흉선 유래의 T세포가 반드시 필요하다**는 이야기였다. 그렇다면 T세포가 항체 형성에 왜 필요할까?

T세포 중 세포 독성 T세포 이외에 다른 세포를 활성화하는 기능을 가지는 세포가 있다는 것이 밝혀졌고, 이 T세포를 '헬퍼 T세포Helper T Cell'라 불렀다. 그렇다면 어떻게 헬퍼 T세포는 B세포를 활성화시킬까?

B세포는 형질 세포로 변하여 항체를 만드는 림프구이다. 그런데 항체를 만들어서 혈액으로 내보내기 전의 B세포 역시 세포 표면에 항원이 결합하는 수용체가 있는데, 이 수용체는 나중에 세포 밖으로 배출하는 항체와 동일한 단백질이다. 세포 표면의 수용체가 항원과 결합하여 세포 내부로 들어가면 항원은 B세포 내부에서 분해된다. 분해된 항원 조각은 세포 독성 T세포가 인지하는 1형 MHC와 매우 비슷한 단백질인 2형 MHCMHC Class Ⅱ와 결합하여 세포 표면에 노출된다.•

• 세포 독성 T세포는 1형 MHC를 인지하고 헬퍼 T세포는 2형 MHC를 인식한다. 1형 MHC는 거의 모든 세포에 존재하지만 2형 MHC는 B세포를 비롯한 몇 가지 면역 세포에만 존재한다.

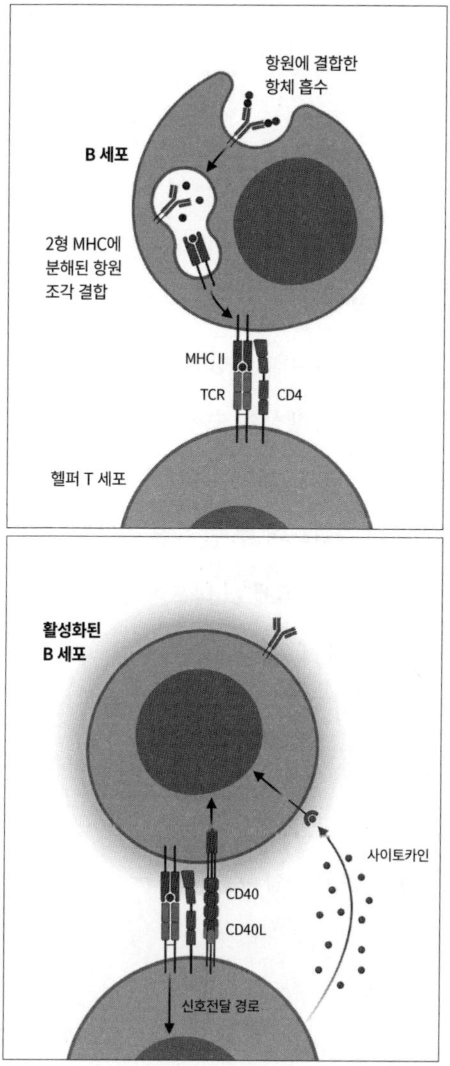

헬퍼 T세포에 의한 B세포 활성화. B세포는 자신이 인식하는 항체를 세포 표면에 부착하고 있으며 이 항원에 결합한 항체는 B세포 내부로 흡수되어 분해되고, 분해된 항원 조각은 2형 MHC에 부착되어 세포 표면에 전시된다. 이를 인식한 헬퍼 T세포는 사이토카인을 분비하여 B세포를 활성화시키고 활성화된 B세포는 증식되어 형질 세포로 변하여 항체를 분비한다.

헬퍼 T세포가 B세포 표면에 노출된 2형 MHC와 항원 조각을 인식하면 헬퍼 T세포는 B세포를 자극하여 증식하도록 신호를 보내고, 자극받은 B세포는 증식하여 동일한 항체를 만들 수 있는 세포의 숫자가 늘어난다(앞에서 알아본 버넷의 클론 선택 이론에서 이미 설명된 내용이다). 증식한 B세포는 대부분 형질 세포로 변하여 항체를 분비하지만 일부 B세포는 수년에서 수십 년 동안 생존하면서 자신이 인식하는 항원을 다시 만났을 때 이 항원을 인식하는 항체를 바로 생산할 수 있도록 한다. 이렇게 오래 살아남는 B세포를 기억 B세포Memory B cell라 부른다. **우리가 바이러스 등의 병원체에 감염되어 수 년 혹은 수십 년 후에도 면역을 가지는 것은 바로 이 '기억 B세포' 덕분이다.**

요약하면 헬퍼 T세포는 직접 항체를 형성하거나 병원체에 감염된 세포를 죽이지 못하지만 다른 면역 세포를 활성화하여 면역 활동을 조절하는 '면역 활동의 지휘관'과 같은 역할을 수행한다. 이제 헬퍼 T세포와 상호작용하여 면역 활동을 조절하는 또 다른 면역세포에 대해서 알아보자.

항원 제시 세포

'세포성 면역'은 메치니코프가 불가사리 배아 실험을 통해 외부 병원체를 잡아먹는 포식 작용을 발견하면서 최초로 알려졌다. 그렇다면 포식 작용과 B세포, T세포에 의해서 일어나는 면역 반응은 어떻게 연결될까?

1970년대 이후 외부 병원체를 포식작용으로 잡아먹는 세포인 대식세포Macrophage와 피부 등 몸의 여러 부분에 존재하는 나뭇가지 모양의 세포인 수지상세포Dendritic cell가 외부 병원체에 대한 정보를 헬퍼 T세포에 전달한다는 것이 알려졌다. 이들은 항원에 대한 정보를 T세포에 제시한다는 의미로 '항원 제시 세포Antigen Presenting Cell, APC'라 불린다.

이들은 B세포와 같이 2형 MHC를 가지며 잡아먹은 병원체의 단백질 조각을 2형 MHC에 결합하여 세포 표면에 내보낸다. 피부 등에 침투한 병원체를 수지상세포가 잡아먹은 다음 수지상세포는 B세포와 T세포가 많이 존재하는 림프절Lymph node로 이동한다. 여기서 헬퍼 T세포와 만나 2형 MHC에 결합한 병원체 유래의 항원을 제시하여 헬퍼 T세포를 활성화 시킨다. 수지상세포는 나뭇가지 모양의 세포로 표면적이 넓다. 이렇게 넓은 표면은 복수의 T세포와 결합하여 이를 활성화시키는 공간이 된다. 아직 활성화되지 않은 상태인 나이브 T세포Naive T Cell는 수지상세포에 의해서 활성화되어 다양한 종류의 헬퍼 T세포로 분화한다.

이러한 면역 과정을 외적의 침입으로부터 국가를 지키는 국방에 비유하여 보자. 한국 영공에 국적 미확인 비행체가 레이더

망에 포착되면 공군작전사령부를 통하여 합동참모본부에 전달된다. 본부에서 내린 명령에 따라 전투비행단 전투기가 출격하고 방공미사일 운용부대에도 경고가 발령된다. 미확인 비행 물체에 접촉한 전투비행단 소속 전투기는 미확인 비행 물체에 접근하여 이들이 위험한 적이라고 판단하면 교전을 개시한다. 이와 비슷한 과정이 면역계에서도 일어난다. 수지상세포나 대식세포 같이 1차 경계를 담당하는 세포가 외부 침입자를 발견하면 수지상세포는 림프절로 이동하여 외부의 침입자에 대한 정보를 2형 MHC에 결합한 항원 형태로 담아 헬퍼 T세포에 전달하고, 신호를 받은 헬퍼 T세포는 활성화되어 외부 침입을 알린다. 면역 시스템의 지휘통제를 맡은 헬퍼 T세포는 B세포, 세포 독성 T세포, 대식세포 등 여러 면역 세포를 활성화한다. 활성화된 형질 세포는 항체를 분비하고 세포 독성 T세포는 해당 병원체가 감염된 세포를 공격하는 등 외부 침입자에 대한 면역 반응을 일으킨다. 비유하자면 수지상세포나 대식세포가 조기 경계를 맡는 레이더 기지에 해당한다면 헬퍼 T세포는 지령을 내리는 합동참모본부, 그리고 실제로 외부 침입자와 싸우는 대식세포, 세포 독성 T세포 등 다양한 면역세포들은 전투기, 방공 미사일 등의 전투부대에 해당할 것이다.

이렇게 1980년대 이후에 속속 밝혀진 연구 결과로 면역은 항체나 한두 가지 면역 세포에 의해서 이루어지는 것이 아니라

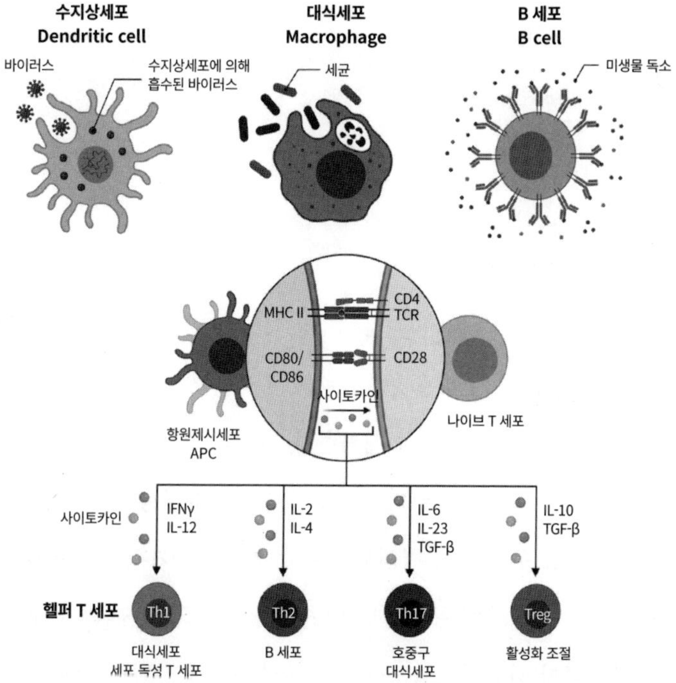

항원제시세포(APC)와 헬퍼 T세포 활성화. APC는 병원체를 흡수하여 2형 MHC를 통하여 T세포에 정보를 주어 활성화시키는데 특화된 세포이다. APC에는 수지상세포, 대식세포, B세포가 있으며 이들은 아직 활성화되지 않은 나이브 T세포와 반응하여 이들을 여러 종류의 헬퍼 T세포를 활성화시킨다. 활성화된 헬퍼 T세포는 종류에 따라서 대식세포, 세포 독성 T세포, B세포, 호중구 등의 다양한 면역세포를 활성화시킨다.

매우 다양한 면역 관련 세포에 의해서 이루어지고, 이를 조절하는 과정 역시 매우 복잡하다는 것을 알게 되었다. 그러나 지금까지 알려진 면역은 주로 병원체가 침투한 뒤에 병원체에 특이적인 면역력이 형성되는 후천성 면역에 대한 것이었고, 이것은 면역의 한 면에 불과했다.

선천성 면역

후천성 면역은 병원체에 특이적으로 형성되는 면역으로서 매우 효과적으로 병원체를 제거한다. 그러나 후천성 면역을 형성하기까지는 시간이 걸린다. 그렇기 때문에 **후천성 면역이 형성되기 전에도 우리 몸을 병원체로부터 지켜주는 기전이 존재하며 이러한 방어 시스템은 특정한 병원체가 감염되었는지의 여부와는 상관없이 선천적으로 존재**한다. 이를 '선천성 면역 반응Innate Immune Response'이라 한다.

선천성 면역계를 구성하는 여러 요소 중 가장 기본적인 것은 물리적 장벽Physical Barrier이다. 병원체로부터 몸을 보호하는 1차적 방법은 병원체가 몸 내부로 침투하지 못하도록 하는 것이다. 우리 몸 바깥에는 무수히 많은 세균과 바이러스 등의 병원체가 있지만 피부나 점막 조직 덕분에 쉽게 침투하지 못하며 몸에 상처가 나야만 병원체가 비로소 침투할 수 있다. 그리고 점막 조직, 내장 표면, 눈의 표면 등 병원체가 침투하기 쉬운 곳에는 여러 가지 체액(눈물, 침, 위액)이 계속 흘러서 표면에 붙은 병원체를 씻어 내린다. 또한 체액에는 병원체를 분해하는 성분들이 들어있다. 위액에는 높은 산도의 산이 있어서 병원체의 생존을 어렵게 하며, 콧물 등에는 라이소자임Lysozyme 같은 세균을 죽이는 단백질이 존재한다. 즉 '물리적 장벽'은 국경선의 철조망 같이 외부 침입자를 막는 1차 방어선이다.

그러나 이러한 물리적 장벽이 돌파되면 선천성 면역을 담당하는 세포들이 본격적으로 2차 방어선을 구축한다. 대개 백혈구 일종과 여기서 다시 분화된 세포들이 담당한다. 백혈구의 30% 정도를 차지하는 림프구(B세포와 T세포)는 후천성 면역에 관여하는 세포들이고 나머지 백혈구 세포들과 백혈구에서 분화되는 세포들이 선천성 면역을 담당하는 세포들이다.

물리적 장벽을 통과하여 무사히 몸으로 침투한 병원체는 대식세포와 수지상세포에 의해서 감지된다. 대식세포는 혈액 내에서 '단핵구'라는 백혈구로 존재하지만 혈관을 빠져나오면 분화되어 아메바 모양으로 몸의 모양을 바꾼다. 몸 조직 내부를 비집고 다니며 병원체를 감지, 이를 추적하여 잡아먹는다. 수지상세포 역시 병원체를 잡아먹는 역할에도 참여하지만 수지상세포의 주 임무는 림프절로 이동하여 병원체의 침투를 헬퍼 T세포 등의 세포에게 알려주는 일이다. 즉 **수지상세포는 선천성 면역계의 세포로 역할하면서 동시에 후천성 면역에 참여하는 T세포를 활성화시키는, 선천성 면역과 후천성 면역의 징검다리 역할을 한다.**

외부 침입자를 감지한 세포는 제일 먼저 '지원군'을 부른다. 국경을 수비하는 '국경경비부대'가 침입자를 발견하면 일단 교전 후 상부에 연락하여 지원군을 요청하는 것과 비슷하다. 1차 신호를 받아 달려오는 '증원군'은 과립성 백혈구인 호중구, 호염기구, 호산구이다. 이들은 평소에 비 활성화된 상태로 혈액을 순환하다가 대식세포의 '연락'을 받으면 병원체가 침입한 부위로 증원되어 병원체를 잡아먹는다. 상처를 입어 세균에 감염되면 고름이 생기곤 하는데 고름의 정체가 세균을 잡아먹으러 몰려온 호중구가 세균을 잡아먹어 생긴 시체이다.

백혈구에 이어 또 다른 면역세포들도 달려와 방어에 참여하는데 그중 하나가 '자연 살해 세포Natural Killer Cell, NK Cell'이다. 자연 살해 세포는 세포 독성 T세포와 마찬가지로 병원체에 감염된 세포를 제거하여 바이러스 등 세포 내에서 증식하는 병원체의 증식을 차단한다. 세포 독성 T세포는 1형 MHC에 병원체 유래 항원이 표시된 세포를 TCR로 인지하여 선택적으로 죽인다. 그런데 자연 살해 세포는 TCR을 가지지 않는다. 그렇다면 자연 살해 세포는 어떻게 바이러스에 감염된 세포를 식별할까? 어떤 바이러스들은 세포 독성 T세포로부터 자신들이 이용할 세포가

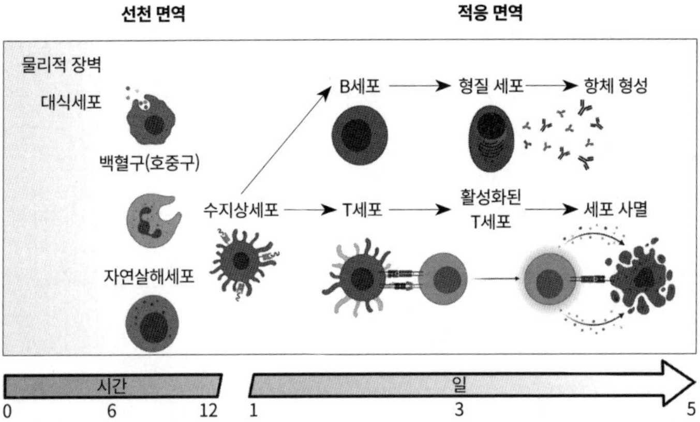

선천성 면역과 후천성 면역. 선천성 면역은 병원체가 몸에 침투했을 때 1차적으로 몸을 방어하는 기능으로 병원체에 특이적이지는 않지만 병원체가 우리 몸에 침투한 직후 빠르게 작동한다. 후천성 면역은 병원체에 특이적인 면역 반응으로써 특정한 병원체에 대해서 특이적으로 방어를 하는 매우 효율이 높은 면역 반응이지만, 형성되는데 최소 수 일이 걸린다. 수지상세포는 선천성 면역과 후천성 면역계에서 동시에 중요한 역할을 한다.

죽는 것을 방지하기 위해서 1형 MHC의 생성을 방해한다. 세포 독성 T세포가 바이러스에 감염된 세포를 인식하지 못하면 바이러스에 감염된 세포가 세포 독성 T세포의 공격을 피할 수 있다. 자연 살해 세포는 이것에 대응한다. 정상적인 1형 MHC가 존재하는 세포는 공격하지 않지만 1형 MHC가 비정상적으로 줄어있는 세포는 이상 세포로 간주하여 공격한다. 즉 바이러스와 면역계는 서로 공격과 방어를 위해서 여러 가지 트릭을 교환하고 있는 셈이다.

이렇게 선천성 면역에는 다양한 세포들이 관여하는데 이들은 어떻게 외래의 병원체를 식별하여 이를 공격할 수 있을까?

선천성 면역에 관여하는 세포들이 병원체를 식별하는 방법

후천성 면역에 관여하는 B세포나 T세포는 세포 표면에 외래의 병원체를 인식하는 다양한 수용체를 가진다. 수용체를 가진 세포가 외래 병원체를 만나면 증식하여 특정한 병원체에 대항하는 세포가 생긴다. 그러나 후천성 면역이 형성되는 데는 시간이 필요하다. 그러나 선천성 면역 반응은 병원체 감염 직후 즉시 일어난다. **선천성 면역과 후천성 면역은 서로 다른 방식으로 병원**

체를 인식한다는 뜻이다. 그 방법은 무엇일까?

1989년 면역학자 찰스 제인웨이Charles A Janeway, 1943~2003는 선천성 면역에 관여하는 세포는 병원체에는 존재하지만 일반적인 동물에는 존재하지 않는 '생체 분자'를 인식하여 병원체의 존재를 식별할 것이라는 가설을 세웠다. 먼저 병원체에만 존재하는 분자를 인식하는 단백질이 선천성 면역에 관여하는 세포에 있을 것이라고 가정하였다. 이 분자를 인지하는 수용체를 '유형 인식 수용체Pattern Recognition Receptor', 그리고 병원체에만 존재하는 생체 분자를 '병원체 연관 분자 유형Pathogen-associated molecular pattern'이라고 정의하였다.

그렇다면 '병원체 연관 분자 유형'에는 어떤 것이 있을까? 세균의 경우 세균 세포벽에 존재하는 지질다당류Lipopolysaccaride, LPS가 그 후보로 제시되었다. 실제로 지질다당류를 동물의 몸에 주입하면 면역 반응이 유도되었다. 바이러스에만 존재하는 특이적인 생체 분자로는 이중 나선 RNA가 있다. 동물의 세포 내의 RNA는 단일 나선이며 이중 나선 RNA는 RNA 바이러스가 복제될 때만 생기기 때문이다.

'유형 인식 수용체'는 어떻게 발견되었을까? 최초의 유형 인식 수용체는 초파리 연구에서 발견되었다. 초파리는 포유 동물과 면역체계가 매우 달라서 항체나 T세포 등과 같은 포유 동물의 후천성 면역계가 없다. 그러나 초파리 역시 면역계가 세균이나 곰팡이 같은 외부의 침입으로부터 자신을 보호한다. 후천성 면역계는 없지만 선천성 면역계는 존재하는 셈이다. 초파리는 돌연변이를 일으켜 새로운 유전자를 발굴하는데 용이한 생물이다. 이를 이용해 후천성 면역에 관여하는 유전자를 찾는 연구가 시작되었고 1996년 프랑스의 줄러스 호프만Jules A. Hoffmann이 톨Toll이라는 유전자가 초파리의 선천성 면역에 관여하는 것을 발견하였다. 톨 유전자가 망가진 초파리는 정상 초파리와는 달리 곰팡이와 세균의 감염에 매우 취약했고, 항균 단백질도 만들지 못했다.

곧 초파리의 톨 유전자와 비슷한 유전자가 포유 동물에서도 발견되었다. 브루스 보이틀러Bruce Beutler는 선천성 면역 반응을 유도하는 지질다당류를 인식하는 단백질을 찾고 있었다. 그는 1998년 생쥐에서 지질다당류를 인식하여 면역 반응을 유발하는 단백질의 유전자를 찾았는데 이 유전자가 초파리의 톨 유전자와 구조가 매우 흡사하였다. 이 단백질이 바로 톨 유사 수용체 4Toll-like receptor 4, TLR4로 세균의 지질다당류와 결합하여 선천성 면역에 관여하는 세포들이 세균을 인식하게 한다. 즉 선천성 면역에 관여하는 유전자는 초파리와 포유류가 분화되기 이전부터 생물에 존재한 매우 오래된 면역 시스템이다.

포유 동물에서 약 10여 개의 톨 유사 수용체가 발견되었다. 이중에서는 지질다당류를 인식하는 것도 있지만 바이러스 유래 이중 나선 RNA를 인식하는 것도 있다. 그리고 세포 외부의 병원체를 인식하는 수용체뿐만 아니라 이미 세포 내로 침투한 바이러스 등을 감지하여 면역 반응을 개시하는 수용체도 발견되었다.

이렇게 선천성 면역에 관여하는 세포는 단순히 외부의 병원체를 인식하여 잡아먹는 것에 그치지 않고 면역에 관여하는 다른 세포에 신호를 보내곤 한다. 즉 면역 세포는 세포 밖으로 '신호'를 보내고 다른 세포는 그 신호를 감지하여 반응한다. 가령 대식세포가 외부 침입자를 감지하면 호중구 같은 '지원군' 세포가 달려온다. 그렇다면 이런 세포들은 어떻게 외부와 교신할까?

사이토카인과 염증 반응

면역 세포가 자신과 인접하지 않은 다른 세포에게 신호를 보내려면 '전령'을 세포 밖으로 내보내야 한다. '전령'은 면역 세포가 분비하는 단백질로, 총칭하여 '사이토카인Cytokine'이라 부른다.

최초로 발견된 사이토카인은 '인터페론Interferon'으로 바이러스에 대한 저항성을 부여하는 기능을 한다. 이후 1970년대에 이르러 '인터루킨Interleukin, IL'이라는 단백질이 면역 세포에서 분비되어 다양한 기능을 수행하는 것이 알려졌다. 가령 인터루킨2(IL-2)는 T세포의 증식, 분화를 촉진하고 세포 독성 T세포를 활성화하는 등의 일을 수행한다. 인터루킨8(IL-8)은 대식세포가 병

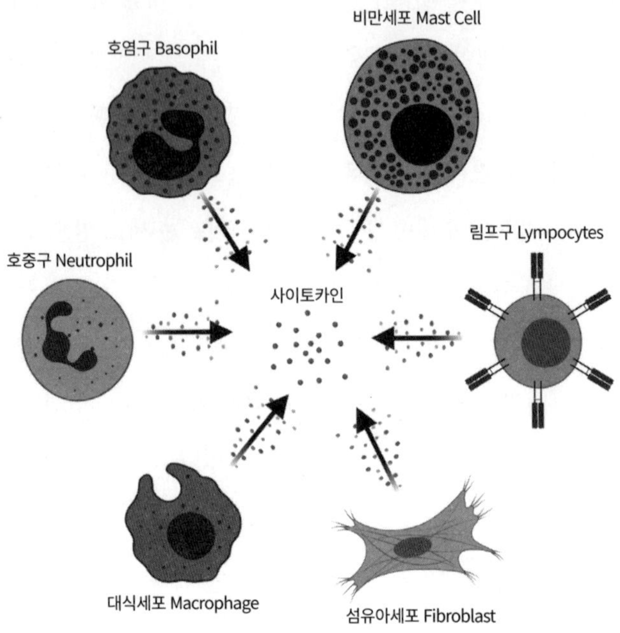

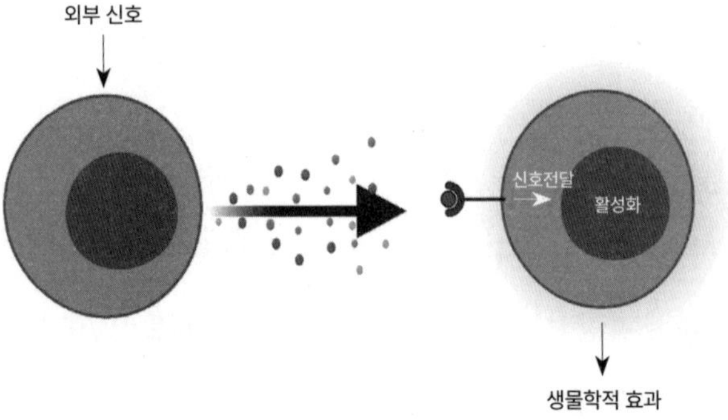

사이토카인. 서로 접하지 않은 면역세포가 신호를 보내기 위해서는 세포들은 일종의 '전령' 역할을 하는 물질을 방출하고, 이 물질을 받아들여서 반응함으로써 신호를 전달한다. 이러한 물질을 사이토카인이라고 한다. 사이토카인을 방출하는 세포는 림프구, 대식세포, 호중구, 호염구 등의 면역세포 이외에도 섬유아세포, 비만세포 등 다양하다. 하나의 면역 세포가 감지한 신호를 다른 세포로 전파하여 수많은 세포가 외부 위험에 대항하게 하는 신호로 작용한다.

원체를 만나면 세포 밖으로 분비되어 호중구 등의 '지원군'을 불러 모으는 역할을 수행한다.

결국 **사이토카인은 하나의 면역 세포가 감지한 신호를 다른 세포로 전파하여 수많은 세포가 외부 위험에 대항하게 하는 신호**로 작용한다. 그렇다면 이러한 신호들이 전파되어 다른 세포가 인지하면 우리 몸에서는 어떤 일이 일어날까?

병원체, 세포의 손상, 자극물질 등과 같은 위험 신호가 포착되면 우리 몸은 염증Inflammations 반응을 일으켜 감염을 치유하고 조직을 재생한다. 우리가 **감기나 인플루엔자, 혹은 코로나19와 같은 바이러스성 질병에 걸리면 나타나는 통증, 발열 등과 같은 증상은 선천성 면역계에 의해서 병원체의 침입을 인식하고 염증 반응이 일어나기 때문**에 생긴다. 백신을 맞은 경우에도 열과 통증이 나는 경우가 있는데 이것 역시 백신의 면역 유도 물질을 면역계가 인식하고 선천성 면역반응을 유도하는 것이므로 정상적인 면역 반응이다. 이러한 염증 반응의 증상은 크게 5가지로 구분된다. 일단 염증 반응의 가장 흔한 증상은 통증Pain이다. 신경 말단을 자극하는 히스타민Histamine과 브래디키닌Bradikinin이 분비되어 뇌로 통증 신호를 전달한다. 신호를 받은 대뇌는 신체에 이상이 생겼음을 알게 된다. 붉어짐Redness, 붓기Swelling는 몸에 침투한 병원체에 대응하기 위하여 이동한 백혈구에 의해 생기는 증상이다. 병원체가 있는 곳으로 백혈구가 이동하려면 혈관이 넓어지고, 혈관의 투과도는 더 높아져야 한다. 따라서 해당 부위에 혈액량이 늘어나 붓게 된다. 열Heat은 정상적인 체온보다 온도를 높여서 침투한 병원체의 성장을 어렵게 하는 방어기전의 일환이다.

이러한 염증 반응을 시작하는 주된 세포는 상처 부위로 몰려온 호중구, 호염구와 같은 백혈구이다. 이 세포들이 지질다당류와 같은 병원균 유래의 물질을 만나면 여러 가지 사이토카인을 분비하고, 사이토카인이 여러 세포에 작용하여 염증 반응이 개시된다. 염증 작용에 관여하는 사이토카인의 대표적인 예로 종양괴사인자Tumor Necrosis Factor, TNF가 있다. TNF는 여러 면역 세포에 작용하여 염증 작용에 관련한 많은 반응을 촉진한다. 가령 염증에 의해서 열이 나는 반응, 대식세포의 식세포 작용, 손상 받은 세포의 세포 자살 등의 여러 가지 반응이 TNF에 의해서 촉진된다. 한마디로 염증 작용의 '주 조절인자'가 바로 TNF이다.

결국 우리 몸에 병원체가 침투하여 1차적으로 나타나는 증상은 병원체를 처리하기 위하여 일어나는 염증 반응이다. **염증 반응은 비유하자면 외적의 침투로 전쟁이 일어나면 국가에 계엄령이 선포되는 것처럼 우리 몸 전체가 비상 경계 태세에 들어가는 것**과 유사하다. 즉 염증 반응은 '면역학적 비상사태'로서 몸의 피해를 감수하고 병원체를 제거하기 위해 혈관 확장, 면역세포의 활성화, 열, 병원체에 감염된 세포의 사멸 등 여러 가지 현상이 복합적으로 일어난다. 만약 병원체의 침투에 잘 대응하면 병원체의 증식이 억제되고 후천성 면역으로 이어진다. 이후 병원체가 더 이상 침투하지 못 하게 되면 몸속의 '비상사태'는 해제되어 염증 반응도 줄어든다.

그러나 1차 단계의 선천성 면역 과정에서 병원체가 제대로 차단되지 못하고 바이러스가 계속 증식하면 염증을 유발하는 사이토카인 분비가 비정상적으로 높아져서 염증 반응이 지나치게 나타난다. 사이토카인에 의해서 활성화된 T세포가 다시 사이토카인을 분비하여 대식세포를 자극하고 대식세포는 또 다시 사이토카인을 분비하여 더 많은 T세포를 불러오는 과정을 반복한다. 이렇게 염증 반응이 과다하게 일어나면 병원체가 감염되지 않는 정상적인 세포까지 죽게 만들어 조직이 손상된다. 몸이 손상되고 생명까지 위협받을 수도 있다.

이러한 대표적인 예가 코로나19 등 호흡기 감염병 중증 환자에서 나타나는 급성 폐손상 또는 호흡곤란증후군이다. 주로 나이가 많거나 기저질환이 있는 환자에서 코로나19의 사망률이 높은 이유는 이들의 선천성 면역을 좌우하는 세포들의 기능이 떨어져 있어 코로나 바이러스 침투 초기에 신속히 대응하지 못했기 때문이다. 바이러스가 증식한 상태에서 염증 반응이 급격히 일어나 정상 조직까지 손상되고, 심한 경우 폐가 손상되어 호흡에 어려움을 겪어 결국 사망에 이른다. 따라서 중증 코로나19 환자 치료에는 바이러스 증식을 억제하는 것도 중요하지만 지나치게 활성화된 선천성 면역 기능을 조절해주는 치료가 동시에 요구된다.

1990년대 이후 본격적으로 연구되기 시작한 선천성 면역계는 후천성 면역계와 협력하여 우리 몸을 지키는 중요한 면역체계라는 것이 확립되었다. 2011년 노벨 생리학상은 선천성 면역계의 역할을 규명하는데 결정적인 역할을 한 3명의 과학자에게 돌아갔다. 수지상세포를 처음 발견한 랄프 슈타인만Ralph Marvin Steinmanm, 1943-2011, 초파리 선천성 면역계에 중요한 역할을 하는 톨 유전자를 발견한 쥴러스 호프만, 그리고 포유 동물에서 톨 유사 수용체가 지질다당류를 인식하여 선천성 면역계를 개시하는 것을 발견한 브루스 보이틀러이다.

우리는 이제 인간의 몸에서 어떻게 면역 기능이 외부 병원체로부터의 침입을 막아주는지에 대한 개요를 알아보았다. 이제 인간의 면역 기능을 손상시켜 질병을 발생시키는 어떤 바이러스에 대해서 알아보도록 하자.

참고문헌

1. Doherty, M., Robertson, M. (2004) Some early Trends in Immulogy, *Trends in Immunology* 25(12) 623-631
2. Nobel Foundation. "Ilya Ilyich Mechnikov-Biography."http://www.nobelprize.org/nobel_prizes/medicine/laureates/1908/mechnikov-bio.html
3. Valent, P., Groner, B., Schumacher, U., Superti-Furga, G., Busslinger, M., Kralovics, R., ... & Sörgel, F. (2016). Paul Ehrlich (1854-1915) and his contributions to the foundation and birth of translational medicine. *Journal of innate immunity*, 8(2), 111-120.
4. Van Epps, H. L. (2005). How Heidelberger and Avery sweetened immunology. *The Journal of experimental medicine*, 202(10), 1306.
5. Tiselius, A., & Kabat, E. A. (1939). An electrophoretic study of immune sera and purified antibody preparations. *The Journal of experimental medicine*, 69(1), 119.
6. Burnet, F. M. (1957). A modification of Jerne's theory of antibody production using the concept of clonal selection. *Australian Journal of Science*, 20(3), 67-9.
7. Edelman, G. M., Cunningham, B. A., Gall, W. E., Gottlieb, P. D., Rutishauser, U., & Waxdal, M. J. (1969) The covalent structure of an entire γG immunoglobulin molecule. *Proceedings of the National Academy of Sciences*, 63(1), 78-85.
8. Tonegawa, S. (1983). Somatic generation of antibody diversity. *Nature*, 302(5909), 575-581.
9. Glick, B., Chang, T. S., & Jaap, R. G. (1956). The bursa of Fabricius and antibody production. *Poultry Science*, 35(1), 224-225.
10. Cooper, M. D., Peterson, R. D., South, M. A., & Good, R. A. (1966). The functions of the thymus system and the bursa system in the chicken. *Journal of Experimental Medicine*, 123(1), 75-102.
11. Miller, J. (2020). The early work on the discovery of the function of the thymus,

an interview with Jacques Miller. *Cell Death & Differentiation*, 27(1), 396-401.

12. Adapted from “TCR Binds to Peptide and MHC”, by Biorender.com (2021)
13. Adapted from “NK vs CD8+ T Cell Killing of Tumor Cells”, by Biorender.com (2021)
14. Adapted from “Tfh Cells Help B Cells Secrete Antibodies Leading to 'Linked Recognition”, by Biorender.com (2021)
15. Adapted from “T Cell activation and differentiation”, by Biorender.com (2021)
16. Neefjes, J., Jongsma, M. L., Paul, P., & Bakke, O. (2011). Towards a systems understanding of MHC class I and MHC class II antigen presentation. *Nature reviews immunology*, 11(12), 823-836.
17. Janeway, C. A primitive immune system. *Nature* 341, 108 (1989).
18. Fajgenbaum, D. C., & June, C. H. (2020). Cytokine storm. *New England Journal of Medicine*, 383(23), 2255-2273.
19. Lemaitre, B., Nicolas, E., Michaut, L., Reichhart, J. M., & Hoffmann, J. A. (1996). The dorsoventral regulatory gene cassette spätzle/Toll/cactus controls the potent antifungal response in Drosophila adults. *Cell*, 86(6), 973-983.
20. Poltorak, A., He, X., Smirnova, I., Liu, M. Y., Van Huffel, C., Du, X., ... & Beutler, B. (1998). Defective LPS signaling in C3H/HeJ and C57BL/10ScCr mice: mutations in Tlr4 gene. *Science*, 282(5396), 2085-2088.
21. https://commons.wikimedia.org/wiki/File:Clonal_selection.svg IImari Karonen, CC by 2.5

6. 인간 면역 결핍 바이러스HIV와 에이즈 대유행

지금까지 인간의 면역계가 어떻게 작동하고 외부 병원체로부터 어떻게 몸을 지키는지 알아보았다. 그렇다면 인간의 면역계가 제대로 작동하지 않을 때는 어떤 일이 일어나는가? 몸에 침투하자마자 간단히 퇴치되던 세균, 바이러스, 곰팡이 등의 수많은 병원체들이 당장 생명을 위협하는 존재로 탈바꿈한다. 평상시에는 공기의 소중함을 모르지만 공기가 없는 환경에 잠시라도 들어간다면 바로 공기의 소중함을 느끼듯이 면역 기능에 문제가 생기면 면역 기능이 평소에 얼마나 많은 보이지 않는 위협으로부터 몸을 지켜주었는지를 실감한다.

그렇다면 면역 기능은 어떤 이유로 문제가 생길까? 크게 유전적인 이상에 의해 선천적으로 면역 기능에 문제가 생기는 경우와 병원체 등의 감염에 의해 후천적으로 면역 기능에 문제가 생기는 경우 2가지로 나누어 생각해 볼 수 있다. 먼저 유전적 이상에 의해서 면역 기능이 상실되는 경우를 알아보도록 하자.

대표적인 예로 B세포 발생에 관여하는 유전자의 돌연변이 때문에 B세포가 제대로 만들어지지 않고, 이에 따라 B세포에서 항체를 전혀 만들지 못하는 X-연관 무감마글로불린혈증X-linked Agammaglobulinemia이 있다. X염색체 유전자 돌연변이로 발생하는 질병으로 X염색체가 2개 존재하는 여성에 비해서 X염색체가 하나밖에 없는 남성에서 더 발생 빈도가 높은 '성 연관 유전병'이다. 이 유전병을 가지고 태어나면 생후 6개월까지는 어머니로부터 탯줄을 통해 물려받은 항체 덕분에 크게 문제가 없다. 그러나 6개월 이후부터 물려받은 항체가 점점 감소하고 자신은 항체를 만들지 못하므로 호흡기 및 기관지 등에 세균 감염이 빈번하게 발생한다. 이 유전병을 가진 사람들은 세균에 대한 면역이 취약하므로 면역 기능이 정상적인 사람의 혈액에서 채취한 항체를 평생 주사 받거나 지속적으로 항생제를 투여 받아야 한다.

중증복합면역 결핍증Severe Combined Immune Deficienc, SCID이라 불리는 유전성 면역 결핍질환은 X-연관 무감마글로불린혈증보다 더 심각한 질병이다. 유전적 결함에 의해 T세포가 제대로 발생되지 않아 생기는 질환으로 환자는 세포 독성 T세포에 의한 병원체 감염 세포의 제거, 헬퍼 T세포에 의한 B세포의 활성화 및 항체 생산, 한 번 걸렸던 질병에 대한 면역 기억 등 T세포가 관여하는 거의 모든 후천성 면역 기능을 잃는다. 따라서 병원체의 감염에 매우 취약하다. 중증복합면역 결핍증을 가지고 태어난 아이는 병원체의 감염에 극도로 취약하여 평생 병원체와 완전히 격리된 조건에서 살지 않는 이상 생존이 불가능하다.

이렇듯 선천적 면역 결핍 질병은 X-연관 무감마글로불린혈증 같이 적절한 치료를 받으면 정상적인 삶을 유지할 수 있는 경증질환에서부터 외부의 병원체에 절대 노출되면 안 되는 중증복합면역 결핍증까지 스펙트럼이 다양하다. 하지만 그리 흔한 질병이 아니므로 (대략 인구 10만 명에 1명 꼴로 발생한다) 유전적인 문제가 없이 태어난 대부분의 사람은 걱정할 필요가 없다.

그러나 정상적인 면역 능력을 가졌지만 바이러스에 감염되어 면역력을 서서히 상실하는 후천성 면역 결핍증Acquired Immune Deficiency Syndrome, 즉 에이즈AIDS는 인간 면역 결핍 바이러스Human Immunodefiency Virus, HIV에 감염된 사람이라면 누구든 걸릴 수 있으므로 훨씬 심각한 문제이다. 그렇다면 어떻게 에이즈라는 질병과 이를 일으키는 HIV라는 바이러스가 인류에게 알려지게 되었을까?

원숭이로부터 인간에 전파된 HIV

인류 멸망을 유발할 바이러스인냥 HIV와 에이즈가 공포의 대상으로 떠오른 것은 1980년대 초반이었다. 하지만 이 질병이 인간에게 퍼진 것은 에이즈가 발견되기 훨씬 이전으로 추산한다. 그렇다면 HIV는 언제부터 인간에게 감염하기 시작했을까? HIV와 에이즈가 발견된 이후 그 기원을 추적하려는 연구자들에 의해서 그 기원이 서서히 밝혀졌다.

현재까지 발견된 HIV와 이와 유사한 바이러스들의 서열을 분석하여 진화 과정을 분석한 결과, 현재 인간에서 에이즈를 일으키는 주된 바이러스인 1형 HIV(HIV type 1, HIV-1)은 침팬지나 고릴라에 존재하는 원숭이 면역 결핍 바이러스Simian Immunodificiencey Virus, SIV의 한 종류가 인간에게 전파되어 생성된 것으로 추정한다. 현재 인간에서 발견된 HIV-1과 원숭이에서 발견된 SIV의 서열의 차이를 측정하면 SIV가 전파되어 HIV-1이 된 시기를 추정할 수 있는데, 그 시기는 1930년경이다. 또 원숭이에서 인간으로의 전파된 곳은 현재의 콩고 공화국인 아프리카 중부 지역일 것으로 생각된다. HIV의 또 다른 계통인 HIV-2는 서아프리카에 서식하는 검댕망가베이Cercocebus atys 원숭이로부터 인간에게서 전파되었을 것으로 보인다. 흥미롭게도 검댕망가베이 원숭이는 HIV-2에 감염되어도 아무런 질병 증상을 보

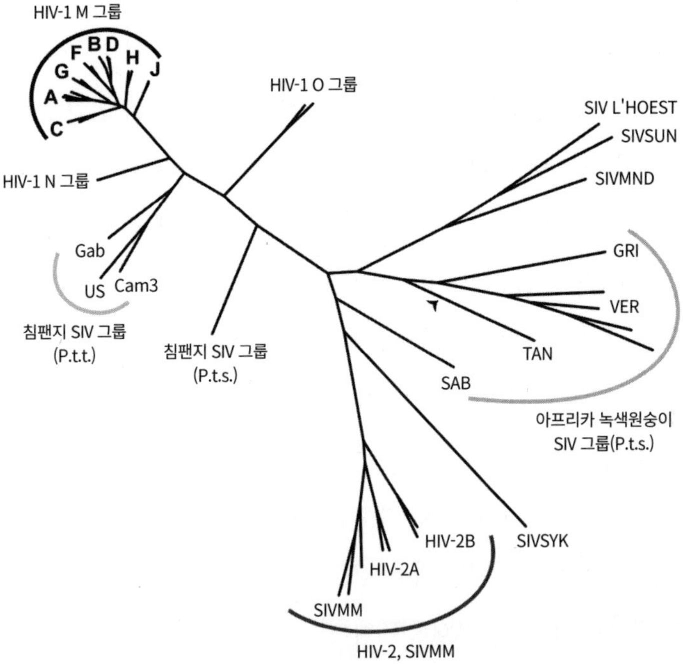

HIV와 원숭이 면역 결핍 바이러스(SIV)간의 관계. 사람에게서 유행하여 에이즈 팬데믹을 일으킨 HIV-1 M그룹과 가장 비슷한 원숭이 면역 결핍 바이러스는 침팬지Pan troglodytes troglodytes, P.t.t에서 발견되었다. HIV-1 M과 침팬지에서 발견된 바이러스와의 유전적 거리를 살펴보면 침팬지에서 인간으로의 바이러스 전이는 1930년대에 일어난 것으로 보인다. HIV-2와 가장 유사한 바이러스는 서아프리카의 검댕망가베이 원숭이에서 유래된 원숭이 면역 결핍 바이러스이다.

이지 않는다. 이 원숭이는 어떻게 HIV-2에 대한 저항성을 획득하여 (혹은 HIV-2가 어떻게 검댕망가베이에 병을 일으키지 않고 공존하는 능력을 획득하여) 바이러스에 감염되어도 병에 걸리지 않는지는 앞으로 규명되어야 할 연구 과제로 남아 있다.

그렇다면 어떻게 원숭이에 존재하던 바이러스가 인간에게 전파되었을까? 현재의 가장 유력한 가설은 SIV에 감염된 원숭이를 도축하면서 체액에 사람이 접촉하였거나 SIV에 감염된 원숭이 고기를 섭취하면서 전파되었다는 것이다. 하지만 가설일 뿐 아직 확실한 증거는 없다. 어쨌든 1930년대 중앙아프리카에서 인간에 전파된 HIV는 아프리카를 중심으로 서서히 인간 사이에서 퍼지고 있었으나, 아무도 눈치채지 못했다.

그렇다면 아프리카에서 서서히 퍼지던 HIV는 언제 아프리카를 벗어나 전 세계로 퍼져나가게 되었을까? HIV가 아프리카를 벗어난 계기로는 1960년대에 콩고 공화국에서 일하던 카리브해의 아이티Haiti 출신 노동자가 HIV에 감염된 후, 모국인 아이티에 귀국하면서 바이러스 역시 대서양을 건넜을 것이라 추정한다. 이렇게 아이티에서 퍼지기 시작한 HIV는 1970년대 초 아이티 출신 이민자 혹은 아이티를 방문한 관광객에 의해 뉴욕과 샌프란시스코 등 미국의 주요 도시로 전파되었고, 도시 중심으로 서서히 퍼지기 시작하였다. 1970년대 말까지 HIV는 소리 없이 퍼지고 있었지만 HIV와 이에 의해 유발된 질병에 대해서 아직 미국 보건 당국은 눈치채지 못하고 있었다. 인간이 HIV와 에이즈라는 질병을 처음으로 인식했을 때는 1981년이었다.

최초의 에이즈 환자 보고

1981년 뉴욕에서 카포시 육종Kaposi's sarcoma이라는 희귀한 암을 가진 환자가 8명 발견되었다. 이들은 27세에서 45세 사이의 동성애 남성이었으며 모두 세균성 성병을 앓은 병력이 있었다. 또한 사이토메갈로바이러스Cytomegalovirus와 B형 간염의 항체 반응도 나타났다. 카포시 육종은 10만 명당 0.021명꼴로 발견되는 극히 희귀한 암이었고, 그전까지는 모두 70대 환자에게서 나타났었다. 비교적 젊은 환자에게서 집단적으로 발견된 사례는 전례 없는 일이었다. 이 사례를 처음 보고한 연구진들은 이 질병이 성관계에 의해서 전파되었을 거라 추측하였다.

거의 동시에 로스앤젤레스에서도 카포시 육종과 곰팡이성 폐렴 증상을 보이는 동성애자가 발견되었다. 1981년 12월에는 동성애자가 아닌 약물 상습 투여자에게서도 비슷한 사례가 나타났다. 이들은 공통적으로 바이러스 질병 등에 극히 취약한 면역 결핍증을 보였다. 1981년 말까지 동성애 남성을 중심으로 270건의 면역 결핍 증상의 사례가 보고되었으며 그중 150명이 사망하였다.

1982년 미국 질병예방통제센터CDC는 대도시의 젊은 동성애자 중심으로 발견되는 면역 결핍 증상을 '동성애자 관련 면역 결핍증Gay-related immune deficiency, GRID'이라고 명명하였다. 그러나 곧 이러한 증상은 동성애자가 아닌 사람에게서도 빈번하게 발견되었다. 혈우병 환자, 아이티 이민자 등에서 폭넓게 나타났으며 이러한 면역 결핍 증상이 해당 환자와 성관계를 가진 여성에게도 나타났다. 동성애자 사이에서 전파되는 것이 아니라 이성간 성관계로도 전파되는 것이었다. 따라서 발견 초기에는 비록 동성애자들에게서 많이 발견되긴 하였지만 동성애의 여부와 증상의 여부는 직접적인 관련이 없는 셈이므로 증상의 이름을 '동성애자 관련 면역 결핍증'이라 칭하는 것은 부적절한 일이었다. 1982년 9월 CDC는 이 신종 질병을 '후천성 면역 결핍증', 즉 우리에게 현재 알려진 '에이즈'로 다시 명명하였고, T세포에 의해서 야기되는 세포성 면역의 결함으로 추정하였다.

1983년 8월, 미국 국립보건원National Institutes of Health, NIH 산하 국립 알레르기 및 전염병 연구소National Institute of Allegy and Infectious Diseases, NIAID의 연구자인 안토니 파우치Anthony S. Fauci는 에이즈 환자에게서 B세포를 활성화시키는 헬퍼 T세포의 수가 결핍되어 B세포가 잘 활성화되지 않다는 것을 밝혔다. 즉 이 질병은 T세포, 특히 헬퍼 T세포의 이상으로 일어나는 것이라 추정했다. 그렇다면 T세포 이상이 일어나는 이유는 무엇일까?

에이즈 병원체를 찾아서

한편 에이즈는 유럽과 아프리카의 다른 지역에서도 보고되었다. 후천성 면역 결핍증이 전염병의 성격을 띄고 있다는 것에 주목하여 바이러스 연구자들은 병원체를 찾아 나섰다. 에이즈의 병원체인 HIV에 해당하는 바이러스는 프랑스 파스퇴르 연구소의 연구자들에 의해 최초로 발견되었다.

그전까지는 바이러스에 의한 질병이 새롭게 발견되었을 때 이를 일으키는 병원체를 찾는 데까지 오랜 시간이 걸렸다. 가령 1부에서 설명한 인플루엔자 바이러스 병원체는 인플루엔자라는 질병이 알려지고 1918년 수천만 명의 희생자를 낸 후, 15년이 지나서야 발견되었다. 그런데 에이즈의 병원체는 에이즈라는 질병이 보고된 이후 2년이 채 지나지 않아 발견되었다. 어떻게 이렇게 빨리 발견할 수 있었을까?

HIV는 분명 인류가 새롭게 접한 바이러스였으나 HIV가 속한 레트로 바이러스Retrovirus과科는 에이즈의 유행이 오기 전부터 많은 연구자들의 관심을 끌고 있었다. 레트로 바이러스는 RNA 유전체를 가진 바이러스로 세포에 침투하여 역전사효소Reverse Transcriptase라는 효소를 이용하여 DNA로 변환된 다음, 인간 유전체 DNA에 숨어들어가는 특성을 가졌다. 닭에서 발견된 라우스 사코마 바이러스Rous Sarcoma Virus는 닭에 암을 일으켰는데 이 바이러스가 인류가 발견한 최초의 레트로 바이러스이다. 연구자들은 이와 비슷하게 사람의 암도 레트로 바이러스에 의해서 일어나지 않을까 하여 레트로 바이러스에 관심을 보였다. 특히 1970년대 초 미국의 닉슨 행정부가 막대한 연구비를 투자하여 몇 년 안에 암을 퇴치할 가시적인 성과를 내겠다는 소위 '암과의 전쟁'을 선포한 것도 계기로 작용하였다. 인간에서 암을 유발하는 레트로 바이러스를 발견하고 레트로 바이러스의 생육을 억제하는 화학물질을 개발한다면 세균 감염을 치료하는 항생제처럼 암을 치료하는 마법의 약이 나올 것이라고 믿었다. 이런 연구를 통하여 동물에서 암을 일으키는 레트로 바이러스 몇 가지가 발견되었다. 그러나 정작 인간에 암을 일으키는 레트로 바이러스는 쉽게 발견되지 않았으며 레트로 바이러스의 증식을 억제하여 암을 치료하겠다는 연구자들의 기대 역시 잘 이루어지지 않았다.

그러던 중 1980년 NIH의 로버트 갤로Robert Gallo는 인간에게서 병을 일으키는 최초의 레트로 바이러스인 HTLV-1 바이러스를 발견하였다. 이 바이러스는 T세포에 감염하는 바이러스로 T세포에 발생하는 특정한 종류의 암의 원인이기도 했다. 그러나 갤로의 발견은 인간에 병을 일으키는 최초의 레트로 바이러스를 발견했다는 의의가 있었지만 사람들이 생각했던 대부분의 암의 원인이 레트로 바이러스일 것이라는 기대와는 사뭇 차이가 있었다.

어쨌든 1970년대 레트로 바이러스 연구 붐으로 많은 사람들이 레트로 바이러스에 대한 연구를 시작한 덕분에 레트로 바이러스의 특징인 RNA를 DNA로 바꾸는 역전사효소에 대한 지식도 많이 축적된 상태였다.

프랑소와 바레시누시Françoise Barré-Sinoussi는 파스퇴르 연구소와 NIH, 프랑스 국립보건원의 뤽 몽타니에Luc Montagnier 연구실에서 레트로 바이러스를 연구하였다. 많은 레트로 바이러스 연구자들과 마찬가지로 그 역시 처음에는 암을 유발하는 레트로 바이러스를 연구하고 있었다.

그러나 1980년대 에이즈라는 새로운 질병이 등장하였고 질병을 유발하는 병원체에도 관심을 갖게 되었다. 프랑스에서도 에이즈 환자가 발견되었다. 에이즈를 일으키는 병원체는 아직 알려지지 않았지만 에이즈가 T세포에 의한 세포성 면역의 결핍에 의해서 일어나는 것을 암시하는 결과들이 많이 보고되고 있었다. 여기에 더해 이미 동물 레트로 바이러스 연구를 통하여 백혈병을 유발하는 레트로 바이러스가 종종 면역 결핍 증상을 초래하는 것도 알려져 있었다. 1980년 로버트 갤로가 T세포에 감염하는 레트로 바이러스 HTLV-1를 발견하자, 갤로가 발견한 HTLV-1이나 HTLV-1의 변종 바이러스가 혹시 에이즈의 원인 병원체가 아닌가 하는 추측을 하게 되었다.

1983년 1월 미국 여행 경험이 있는 프랑스인 에이즈 환자에서 적출한 림프절로부터 림프구 샘플을 분리, 배양하였다. 과연 이 환자 유래의 림프구에 레트로 바이러스가 존재할까? 그렇다면 레트로 바이러스가 존재하는지의 여부는 어떻게 확인할 수 있을까? 현재는 바이러스 염기 서열에 기반하여 PCR•을 수행하거나 바이러스 유래 단백질 혹은 항체를 검사하여 바이러스가 환자 시료 내에 존재하는지 확인한다. 그러나 이것은 병을 일으키는 바이러스가 알려진 다음의 일이고, 아직 어떤 바이러스가 병을 일으키는지도 모르는 상황에서 이러한 검사는 수행할 수 없다. 이 당시 환자의 림프구에 레트로 바이러스가 존재하는지의 여부를 확인한 방법은 세포 파쇄액에 역전사효소 효소 활성이 있는지를 조사하는 것이었다. RNA에서 DNA를 만드는 역전사효소는 정상적인 세포에는 존재하지 않으며 레트로 바이러스에 감염되어야만 세포 내에 존재한다. 이미 1970년대에 암을 유발하는 레트로 바이러스를 찾으려는 노력 중에 이를 조사하는 방법들이 개발되었다. 바레시누시는 NIH에서 암 조직에서 역전사효소의 활성을 측정하여 레트로 바이러스가 있는지를 조사하는 실험을 해 본적이 있었고, 그 경험을 그대로 적용하여 에이즈 환자에서 채취한 림프구 세포에 역전사효소가 있는지를 조사해 보았다. 그러자 예상대로 역전사효소의 활성이 나타났다.

• Polymerase Chain Reaction, 연쇄효소중합법. 2쌍의 작은 DNA 가닥과 일치하는 사이 영역의 임의 DNA를 증폭하는 실험기법이다. 미량의 시료로부터 DNA를 증폭하는 방법으로 현재 코로나19 같은 새로운 바이러스의 검출뿐만 아니라 생명과학 연구에 널리 사용된다.

다음은 이 레트로 바이러스가 기존에 갤로가 발견한 HTLV-1과 동일한 바이러스인지 아니면 새로운 레트로 바이러스인지를 확인하는 것이었다. 일단 바이러스를 많이 확보한 다음, HTLV-1를 인식하는 항체가 이 바이러스를 인식하는지를 확인해 보았다. 그러나 이 항체는 에이즈 환자에서 유래된 바이러스를 인식하지 못했다. 즉 이 바이러스는 HTLV-1이 아닌 새로운 바이러스인 셈이다. 그리고 바이러스를 전자 현미경으로 분석해 본 결과 HTLV-1과는 다른 모양이며 이전에 발견된 다른 동물 레트로 바이러스인 비스나 바이러스Visna Virus, 소 림프구 바이러스Bovine Lymphocyte Virus와 거의 비슷한 모양이라는 것을 알게 되었다.

1983년 이 바이러스들을 LAVLymphadenophathy Associated Virus라고 명명하고 사이언스에 논문을 게재하였다. 이것이 에이즈 환자에서 분리한 레트로 바이러스에 대한 최초의 보고 사례였다. 그러나 이 바이러스가 실제로 에이즈의 원인으로 확인되기까지 시간이 걸렸다.

에이즈의 원인으로 HIV 확인

에이즈의 병원체를 찾아나선 것은 프랑스의 연구팀 뿐만이 아니었다. 최초로 T세포 감염 레트로 바이러스 HTLV-1를 발견한 미국 NIH의 로버트 갤로 연구팀 역시 에이즈의 원인 바이러스를 찾아 나섰다. 갤로 연구팀은 HTLV-1과 비슷한 바이러스가 에이즈를 유발한다고 믿고 연구를 시작했다. 이들 역시 에이즈 환자의 T세포에서 역전사효소를 발견하였지만 HTLV-1과 유사한 바이러스가 에이즈를 유발할 것이라는 예상은 빗나갔다. 게다가 일부 에이즈 환자에서 HTLV-1가 동시에 감염되어 올바른 결론을 내리는데 더욱 시간이 걸렸다.

1984년 갤로 역시 프랑스의 바레시누시, 몽타니에가 발견한 것과 거의 비슷한 바이러스를 발견하였다. 이들은 48명의 에이즈 환자에서 바이러스를 분리하였고 에이즈 전 단계, 혹은 에이즈 증상을 보이는 환자 중 절반 이상에서 바이러스를 발견하였으나, 115명의 정상인 대조군에서는 전혀 바이러스를 발견하지 못했다. 1984년 NIH와 프랑스 국립보건연구소는 이 신종 바이러스가 에이즈의 병원체로 보인다고 발표하였다. 에이즈의 병원체가 발견되자 뒤이어 혈액 중 바이러스를 검출하여 감염 여부를 확인하는 방법 개발에 돌입했다. 항체를 확인하거나 바이러스 단백질이 존재하는지 검사하여 바이러스 감염을 확인하는 키트가 만들어졌고, 이를 통하여 수혈할 혈액의 바이러스 오염 여부를 검사할 수 있게 되었다.

한편 에이즈가 계속 확산되자 대중의 공포 역시 점점 커졌다. 1984년 말 미국에서만 7,699건의 에이즈 발생이 확인되었

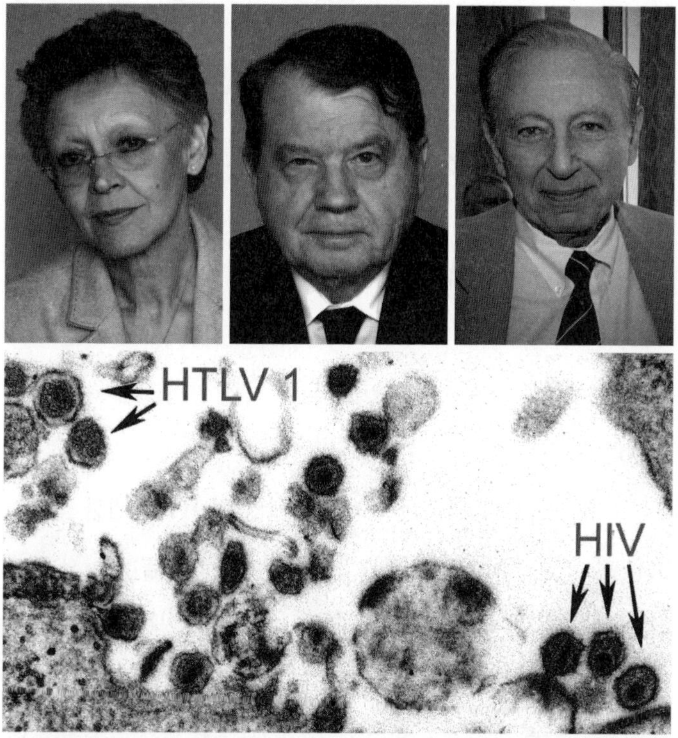

HIV발견의 공헌자들. (왼쪽)프랑소와 바레시누시, (가운데)뤽 몽타니에, (오른쪽)로버트 갤로. 프랑스 파스퇴르 연구소의 바레시누시와 갤로는 에이즈 환자로부터 최초로 HIV를 발견하였다. NIH의 로버트 갤로는 HIV 발견을 가능하게 한 기술인 T세포의 체외배양법을 개발하고 이를 이용하여 최초의 T세포에서 자라는 레트로 바이러스인 HTLV-1을 발견하여 HIV와 에이즈와의 연관성을 입증하였다. (아래)HIV와 HTLV-1의 전자현미경 사진. 처음에는 HTLV-1이 에이즈 병원체가 아닌가 의심했지만 전자현미경 관찰 결과 이 둘은 다른 모양을 가진 별도의 바이러스라는 것이 밝혀졌다.

고 이중 3,665명이 사망하였다. 1985년 유명 영화배우 록 허드슨Rock Hudson도 에이즈로 사망했다. 유명 인사 중 에이즈로 사망한 첫 번째 사례로 그의 죽음은 에이즈에 대한 대중의 경각심을 높이는 계기가 되었다.

1985년, 프랑스와 미국에서 발견된 에이즈 원인 바이러스의 염기서열이 각각 결정되었다. 약 9,200bp의 유전체 길이를 가진 두 바이러스는 염기서열이 거의 유사한 동일 종류의 바이러스였다. 1986년 이 바이러스에 '인간 면역 결핍 바이러스Human Immunodificiency Virus, HIV'라는 이름이 붙었다. 이후 에이즈 환자에게서 HIV가 속속 분리되었고, 이의 서열 변화를 분석하기 시작했다.

이후 프랑스와 미국에서 최초로 발견된 HIV에 대한 석연치 않은 점이 발견되었다. HIV는 RNA로부터 DNA를 거쳐서 복제되는 레트로 바이러스로 다른 RNA 유전체를 가진 바이러스와 마찬가지로 돌연변이가 쉽게 생긴다. 따라서 서로 다른 두 사람에게서 분리한 바이러스의 염기서열은 상당한 차이가 있어야 하며 하물며 다른 지역에서 분리된 바이러스라면 훨씬 더 큰 차이가 있어야만 한다.

그러나 프랑스와 미국에서 발견된 두 바이러스의 서열은 너무나도 유사해서 다른 장소, 다른 사람에게서 발견된 바이러스라 보기 힘들 정도였다. 일부에서는 갤로가 독자적으로 발견한 것이 아닌, 프랑스에서 얻은 바이러스 시료를 자신이 발견한 것처럼 위장한 것이 아닌가 하는 연구부정 의혹도 제시되었다. 이러한 의혹은 HIV 진단법에 대한 특허권 분쟁으로 이어졌으며 미국과 프랑스 양국 간의 대립으로까지 이어졌다.

NIH 연구 진실성 위원회 조사를 통하여 갤로가 발견한 바이러스와 바레시누시, 몽타니에가 발견한 바이러스가 왜 동일한지에 대한 진상이 밝혀졌다. 위원회는 갤로가 프랑스에서 받은 바이러스가 갤로의 샘플을 오염시켰고, 인지하지 못한 상태에서 오염된 샘플에서 바이러스를 다시 '발견'한 것이라 결론 내렸다. 이 조사 후에 갤로는 연구 부정을 저질렀다는 의혹에서 벗어날 수 있었고, 미국과 프랑스는 HIV 진단법에 대한 특허를 나누어 가지기로 합의하였다.

HIV 발견 이후에도 에이즈의 확산은 계속되었다. 1990년대 말 기준으로 전 세계적으로 에이즈 감염 사례는 30만 건에 달했으며 파악되지 않은 환자를 합치면 약 100만 명에 달할 것으로 추산하였다. 아직 에이즈 증상이 나타나지 않은 HIV 감염자는 이보다 10배 이상 많은 약 1,000만 명에 달할 것으로 추산되었다.

에이즈로 목숨을 잃거나 HIV에 감염된 유명 인사들도 속속 등장했다. 록 밴드 퀸의 프레디 머큐리는 1991년 에이즈로 사망하였고 같은 해 NBA 농구 스타 매직 존슨은 HIV 감염 사실을 알리고 은퇴하였다. SF 소설가 아이작 아시모프Issac Asimov,

1920-1992는 1983년 수술 도중 수혈을 통하여 HIV에 감염되어 1992년 에이즈로 사망하였다. 이 사건들은 그 당시에 만연하던 에이즈가 동성애자나 마약 중독자들이나 걸리는 질병이라는 편견을 불식시키고 에이즈에 대한 대중의 경각심을 고취시키는 결과를 낳았다.

HIV는 어떻게 면역을 결핍시키는가?

한편 에이즈의 병원체인 HIV가 발견된 이후, HIV의 유전체의 구조와 각각의 단백질의 기능, 그리고 HIV의 감염 경로 및 인간의 면역력을 어떻게 결핍시키는지에 대한 연구가 집중적으로 이루어지기 시작했다. 에이즈 치료법을 얻기 위해서는 HIV가 어떤 방식으로 세포 내에 침투하여 증식하고 면역력을 감소시키는지 정확히 이해해야 하기 때문이다.

HIV의 유전체는 9,200bp의 RNA 서열로 구성되며 여기에는 Env, Gag, Pol, tat, rev, vif, vpr, vpu, nef의 9개의 유전자가 존재한다. Env 유전자는 HIV 바이러스의 제일 외곽 생체막에 돌출된 단백질인 GP120과 GP41을 만들며, Gag 유전자는 생체막 밑을 덮고 있는 매트릭스 단백질, 바이러스 RNA 복합체를 형성하는 캡시드, 뉴클레오캡시드 단백질을 만든다. Pol 유전자는 바

HIV-1 유전체

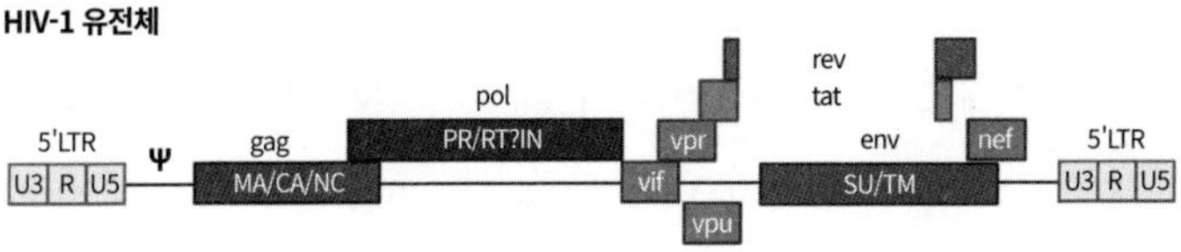

HIV-1 바이러스 입자

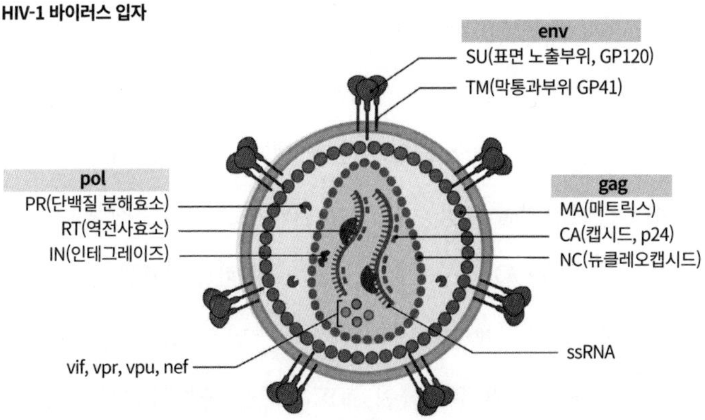

HIV의 유전체와 바이러스 입자. HIV는 약 9,200bp의 RNA로 구성된 레트로 바이러스이며 여기에는 Env, Gag, Pol, vif, vpr, vpu, nef, tat, rev의 9개의 유전자가 존재한다. Env 유전자는 생체막으로 둘러싸인 바이러스의 외피에 돌출된 단백질을 만드는 정보를 담고 있으며 Gag 유전자는 매트릭스 단백질, 캡시드 단백질, 뉴클레오캡시드 단백질의 정보를 담고 있다. Pol 유전자는 단백질 분해효소, 역전사효소, 인테그레이즈와 같이 HIV 의 유전 정보를 복제하고, 각각의 유전자에서 생성된 단백질을 잘라 다른 구성요소로 분리해주는 바이러스 증식에 꼭 필요한 단백질의 정보를 담고 있다. vif, vpr, vpu, nef 등의 단백질도 역시 바이러스 활동을 조절해주는 기능을 한다.

이러스의 복제에 꼭 필요한 3가지의 단백질을 만든다. Env, Gag, Pol 유전자의 단백질을 잘라 나누는 역할을 하는 단백질 분해효소, 바이러스 RNA를 DNA로 변환시키는 역전사효소, DNA로 변환된 바이러스의 유전 정보를 인간 T세포의 유전체 내에 삽입시키는 인테그레이즈Integrase이다. tat 단백질은 유전체 내에 삽입된 HIV의 유전 정보가 RNA로 전사되는 것을 돕는 역할을 한다. 그 외에 rev. vif, vpr, vpu, nef 등의 단백질은 HIV의 여러 가지 기능을 조절해 주는 역할을 한다.

그렇다면 HIV는 어떤 세포에 침투할까? HIV는 활성화된 헬퍼 T세포에 특이적으로 감염한다. 헬퍼 T세포는 세포 표면의 CD4라는 단백질을 이용하여 다른 면역세포와 상호작용하는데, HIV는 바로 이 CD4를 '손잡이'로 잡고 헬퍼 T세포로 침투한다. HIV가 헬퍼 T세포에 감염하기 위해서는 먼저 HIV 외피 단백질인 GP120과 CD4이 결합하여 세포 표면에 붙는다. 이후 HIV는 CCR5, CXCR4이라는 다른 세포 표면 단백질의 도움을 받아 세포막에 단단히 고정된 후, 세포막과 융합하여 RNA와 역전사효소 등의 내용물을 세포 내로 들여보낸다.

세포 내로 침투한 HIV의 RNA는 역전사효소에 의해서 DNA로 바뀌고 바이러스 유래 효소인 인테그레이즈에 의해 HIV의 유전 정보는 세포 내 DNA에 삽입된다. DNA에 삽입된 HIV의 유전 정보는 DNA에서 RNA로 전사되고 RNA에서 한 가닥의

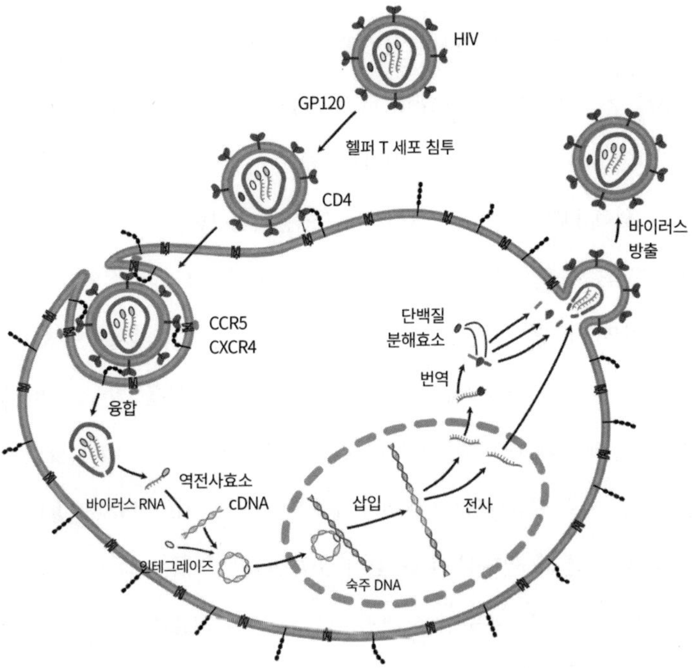
HIV
GP120
헬퍼 T 세포 침투
CD4
바이러스
방출
CCR5
CXCR4
단백질
분해효소
번역
융합
역전사효소
바이러스 RNA
cDNA
삽입
전사
인테그레이즈
숙주 DNA

HIV의 생활사

단백질로 번역된다. 일단 번역된 HIV 단백질은 바이러스의 단백질 분해 효소에 의해 여러 개의 단백질로 쪼개진다. 다시 세포막에서 바이러스 단백질과 RNA가 바이러스 입자로 재조립되어 방출되면 바이러스 증식이 끝나게 된다.

그렇다면 HIV 바이러스에 감염되면 면역계에서 어떤 일이 생기기에 면역력이 상실될까? 일단 HIV가 헬퍼 T세포에 감염되면 약 6주 동안 바이러스가 급격히 증식한다. 동시에 면역 기능에 의해 HIV 바이러스에 결합하는 항체가 형성되고 바이러스에 감염된 세포를 죽이는 세포성 면역이 발동된다. 일반적인 바이러스라면 이러한 후천성 면역의 발동으로 대부분 퇴치되어야 한다.

그러나 HIV는 레트로 바이러스로 유전 정보를 DNA로 바꾼 다음, 세포의 유전체 DNA 내에 삽입되는 것이 문제이다. 시간이 점점 지날수록 HIV는 헬퍼 T세포의 유전체 내에 DNA 형태로 몸을 숨긴 채 별다른 활동 없이 암약한다. 이때는 별다른 증상이 나타나지 않는 무증상 상태인 데다가, 바이러스가 아무 활동 없이 잠복해 있으니 면역계도 어쩔 도리가 없다.

한편 다른 바이러스에 감염된 세포처럼 HIV에 감염된 헬퍼 T세포 역시 세포 독성 T세포의 공격 대상이 되어 세포의 수가 줄어든다. 헬퍼 T세포 역시 외부의 침입자인 HIV의 단백질을 1형 MHC에 전시하고, 세포 독성 T세포는 외부의 침입자가 침투한 세포인 헬퍼 T세포를 공격하기 때문이다. 일반적인 경우 바이러스의 증식 공장이 된 세포를 제거하는 것만으로 바이러스의 증식을 차단할 수 있지만 HIV의 경우 그 대상이 되는 세포가 면역의 지휘관 격인 헬퍼 T세포라는 것이 문제다. 결국 외부의 적과의 전투를 지휘해야 할 '면역의 지휘관' 격인 헬퍼 T세포가 바이러스의 포로가 되어 버린 셈이다. 결국 HIV에 감염 후 오랜 시간이 지나면 점점 세포 독성 T세포의 공격에 의해서 HIV에 감염된 헬퍼 T세포의 수가 줄어들고, 헬퍼 T세포가 줄어들수록 세포 내 면역력은 점점 약해진다. 헬퍼 T세포의 수가 점점 줄어서 임계점이 지나 정상적인 면역을 형성할 수 없는 시점이 되면 HIV는 다시 활발히 증식한다. 헬퍼 T세포의 수는 더욱 급격히 줄어들고 동시에 HIV 바이러스의 증식이 증가한다.

헬퍼 T세포의 숫자가 적으면 외부 침입자가 들어오더라도 면역 세포를 활성화해줄 세포가 없으므로 B세포가 활성화되지 못해 항체 형성에 문제가 생긴다. 더불어 세포 독성 T세포에 의한 세포성 면역 활성화도 문제가 생긴다. 한마디로 생물의 후천성 면역 전체에 문제가 생기는 것이다. 면역력이 정상적일 때는 문제없이 퇴치 가능하던 각종 세균이나 바이러스의 감염에도 대처하지 못하고, 체내에서 외부 병원체는 계속 증식한다. 결국 여러 가지 합병증을 이기지 못하고 목숨을 잃게 된다.

1980년대 초반부터 시작된 에이즈와 HIV의 유행은 1918년 인플루엔자에 이어 바이러스 질병으로는 20세기에 가장 많은 생명을 빼앗았다. WHO는 1981년부터 2006년까지 약 2,500만 명이 에이즈로 목숨을 잃었으며 세계 인구의 0.6%가 HIV에 감염되었다고 추산하고 있다. 미국을 비롯한 세계 각국의 정부와 제약회사들은 에이즈의 치료법 연구에 많은 돈을 투자하였다. 미국립 알레르기 및 전염병 연구소NIAID가 에이즈, HIV 연구의 컨트롤타워가 되어 관련 연구 및 치료법 개발을 주도하기 시작하였다. 에이즈 환자에게 헬퍼 T세포가 결핍된 것을 발견하여 에이즈와 면역 결핍과의 관계를 처음 규명한 연구자인 안토니 파우치가 1984년 NIAID의 소장으로 취임하였다.•

그러나 에이즈를 치료하는 치료약이나 이를 예방할 수 있는 백신 등은 환자나 대중의 기대와 달리 빨리 출현하지 못했다. 게다가 에이즈를 동성애자나 마약중독자 등에 한정된 질병이라고 생각하는 사회적인 편견도 만만치 않았다. 이러한 상황에 분노한 환자들은 1987년 'ACT UP the AIDS Coalition to Unlease Power'라는 환자 권익을 위한 운동 단체를 조직하여 당시 개발단계에 있던 에이즈 치료약물의 폭넓은 공급과 환자 권익 보호를 위한 정책을 적극적으로 요구하였다. 이들이 정부의 에이즈 약물의 개발과정에 회원들의 참여를 요구하자 파우치는 다른 과학자들의 반대에도 불구하고 이를 수용하였다. 이러한 노력에도 불구하고 갈

• 안토니 파우치는 2021년에도 미국 NIAID의 소장으로 재임하면서 또 다른 팬데믹인 코로나19 대응도 총괄하였다.

에이즈 팬데믹의 단편. 많은 유명 인사들이 에이즈에 의해서 사망하거나 HIV에 감염되어 사회적으로 큰 충격을 주었다. (왼쪽 위)영화배우 록 허드슨, (가운데 위)록스타 프레디 머큐리, (오른쪽 위) SF 소설가 아이작 아시모프의 사망은 에이즈에 대한 대중의 경각심을 높이는 계기가 되었다. (왼쪽 아래)1991년 농구스타 매직 존슨은 자신이 HIV에 감염되었다는 것을 공개하고 NBA를 은퇴하여 큰 충격을 주었다. (오른쪽 아래)에이즈 환자 권익보호단체인 'ACT UP'은 1990년 미국 국립보건원을 점거하여 치료약물의 조속한 개발과 약물의 공평한 공급을 요구하는 시위를 벌이기도 했다. 시위대가 들고 있는 플래카드인 'Dr. Fauci, You are killing us'의 Dr. Fauci는 당시부터 2021년까지 NIAID의 소장으로 있는 안토니 파우치 박사를 의미한다.

등은 커졌고 1990년에는 수백 명의 시위자들이 NIH를 점거하고 치료약물의 조속한 개발과 약물의 공평한 공급을 요구하는 시위를 벌이기도 하였다. 당시 에이즈 대유행으로 인한 상황이 얼마나 많은 사회적인 갈등을 불러왔는지 보여주는 일례이다.

그러나 혼란스러운 상황은 1990년대에 들어서 HIV의 증식을 억제하는 여러 가지 항바이러스 약물이 등장하면서 서서히 변하기 시작하였다.

참고문헌

1. Mazhar, M., & Waseem, M. (2020). Agammaglobulinemia. *StatPearls [Internet]*.
2. Buckley, R. H. (2004). Molecular defects in human severe combined immunodeficiency and approaches to immune reconstitution. *Annu. Rev. Immunol.*, 22, 625-655.
3. Sharp, P. M., & Hahn, B. H. (2010). The evolution of HIV-1 and the origin of AIDS. *Philosophical Transactions of the Royal Society B: Biological Sciences*, 365(1552), 2487-2494.
4. Hymes, K., Greene, J., Marcus, A., William, D., Cheung, T., Prose, N., ... & Laubenstein, L. (1981). Kaposi's sarcoma in homosexual men—a report of eight cases. *The Lancet*, 318(8247), 598-600.
5. Masur, H., Michelis, M. A., Greene, J. B., Onorato, I., Vande Stouwe, R. A., Holzman, R. S., ... & Cunningham-Rundles, S. (1981). An outbreak of community-acquired Pneumocystis carinii pneumonia: initial manifestation of cellular immune dysfunction. *New England Journal of Medicine*, 305(24), 1431-1438.
6. Lane, H. C., Masur, H., Edgar, L. C., Whalen, G., Rook, A. H., & Fauci, A. S. (1983). Abnormalities of B-cell activation and immunoregulation in patients with the acquired immunodeficiency syndrome. *New England Journal of Medicine*, 309(8), 453-458.
7. Poiesz, B. J., Ruscetti, F. W., Gazdar, A. F.,Bunn, P. A., Minna, J. D., & Gallo, R. C. (1980). Detection and isolationof type C retrovirus particles from fresh and cultured lymphocytes of a patient with cutaneous T-cell lymphoma. *Proceedings ofthe National Academy of Sciences*, 77(12),7415-7419.
8. Barré-Sinoussi, F., Chermann, J. C., Rey, F., Nugeyre, M. T., Chamaret, S., Gruest, J., ... & Montagnier, L. (1983). Isolation of a T-lymphotropic

retrovirus from a patient at risk for acquired immune deficiency syndrome (AIDS). *Science*, 220(4599), 868-871.

9. Gallo, R. C., Salahuddin, S. Z., Popovic, M., Shearer, G. M., Kaplan, M., Haynes, B. F., ... & Safai, B. (1984). Frequent detection and isolation of cytopathic retroviruses (HTLV-III) from patients with AIDS and at risk for AIDS. *Science*, 224(4648), 500-503.
10. Wain-Hobson, S., Sonigo, P., Danos, O., Cole, S., & Alizon, M. (1985). Nucleotide sequence of the AIDS virus, LAV. *Cell*, 40(1), 9-17.
11. Gallo, R. C., & Montagnier, L. (2003). The discovery of HIV as the cause of AIDS. *New England Journal of Medicine*, 349(24), 2283-2285.
12. Moir, S., Chun, T. W., & Fauci, A. S. (2011). Pathogenic mechanisms of HIV disease. *Annual review of pathology: mechanisms of disease*, 6, 223-248.
13. Deeks, S. G., Overbaugh, J., Phillips, A., & Buchbinder, S. (2015). HIV infection. *Nature reviews Disease primers*, 1(1), 1-22.
14. https://commons.wikimedia.org/wiki/File:HIV-SIV-phylogenetic-tree.svg
15. https://commons.wikimedia.org/wiki/File:HIV-replication-cycle.svg#/media/File:HIV-replication-cycle.svg
16. Adapted from "Tfh Cells Help B Cells Secrete Antibodies Leading to 'Linked Recognition", by Biorender.com (2021)

7. 항바이러스 치료제 개발과 에이즈의 극복

1980년대 초 시작된 에이즈의 창궐로 점점 많은 사람들이 희생되자 에이즈를 '제2의 흑사병'이라고 칭했다. 나아가 에이즈가 인류의 생존을 위협하여 인류를 멸망시킬 것이라는 두려움이 엄습했다. 실제로 1990년 기준으로 전 세계적으로 확인된 에이즈 환자는 30만 명에 달했고 확인되지 않은 환자를 포함한다면 100만 명이 넘는 사람들이 에이즈 증상으로 생명을 위협받고 있을 것이라 추산했다. 아직 증상이 나타나지 않은 HIV 감염자는 1,000만 명에 달할 것이라 예상하였고 이 수치는 해마다 급격히 증가하였다.

그러나 이러한 추세는 1995년에 등장한 항바이러스 요법에 의해서 반전된다. 고활성 항레트로 바이러스 치료법Highly active antiretroviral treatment, HAART이 등장한 이후, HIV 감염은 이전처럼 목숨을 잃는 불치병으로 발전하는 것이 아니라 통제와 관리가 가능한 만성 질환으로 변모한 것이다.

그렇다면 이러한 치료법은 어떤 과정을 통하여 등장하였을까? 먼저 HAART라는 치료법이 무엇인지부터 알아보자.

HAART의 구성 요소

1995년에 등장한 HAART 치료법은 한 종류의 약물을 사용하는 것이 아니라 레트로 바이러스의 생육 과정의 여러 단계를 억제하는 여러 종류의 약물을 동시에 투약하는 치료법이다. '칵테일 요법Cocktail Therapy'이라 불리기도 한다.

HAART 에 사용되는 약물들은 크게 다음 종류로 구분된다.

- **역전사효소 저해제Reverse Transcriptase Inhibitors**: HIV 복제에 가장 핵심이 되는 단계는 HIV 유전 정보 RNA를 DNA로 복사하는 단계이며, 이는 역전사효소에 의해서 이루어진다. 역전사효소 저해제는 바로 이 단계를 억제하여 바이러스 RNA가 DNA로 역전사되지 못하게 하여 바이러스의 증식을 억제한다. 역전사

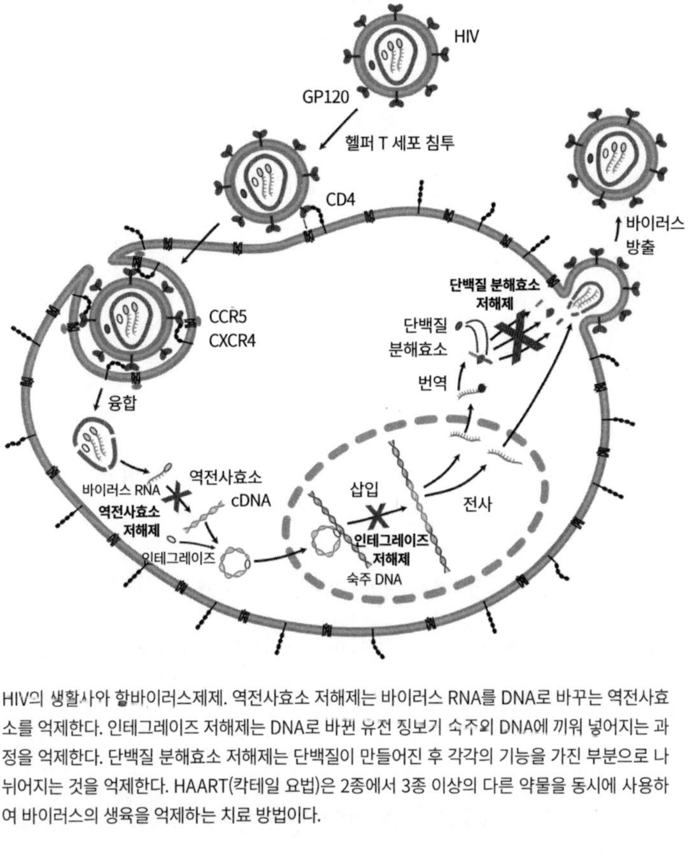

HIV의 생활사와 항바이러스제제. 역전사효소 저해제는 바이러스 RNA를 DNA로 바꾸는 역전사효소를 억제한다. 인테그레이즈 저해제는 DNA로 바뀐 유전 정보가 숙주의 DNA에 끼워 넣어지는 과정을 억제한다. 단백질 분해효소 저해제는 단백질이 만들어진 후 각각의 기능을 가진 부분으로 나뉘어지는 것을 억제한다. HAART(칵테일 요법)은 2종에서 3종 이상의 다른 약물을 동시에 사용하여 바이러스의 생육을 억제하는 치료 방법이다.

효소 저해제에도 2가지 계열이 있다.

- 뉴클레오타이드/뉴클레오사이드 역전사효소 저해제 Nucleoside/Nucleotide reverse transcriptase inhibitors, NRTI: RNA/DNA의 기본 구성 요소이며 역전사효소가 DNA를 만드는데 사용하는 뉴클레오타이드•와 화학적으로 닮은 화합물이다. 뉴클레오타이드가 붙는 영역에 붙어서 역전사효소의 기능을 망가뜨린다.
- 비 뉴클레오사이드 역전사효소 저해제Non-nucleoside reverse-transcriptase inhibitors, NNRTI: 효소의 기질이 붙는 위치가 아닌 다른 곳에 붙어서 역전사효소의 기능을 억제하는 화합물. 뉴클레오타이드/뉴클레오사이드와는 화학 구조가 전혀 다른 화합물이다.

- **인테그레이즈 저해제Intergrase Inhibitors**: 역전사효소에 의해서 DNA로 변환된 HIV의 DNA는 인테그레이즈라는 효소에 의해서 숙주세포의 DNA에 삽입된다. 이 단계를 저해하는 화합물이다.

- **단백질 분해효소 저해제Protease inhibitors**: HIV의 외막을 구성하는 단백질인 Gag 유전자와 단백질 분해효소, 역전사효소, 인테그레이즈 정보를 담은 Pol 유전자는 1가닥의 단백질로 번역

• 뉴클레오사이드는 핵산을 구성하는 단위체 중에서 탄소가 5개 있는 오탄당과 염기로 구성된 단위체이다. 뉴클레오타이드Nucleotide는 여기에 인산이 결합된 형태를 말한다.

된 다음, 단백질 분해효소에 의해서 절단되어 활성화된다. HIV의 단백질 분해효소를 저해하면 HIV를 구성하는 단백질들이 제대로 만들어지지 않을 것이므로 바이러스의 성장을 막을 수 있다.

HIV가 자라는 여러 과정 중 **한 단계를 억제하는 것만으로는 HIV의 증식을 완전히 막기 어렵지만, HIV의 생육 단계의 여러 단계를 억제함으로써 최대한 바이러스의 증식을 억제**할 수 있다. 이것이 HAART의 기본 원리이다.

물론 처음부터 HAART가 등장한 것은 아니다. 많은 연구자들이 HIV 증식의 여러 단계를 규명하고 이를 억제하는 화합물을 이용하여 바이러스 증식을 억제해 보았고, 그중에서 효과가 있는 약물들을 조합하여 칵테일 요법을 만든 것이다.

먼저 HIV의 치료에 가장 먼저 사용한 역전사효소 저해제의 개발 과정을 알아보도록 하자.

최초의 HIV 항바이러스 요법제제 AZT

1987년 아지도티미딘azidothymidine, AZT(상품명 지도부딘Zidovudine)은 HIV에 대한 치료 약물로는 최초로 사용 허가를 받았다. AZT는 화학 구조로 쉽게 유추할 수 있듯이 DNA의 구성

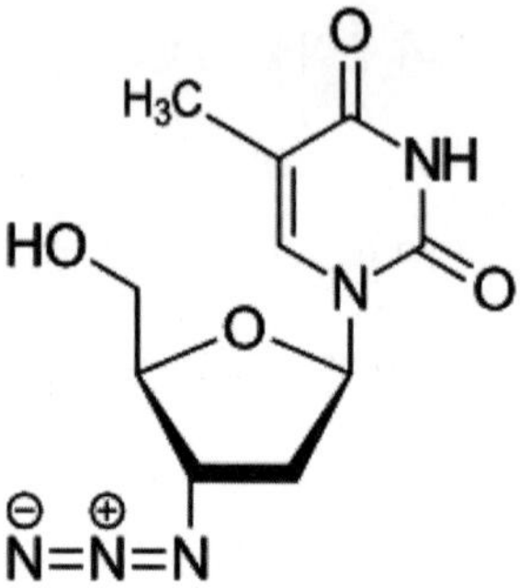

AZT
(지도부딘Zidovudine)

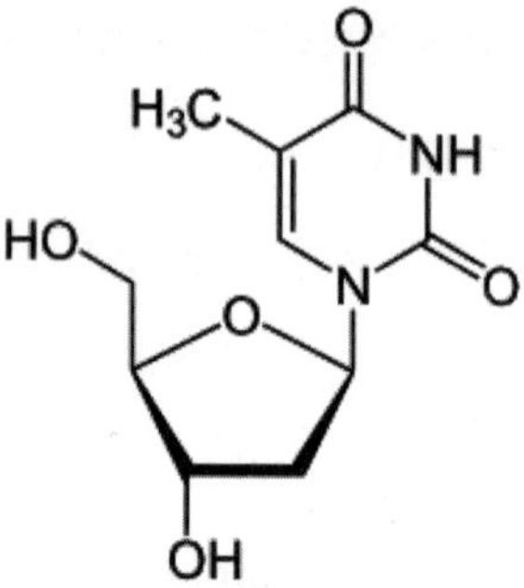

티미딘
Thymidine

최초로 개발된 역전사효소 저해제인 AZT. AZT는 DNA의 구성성분인 티미딘Thymidine과 매우 유사한 화합물로 역전사효소에 붙어서 DNA 중합을 억제한다.

물질인 티미딘Thymidine 유사체이다. 인산기가 붙지 않은 뉴클레오시드Nucleoside인 AZT는 생체 내에서 인산기가 결합되어 뉴클레오타이드Nucleotide가 되고, RNA를 주형으로 DNA를 만드는 역전사효소에 붙어서 역전사효소의 기능을 저해한다.

사실 AZT는 HIV가 등장하기 전에 개발된 약이다. HIV/에이즈의 위험이 본격화되기 한참 전인 1964년 디트로이트 암 연구소(현재의 바바라 앤 카마로스 암 연구소Barbara Ann Karmanos Cancer Institute)에 근무하던 연구자 제롬 호위츠Jerome P. Horwitz, 1919-2012에 의해 처음 만들어졌다. 그는 항암제를 만들기 위해 AZT를 개발했다. 암 세포는 정상 세포보다 더 빠르게 성장하는데 세포가 빨리 성장하려면 세포 분열을 보다 많이 해서 더 많은 양의 DNA를 만들어야 한다. 호위츠는 만약 암 세포에 DNA합성에 필요한 핵산인 티미딘 유사체를 주입하여 DNA의 합성을 저해한다면 암 세포의 증식이 억제될 것이라는 가설을 세웠다. 이를 위해서 티미딘과 화학적으로 유사하지만 완전히 같지는 않은 화합물인 AZT 등 여러 종류의 핵산 유사체를 합성하였다. 하지만 이 화합물들은 동물 암 연구 모델에서 전혀 항암 효과를 내지 못했다.

원래의 의도가 실패하였으므로 AZT는 기대한 효과를 내지 못했던 많은 다른 화합물과 마찬가지로 잊혀졌다. 1974년 암을 유발하는 레트로 바이러스에 대해서 활발하게 연구될 즈음, 독일

막스플랑크 연구소의 연구자들이 AZT가 마우스 백혈병 바이러스Murine Leukemia Virus의 일종인 프렌드 바이러스Friend Virus•라는 바이러스의 증식을 억제한다는 것을 발견하였다. 프렌드 바이러스도 레트로 바이러스였으므로 AZT가 레트로 바이러스에 의해서 유발되는 질병을 치료할 수 있다는 것을 암시하였다. 그러나 그 당시에는 아직 질병을 유발하는 레트로 바이러스가 전혀 발견되지 않은 상태였으므로 이 발견 역시 크게 주목받지 못했다.

1980년대에 접어들면서 에이즈 문제가 심각해지자 HIV의 성장을 억제하는 화학물질에 대한 관심이 급격히 높아졌고, 잊혔던 화합물인 AZT 역시 재발견되었다. 1983년 HIV가 발견된 이후 곧바로 이 바이러스의 성장을 억제하는 물질을 찾는 연구가 시작되었다. 6장에서도 잠깐 이야기했지만 1970년대의 닉슨 행정부의 '암과의 전쟁' 시대에 암을 일으키는 레트로 바이러스를 억제하여 암을 치료한다는 목표로 레트로 바이러스, 특히 역전사 효소를 억제하는 물질을 찾으려는 연구가 많이 진행되어 있었다. 이렇게 진행된 연구의 토대를 이용하여 바로 HIV 억제 물질을 찾는 연구를 시작할 수 있었다. 1970년대 암 치료를 위해서 수행했지만 결국 원하는 결과를 얻지 못해서 '헛일'이라고 생각했던

• 쥐에서 백혈병을 일으키는 레트로 바이러스이다. 1975년 미국의 바이러스 학자 샬롯 프렌드Charlotte Friend에 의해 발견되었다. 레트로 바이러스 연구 초기에 발견된 바이러스로 레트로 바이러스에 의한 질병 기전 연구에 많이 사용되었다.

연구가 1980년대 HIV의 등장으로 비로소 쓸모 있게 된 셈이다.

1985년 미국 NIH 산하 국립 암 연구소National Cancer Institute, NCI의 연구자들은 배양 중인 HIV에 AZT를 처리하자 바이러스 증식이 억제되는 것을 발견하였다. 그리고 역전사효소의 활성을 AZT가 억제한다는 것도 알아냈다. 거의 동시에 제약회사 버로우즈-웰컴Burroughs-Wellcome(GSK의 전신)에서도 AZT가 HIV 증식을 억제하는 것을 확인하였다. AZT를 항암제로 사용했을 때에는 세포의 증식을 낮추는 효과가 전혀 없었는데 어떻게 바이러스의 증식은 억제할까? 1986년 후속 연구에서 AZT가 세포 내의 DNA 중합효소에 비해 HIV의 역전사효소에 100배 이상 강하게 결합하는 것을 알아냈다. 즉 세포 내의 DNA 중합효소에는 강하게 결합하지 않아서 암세포의 DNA 합성을 저해하지 못했지만, 바이러스의 역전사효소에는 강하게 결합하여 HIV가 RNA를 DNA로 바꾸는 과정을 억제한 것이다.

세포 수준에서 AZT가 바이러스의 증식을 억제한다는 것을 관찰한 지 몇 개월 만에 신속하게 인간 대상으로 하는 임상 1상이 시작되었다. 현대의 신약 개발에서는 인간 대상으로 하는 임상시험을 수행하기 전에 실험동물 수준의 전임상 연구를 실시하여 약물이 제대로 효과가 있는지, 그리고 독성은 없는지를 면밀하게 검증받고 임상에 들어가는 것이 보통이다. 하지만 당시 HIV/에이즈에 대한 위협은 매우 심각한 상태였다. 위급한 상황 때문에 절차를 대폭 생략하고 바로 환자 대상의 임상을 실시하였다. 게다가 HIV에 대한 항바이러스 활성이 있는지를 검증할 동물 모델도 없던 상황이었으므로, 어차피 동물 실험으로 검증할 여건도 마련되어 있지 않았다. NCI와 듀크 대학의 연구자들에 의해서 수행되어 1986년에 발표된 임상 1상 시험의 결과에서 AZT 투여시 HIV 환자에게서 심각한 부작용이 없었으며 HIV 감염으로 감소한 헬퍼 T세포의 숫자를 약물 투여로 늘릴 수 있다는 가능성을 보였다.

곧이어 에이즈 환자 282명을 대상으로 대상으로 24주간 250mg의 AZT를 4시간에 1번씩 복용하고 그 효과를 위약Placibo을 투여받은 환자와 비교하는 이중맹검Double blind 임상 시험이 진행되었다. 이 결과 위약군에서는 19명의 환자가 사망한 반면, AZT 복용군에서는 1명의 환자가 사망하였다. 또 AZT 복용군에서는 위약군에 비해 유의적으로 헬퍼 T세포의 숫자가 회복되고 T세포에 의한 면역력이 회복되는 것을 확인하였다. AZT가 성공적으로 HIV의 증식을 억제한 것이다. 이러한 임상 시험 결과에 기반하여 FDA는 1987년 3월 HIV 감염자에게 AZT를 치료 목적으로 사용하는 것을 허가하였으며 지도부딘Zidovudine이라는 상품명으로 판매되기 시작했다. 체외에서의 배양 세포 실험 환경에서 AZT가 바이러스 성장을 억제한다는 것을 발견한 다음 AZT가 FDA 승인을 받고 환자 치료에 사용되기까지 불과 25개월밖에 걸리지 않았다. 이는 10년 이상의 시간이 걸리는 통상적인 의약품 개발 과정에 비해서 엄청나게 빠른 것이었다. 이렇게 전례 없이 빨리 인허가가 난 것은 당시 사회적으로 심각한 문제로 떠오른 에이즈에 대한 공포와 가능한 빠른 시간 내에 대책을 내놓아야 한다는 정부 내외의 압력이 크게 작용한 덕분이다.

그러나 AZT가 HIV 치료에 사용되기 시작한 이후 얼마 지나지 않아 AZT에 내성을 가지는 바이러스가 등장했다. 1989년 HIV의 역전사효소 유전자 영역에 돌연변이가 생겨 AZT에 내성을 가지는 바이러스가 발견되었다. 앞에서 언급했지만 HIV의 복제 과정은 매우 부정확한 과정으로 일반적인 생물에서 돌연변이가 일어나는 것보다 훨씬 빈번하게 돌연변이가 일어난다. 역전사효소 저해제를 사용하자 HIV 돌연변이체 중에 AZT가 역전사효소에 붙는 것을 방해하는 돌연변이가 생존에 월등히 유리해졌고, 이내 돌연변이가 일어난 바이러스가 퍼지게 되었다. 즉 돌연변이에 의해서 생존에 유리한 환경이 조성되자 곧 그러한 바이러스가 집단 내에서 우위를 점하는 '자연 선택'이 바로 일어난 것이다. 곧이어 AZT에 내성을 갖는 여러 종류의 돌연변이 바이러스가 발견되었다.

이러한 결과는 HIV와 같이 빠르게 변화하는 바이러스를 한 종류의 약물로 성장을 억제하는 것은 역부족임을 암시한다. 결국 HIV의 증식을 효과적으로 억제하기 위해서는 다양한 종류의 약물이 필요하다는 것이다. 곧 연구자들은 역전사효소를 억제하는 다른 화합물을 찾아 나섰다.

비 뉴클레오사이드 역전사효소 저해제의 발굴

1989년 HEPT라는 화합물이 레트로 바이러스 복제를 저해하는 것을 발견하였다. 곧이어 이와는 전혀 다른 구조를 가진 TIBO라는 물질도 발굴되었다. 이들은 AZT처럼 티민과 비슷한 화합물이 아니라 전혀 다른 구조를 가진, 기존의 물질과는 유사성이 전혀 없는 화합물이었다. 이들은 역전사효소의 뉴클레오타이드 결합 자리에 붙어서 뉴클레오타이드가 추가되는 것을 방해하는 방법이 아닌, 뉴클레오타이드가 붙는 위치와 멀리 떨어진 곳에 붙어서 역전사효소의 활성을 억제하는 물질이다. 이 두 물질은 비 뉴클레오사이드 역전사효소 저해제Non-nucleoside reverse-transcriptase inhibitors, NNRTI를 낳은 선도물질Lead Compounds•이 되었다.

1996년 TIBO로부터 유래된 네비라핀Nevirapine이라는 물질이 비 뉴클레오사이드 역전사효소 저해제로는 최초로 FDA의 승

• 해당 물질의 핵심 구조를 기반으로 변형된 물질이 약물이 되는 경우, 핵심 구조를 가진 물질 중 가장 처음 발굴된 물질을 선도물질이라 한다.

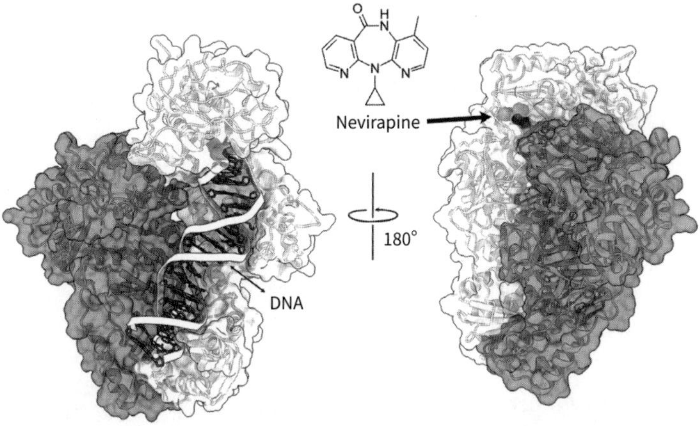

비뉴클레오사이드계 역전사효소 저해물질인 네비라핀은 역전사효소의 DNA가 중합하는 활성자리가 아닌 다른 부분에 결합하여 효소의 활성을 저해한다.

인을 얻었으며 1997년에는 델라비딘Delavirdine, 1998년에는 에파비렌즈Efavirez가 뒤이어 승인을 얻었다. 이러한 비 뉴클레오사이드 역전사효소 저해제는 이후 HAART의 중요한 구성 요소가 되었다.

HIV의 생활사가 점점 알려지면서 연구자들은 역전사효소 이외에도 HIV의 증식 과정의 다양한 단계를 억제하는 물질을 찾으려 시도하였다. 그중 하나가 HIV의 단백질이 번역된 다음에 거치는 단백질 분해효소 단계였다.

단백질 분해효소 저해제와 '칵테일 요법'의 등장

앞서 설명한 것처럼 HIV는 일단 긴 가닥의 단백질 하나를 만들고 단백질 분해효소가 이들을 잘라서 각기 다른 단백질을 얻는다. 따라서 HIV의 복제 과정에서 단백질 분해효소의 역할은 필수적이다. 그렇다면 HIV의 단백질 분해효소가 어떻게 생겼으며 어떻게 단백질을 절단하는지를 정확하게 안다면, 단백질 분해효소를 억제하는 물질을 만들 수 있을지 모른다.

1989년 HIV의 단백질 분해효소의 3차원 단백질 구조가 규명되었다. HIV의 단백질 중 최초였다. HIV 단백질 분해효소는 2개의 동일한 단백질이 결합한 이합체 형태이다. 단백질 분해효소는 근본적으로 단백질을 자르는 가위와 비슷한 역할을 하기 때문에 가위가 2개의 몸체가 대칭으로 연결되어 있듯이 HIV 단백질 분해효소도 2개의 동일한 단백질이 대칭으로 붙어 있다. 그 사이에 단백질을 자르는 부분이 존재한다. HIV 단백질 분해효소는 효소의 활성 자리에 아스파르트산aspartic acid, Asp이 존재하는 아스파르트산 단백질 분해효소 계열의 단백질이었고, 이 단백질은 이미 많이 연구되어 있었다. 덕분에 단백질 구조가 규명되자 여기에 결합하여 단백질 분해효소를 억제할 수 있는 화합물이 바로 디자인되었다. 대부분의 단백질 분해효소 저해 물질은 단백질 분해효소가 원래 결합하는 펩타이드 서열과 유사한 구조를 가졌지만 실제로 단백질 분해효소에 의해서 분해되지 않도록 변형된 펩타이드 유사체Peptidomimetics 계열의 물질이다.

1990년 스미스클라인Smithkline, 업존Upjohn, 호프만 라 로슈Hoffman-La Roche 등 여러 제약회사들이 HIV 단백질 분해효소를 저해하는 화학물질이 세포 내에서 HIV 증식을 억제한다는 결과를 발표하였다. 이중 가장 빠르게 FDA 승인을 얻은 물질은 로슈가 개발한 사퀴나비르Saquinavir라는 약물이었다. 사퀴나비르는 HIV 단백질 분해효소가 HIV 단백질의 Gag, Pol 단백질 사이 페닐알라닌phenylalanine, Phe, 프롤린proline, Pro, 혹은 타이로신tyrosin, Tyr, 프롤린Pro 아미노산 서열 사이를 자른다는 것에 착안하여 실제로 잘리는 위치의 아미노산 구조의 중간 전이 상태Transition

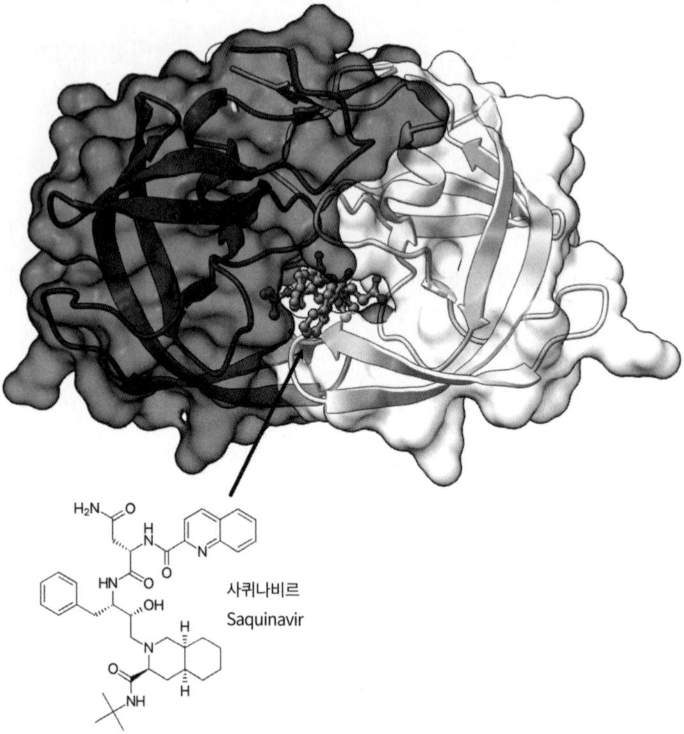

최초의 단백질 분해효소 저해제인 사퀴나비르Saquinavir가 HIV 단백질 분해효소에 붙어 있는 모습. 단백질 분해효소는 마치 가위처럼 2개의 조각으로 되어 있어 그 사이에 단백질 가닥이 지나가서 단백질을 분해한다. 사퀴나비르와 같은 단백질 분해효소 저해제는 단백질 분해효소의 '가위 날'에 해당하는 부분에 붙어서 단백질을 자르지 못하게 방해한다.

state와 화학적 구조와 비슷하게 디자인하여 만든 화합물이다. 실제로 아스파르트산 단백질 분해효소는 동물에도 많이 존재하지만 HIV 단백질 분해효소처럼 페닐알라닌과 프롤린 사이를 절단하는 경우는 별로 없다. 그렇기 때문에 특이적으로 바이러스 단백질 분해효소만 저해할 것으로 기대되었다.

1996년 사퀴나비르와 기존에 알려진 역전사효소 저해제인 지도부딘 및 잘시타빈Zalcitabine을 같이 복용하여 HIV 환자에 어떤 효과가 있는지를 보는 임상시험을 진행하였고, 그 결과가 발표되었다. 사퀴나비르, 지도부딘, 잘시타빈 3가지의 약물을 복용하는 그룹과 지도부딘, 잘시타빈의 2가지 약물을 복용하는 그룹을 추적 조사하였다. 그 결과 단백질 분해효소 저해제가 포함된 3가지 약물을 동시에 복용한 그룹이 2가지 약물을 복용한 그룹에 비해서 헬퍼 T세포의 숫자, HIV의 증식 등 모든 지표에서 유리하다는 것이 입증되었다. 임상시험 결과에 의거하여 1995년 12월 FDA는 사퀴나비르를 지도부딘 및 잘시타빈과 함께 복용하도록 판매를 승인하였다. 사퀴나비르는 최초로 상용화된 HIV 단백질 분해효소 저해제로써 인비레이즈Invirase라는 이름으로 판매되기 시작하였다. 곧이어 에비Abbvie Inc.의 리토나비르Ritonavir(상품명: Norvir), 머크Merck Inc.의 인디나비르Indinavir(상품명: Crixivan) 등이 연이어 승인 받았다.

단백질 분해효소 저해제의 등장과 역전사효소 저해제를 동시에 사용하는 전략은 HIV 치료에 획기적인 전기를 만들었다. 단백질 분해효소 저해제 이전에 주로 사용하던 역전사효소 저해제는 여러 약물을 동시에 사용해도 바이러스를 오랫동안 지속적으로 억제하기는 어려웠고, 결국은 환자는 면역력이 서서히 악화되어 사망하는 경우가 많았다.

그러나 단백질 분해효소 저해제와 2종의 역전사효소 저해제를 병용한 임상 연구 결과가 쏟아진 이후, 치료법은 새로운 국면을 맞이했다. 기전이 서로 다른 약물을 동시에 사용하는 치료법이 기존의 치료법에 비해서 훨씬 더 좋은 효과를 보였다. 단백질 분해효소 저해제와 여러 종류의 역전사효소 저해제 동시 투여를 HIV 감염자 치료의 표준 치료법으로 정립하였다. 이 치료법을 고활성 항레트로 바이러스 치료법highly active antiretroviral treatment. HAART이라 불렀으며 대중에는 '칵테일 요법Cocktail Therapy'로 알려졌다.

또 다른 약물의 표적은 DNA로 변환된 HIV 의 유전 정보가 숙주 세포의 유전체 내로 숨어들어가는 과정인 인테그레이즈 단계였다. 만약 인테그레이즈가 억제된다면 HIV에 감염되어도 숙주 세포 내의 유전체로 숨어들어갈 수 없으므로 복제가 불가능해진다. 최초로 승인된 인테그레이즈 저해제인 머크의 랄테그라비르Raltegravir 이후 여러 종류의 인테그레이즈 저해제가 등장했다. 이들은 단백질 분해효소 저해제와 역전사효소 저해제와 더불어 HAART에 같이 사용되었으며 이들의 사용에 의해서 HAART의 효과는 점점 좋아졌다.

HAART에 의해 관리 가능한 질병이 된 HIV

그렇다면 HAART로 대표되는 항바이러스 치료법이 등장한 후 HIV 감염자들에게는 어떤 변화가 있었을까? HAART 도입 후 4년이 지난 1999년 연구에 따르면 HAART가 도입되지 않았던 1994년 HIV 감염자 100명 중 23.7명에서 에이즈 증상이 나타나 20.2명이 사망한 반면, HAART 도입 직후인 1998년에는 에이즈 증상이 나타나는 빈도가 100명 중 14명으로 줄었고 사망자도 8.4명으로 줄었다. HAART가 HIV 감염자에 대한 표준 치료법이 된지 불과 몇 년 만에 가시적인 효과가 나타난 것이다.

HAART에 사용되는 약물들이 지속적으로 개선되고 보다 효율적인 투약법이 연구되면서 HAART로 치료받는 HIV 감염자들의 생존 확률이 급격하게 높아졌다. 2017년 스위스의 HIV 감염자를 대상으로 한 추적 연구에서 HAART가 HIV 감염자의 생존을 어떻게 급격히 개선했는지를 잘 볼 수 있다.

AZT에 의한 HIV 감염자 치료가 처음 도입된 1988~1991년에는 20세 HIV 감염자의 평균 기대 잔여 수명은 11.8년이었다.

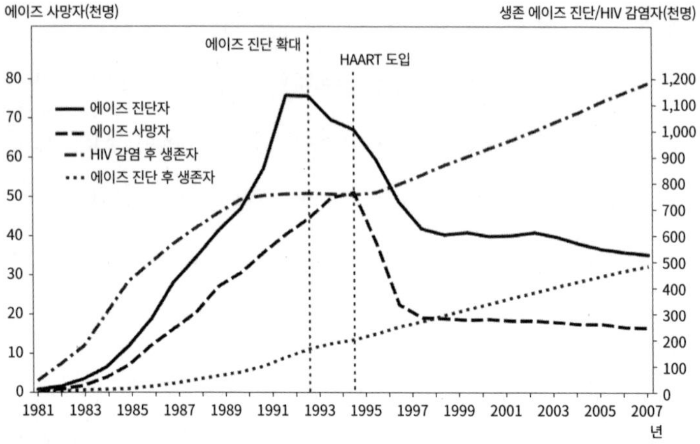

에이즈 사망자와 HAART 도입의 상관관계. 1995년 HAART가 도입되기 전에는 지속적으로 에이즈 진단자와 에이즈로 인한 사망자가 늘었다. 그러나 HAART 도입 이후에는 에이즈로 인한 사망자가 감소하기 시작하였으며, HIV 감염 이후에도 계속 생존하는 사람들은 지속적으로 늘었다. HAART의 도입으로 HIV 감염은 관리 가능한 만성 질환으로 변화하였다.

HIV에 감염된 20세 청년은 평균적으로 30대 중반을 넘기지 못한다는 이야기이다. 그러나 2006~2013년 HAART로 치료받는 20세 HIV 감염자의 경우 기대 잔여 수명은 54.9년이었다. 상대적으로 좋은 치료를 받을 확률이 높은 교육이나 생활수준이 높은 사람일수록 기대 수명은 더욱 올라가서 고학력자 HIV 감염자의 기대 수명은 60년으로 HIV에 감염되지 않은 20세의 기대 수명 61.5년과 큰 차이가 없었다.

이제 HIV에 감염되어도 지속적인 치료와 관리를 받는다면 정상인과 유사한 수준으로 삶을 이어갈 수 있는 시대가 되었다. 1990년대 초까지만 하더라도 인류를 멸망시킬 것 같은 '제2의 흑사병'으로 인식되던 에이즈는 이제 당뇨나 고혈압처럼 지속적으로 약을 복용하면서 관리하면 건강한 삶을 유지할 수 있는 만성 질환이 되었다. 이같은 변화는 전적으로 HAART와 항바이러스 요법의 발전 덕이다.

극적인 예는 1991년 HIV 감염을 밝히며 사람들에게 많은 충격을 주었던 농구스타 매직 존슨의 사례이다. 존슨은 1991년 HIV에 감염되었지만 에이즈 증상은 나타나지 않았고, HAART가 등장한 이후 지속적으로 치료를 받았다. 그 결과 HIV 감염을 공개 후 30년이 지난 2021년까지도 활발한 사회 활동을 하고 있다. 1985년 국내에서 최초로 발견된 HIV 감염자 역시 36년이 지난 현재까지 생존하고 있다.

물론 HAART에도 한계가 있다. 일단 HAART 요법의 약을 지속적으로 복용하면 HIV에 감염되어도 에이즈 증상은 나타나지 않지만, HIV 바이러스가 완전히 근절되지는 않는다. HIV는 레트로 바이러스로써 세포 유전체 내에 자신의 유전정보를 DNA 형태로 숨겨두고 있으며 이렇게 헬퍼 T세포 내에 은닉된 HIV의 유전정보는 바이러스가 다시 활동하지 않는 한 제거할 도리가 없다. 결국 HAART는 HIV 감염자가 에이즈 증상을 나타내는 것을 막아서 건강한 상태를 유지시키지만 HIV를 근절할 수는 없으므로 HIV 감염자는 평생 HAART 약물을 복용해야 한다.

여전히 상존하는 HIV와 에이즈의 위험

HAART에 의해서 HIV 감염이 관리 가능한 만성 질병처럼 되었지만 여전히 전 세계적으로 볼 때 에이즈는 많은 사람의 생명을 빼앗는 질병이다. 2019년 기준 전 세계 HIV 감염자는 3,800만 명에 달하며 관련 질환으로 사망한 사람은 69만 명에 달한다.

지역별로 HIV/에이즈로 위협받는 정도는 상당히 다르다. 아프리카, 특히 사하라 사막 남쪽의 국가는 HIV가 창궐하고 있는 곳으로 현재 발생하는 새로운 HIV 감염의 61%가 이 지역에서

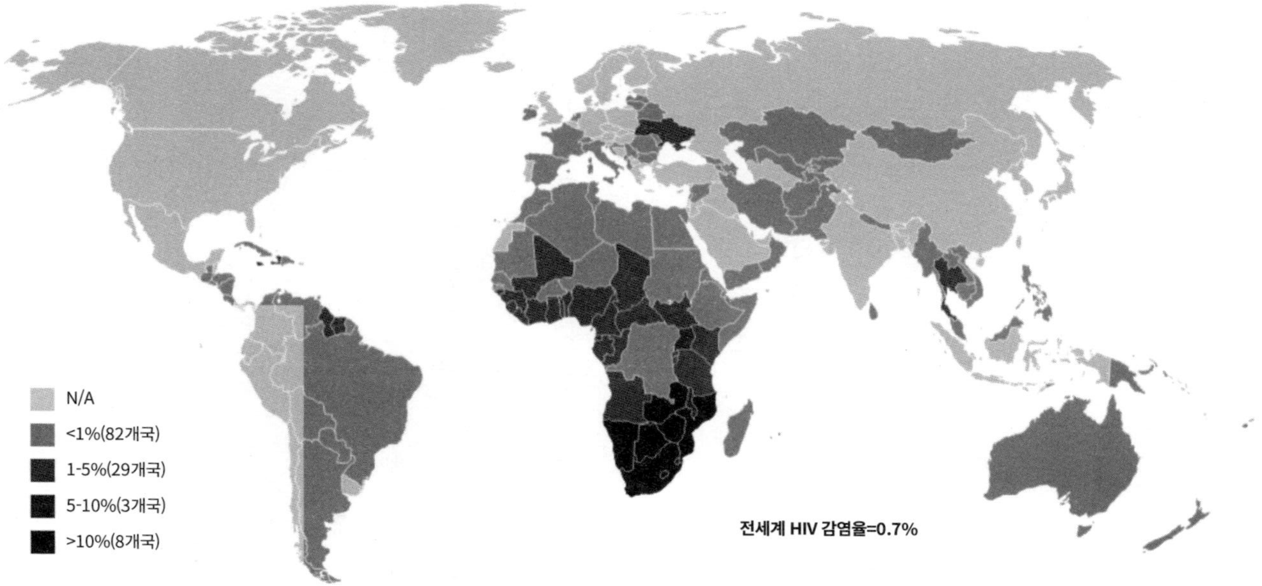

2019년 기준 전 세계 HIV 감염률. 전 세계적으로 2021년 HIV에 감염된 비율은 전체 인구의 0.7%에 달한다. 특히 남아프리카공화국을 포함한 아프리카 8개국의 경우 전체 인구의 10% 가 HIV에 감염되어 있다.

발생하며, 성인 인구 중 5%를 HIV 감염자로 추산한다. 미국이나 유럽 등과는 달리 경제적 어려움으로 HAART 등 최신 치료법의 도움을 받는 사람들이 한정되어 있으며, 공중보건이나 교육 미비로 HIV 전파 억제에도 어려움을 겪는다. 특히 가장 많은 감염자가 있는 남아프리카공화국에서는 타보 음베키Thabo Mbeki 정권 시절 대통령이 에이즈와 HIV의 관련성을 부인하는 음모론을 신봉하였고 공공병원에서 항바이러스제 투여를 금지하였다. 어이없는 정책이 무효화되고 다시 항바이러스제의 투여가 시작될 때까지 남아공에서만 30만 명 이상이 에이즈로 희생되었다고 추산한다.

현재도 HIV와 에이즈는 분명히 세계적인 보건에 큰 위협으로 남아 있는 것은 확실하다. 그러나 그 위협의 정도는 에이즈가 처음 알려진 1980년대와는 달라졌다. 이제는 HAART와 같은 항바이러스 요법을 아프리카 등의 저소득 국가에서 어떻게 폭넓게 적용할 수 있는지 등의 국제적인 정책 및 재정 지원 문제를 더 중요하게 다루어야 할 때이다.

참고문헌

1. Horwitz, J. P., Chua, J., & Noel, M. (1964). Nucleosides. V. The Monomesylates of 1-(2'-Deoxy-β-D-lyxofuranosyl) thymine. *The Journal of Organic Chemistry*, 29(7), 2076-2078.
2. Mitsuya, H., Weinhold, K. J., Furman, P. A., St Clair, M. H., Lehrman, S. N., Gallo, R. C., ... & Broder, S. (1985). 3'-Azido-3'-deoxythymidine (BW A509U): an antiviral agent that inhibits the infectivity and cytopathic effect of human T-lymphotropic virus type III/lymphadenopathy-associated virus in vitro. *Proceedings of the National Academy of Sciences*, 82(20), 7096-7100.
3. Furman, P. A., Fyfe, J. A., St Clair, M. H., Weinhold, K., Rideout, J. L., Freeman, G. A., ... & Mitsuya, H. (1986). Phosphorylation of 3'-azido-3'-deoxythymidine and selective interaction of the 5'-triphosphate with human immunodeficiency virus reverse transcriptase. *Proceedings of the National Academy of Sciences*, 83(21), 8333-8337.
4. Yarchoan, R., Weinhold, K., Lyerly, H. K., Gelmann, E., Blum, R., Shearer, G., ... & Markham, P. (1986). Administration of 3'-azido-3'-deoxythymidine, an inhibitor of HTLV-III/LAV replication, to patients with AIDS or AIDS-related complex. *The Lancet*, 327(8481), 575-580.
5. Larder, B., & Kemp, S. (1989). Multiple mutations in HIV-1 reverse transcriptase confer high-level resistance to zidovudine (AZT). *Science*, 246(4934), 1155–1158. doi:10.1126/science.2479983
6. Baba, M., Tanaka, H., De Clercq, E., Pauwels, R., Balzarini, J., Schols, D., ... & Miyasaka, T. (1989). Highly specific inhibition of human immunodeficiency virus type 1 by a novel 6-substituted acyclouridine derivative. *Biochemical and biophysical research communications*, 165(3), 1375-1381.
7. Navia, M. A., Fitzgerald, P. M., McKeever, B. M., Leu, C. T., Heimbach, J. C.,

Herber, W. K., ... & Springer, J. P. (1989). Three-dimensional structure of aspartyl protease from human immunodeficiency virus HIV-1. *Nature*, 337(6208), 615.

8. McQuade, T., Tomasselli, A., Liu, L., Karacostas, V., Moss, B., Sawyer, T., ... Tarpley, W. (1990). A synthetic HIV-1 protease inhibitor with antiviral activity arrests HIV-like particle maturation. *Science*, 247(4941), 454–456. doi:10.1126/science.2405486
9. Collier, A. C., Coombs, R. W., Schoenfeld, D. A., Bassett, R. L., Timpone, J., Baruch, A., ... & Friedman, H. M. (1996). Treatment of human immunodeficiency virus infection with saquinavir, zidovudine, and zalcitabine. *New England Journal of Medicine*, 334(16), 1011-1018.
10. Gulick, R. M., Mellors, J. W., Havlir, D., Eron, J. J., Gonzalez, C., McMahon, D., ... & Emini, E. A. (1997). Treatment with indinavir, zidovudine, and lamivudine in adults with human immunodeficiency virus infection and prior antiretroviral therapy. *New England Journal of Medicine*, 337(11), 734-739.
11. Moore, R. D., & Chaisson, R. E. (1999). Natural history of HIV infection in the_ era of combination antiretroviral therapy. *Aids*, 13(14), 1933-1942.
12. Gueler, A., Moser, A., Calmy, A., Günthard, H. F., Bernasconi, E., Furrer, H., ... & Zwahlen, M. (2017). Life expectancy in HIV-positive persons in Switzerland: matched comparison with general population. *AIDS* (London, England), 31(3), 427.
13. Torian, L., Chen, M., Rhodes, P., & Hall, I. (2011). HIV surveillance–United States, 1981–2008. *MMWR Morb Mortal Wkly Rep*, 60(21), 689-93
14. Kaiser Family Foundation, The Global HIV/AIDS Epidemic, https://www.kff.org/global-health-policy/fact-sheet/the-global-hivaids-epidemic/
15. https://www.kff.org/global-health-policy/fact-sheet/the-global-hivaids-epidemic/

8. 에이즈 백신 개발은 가능한가?

이전 장에서 불치병으로 생각되었던 HIV 감염이 HAART라는 항바이러스 요법 등장 덕분에 관리 가능한 만성 질병으로 변모하는 과정을 알아보았다. 그러나 여전히 HIV는 아프리카 등을 중심으로 세계적으로 매년 69만 명의 사망자를 내는 중요한 질병이므로, 항바이러스 요법 외에 이를 확실히 근절할 수 있는 방법이 반드시 개발되어야만 한다.

바이러스에 의해서 일어나는 질병에서 해당 질병을 퇴치하게 된 결정적인 계기는 대부분 백신 개발이었다. 인플루엔자, 황열병, 소아마비 등 한때 수많은 인명을 희생시켰던 바이러스에 의한 질병은 바이러스 병원체가 확인된 후 그리 오래지 않아 면역을 부여하는 백신이 등장하였다. 이제 황열병과 소아마비 등의 바이러스 질병은 백신을 접종한 이상 큰 문제가 되지 않는다.

그러나 HIV의 경우 1980년대 초반 바이러스가 발견된 지 벌써 40여 년이 흘렀지만 아직도 에이즈를 예방하는 백신은 개발되지 않았다. 그 이유는 무엇일까? 그동안 에이즈를 예방할 수 있는 백신을 개발하기 위해서 어떤 노력들이 진행되었으며 이러한 노력에도 불구하고 제대로 작동하는 에이즈 백신 개발이 왜 어려운지 알아보자.

HIV 백신 개발의 어려움

에이즈를 유발하는 병원체가 HIV 바이러스라는 것이 밝혀지자 다른 바이러스 질병처럼 그리 오래지 않아 에이즈를 예방할 수 있는 백신이 나올 것이라 생각했다. 가령 HIV가 발견된 직후인 1984년, 당시 미국 보건복지부 장관 마거릿 헤클러Margaret Heckler는 2년 내에 HIV 백신 임상시험이 시작될 것을 기대한다고 이야기하였다. 그러나 2년은 고사하고 40년에 가까운 시간이 흐른 2021년까지도 효과가 있는 HIV 백신은 등장하지 않았다. 왜 에이즈 예방 백신 개발은 이렇게 어려울까? 여기에는 몇 가지 이유가 있다.

어떤 병원체에 대해서 완벽한 면역을 부여하는 백신이 개발되기 위해서는 일단 어떤 병원체에 감염되어 면역 반응이 일어난 다음 그 면역 반응에 의해서 질병에서 완치될 수 있어야 한다. 그리고 생성된 면역에 의해서 해당 병원체에 의한 질병이 재발하지 않는 것이 확인되어야 한다. 결국 백신은 인체가 병원체에 대한 면역력을 병원체에 감염되지 않은 상태에서 갖게 하는 수단이므로 백신이 작동하려면 일단 인간의 면역력에 의해 해당하는 병원체를 막을 수 있어야 한다. 가령 홍역에 걸렸다가 회복된 사람은 홍역에 대해서 완벽한 면역이 생긴다. 홍역에 걸려 완치된 사람에서 일어나는 것과 동일한 면역 반응을 일으키지만 독성이 없는 백신을 만든다면 완벽히 홍역을 예방할 수 있다.

그런데 HIV 감염은 어떨까? 여태까지 HIV 감염자 중 에이즈의 증상이 나타나지 않는 사람은 있지만 몸속에서 HIV 바이러스가 완전히 사라진, '완치'된 사람은 보고된 적이 없다. 인간의 면역력은 아직 HIV에 대해서 완벽히 면역을 갖게 하지 못한다는 것이다. 즉 인간 면역 시스템이 아직까지 HIV에 대해서 완벽히 면역을 부여하지 못하기 때문에 HIV에 대한 백신을 (다시 이야기하지만 백신은 면역력을 유도하여 질병을 예방하는 수단이다) 만든다는 것 자체가 무리일지도 모른다. 그도 그럴것이 HIV는 다름 아닌 인간의 면역력을 표적으로 하여 이를 약화시키는 바이러스이기 때문이다.

물론 인간의 면역 시스템은 외부에서 침투한 HIV 바이러스에 대항하여 손놓고 아무 일도 안 하는 것은 아니다. 다른 바이러스처럼 여러 가지 면역 반응을 유도한다. 다른 바이러스와 마찬가지로 바이러스에 결합하여 세포에 침투하지 못하도록 중화 항체를 형성하기도 하고, 바이러스에 감염된 세포를 죽이는 세포성 면역 반응도 유도된다. 문제는 이러한 우리 몸의 여러 면역 반응이 HIV를 완벽히 근절시키기에는 역부족이라는 것이다. 여기에는 HIV가 레트로 바이러스이고 HIV가 침투하는 세포가 면역의 핵심 세포인 헬퍼 T세포라는 요인이 주된 이유이다. 레트로 바이러스의 독특한 증식 방식은 면역을 피하는 많은 여지를 제공한다.

일단 레트로 바이러스는 복제의 정확도가 그리 높지 않기 때문에 HIV의 유전 정보에는 복제 도중 많은 오류가 생기며 이는 잦은 돌연변이로 이어진다. 빠른 돌연변이 속도는 생물 내에서 생성된 항체 등을 피하는데 크게 기여한다. 바이러스에 결합하는 항체가 몸속에 생기더라도 돌연변이 속도가 높기 때문에 몸속에서 증식하며 돌연변이를 축적한 바이러스는 더 이상 이전에 생긴 항체에 의해서 무력화되지 않는다. 세계적으로 분포된 HIV의 서열을 분석해 보면 각각 엄청난 차이가 있다. 같은 계통군 Clade에 속하는 HIV의 구조 단백질인 Env의 아미노산 서열을 비교해 보면 최고 20%까지 차이가 나고, 다른 계통군에 속하는 바이러스를 비교하면 35%나 차이나기도 한다. 심지어 같은 사람에게서 채취한 HIV에서도 시간에 따라 서열에 차이가 생겨 이전에 HIV 감염 초기에 형성된 항체가 나중에 역할을 못하는 경우도 허다하다.

또 레트로 바이러스가 세포 내의 DNA 속에 삽입되어 몇 달에서 몇 년 동안 잠복하는 특징도 바이러스의 제거를 어렵게 만든다. 다른 바이러스라면 증식 과정에서 만들어지는 단백질이 1형 MHC에 의해 세포 표면에 전시되고 이를 인식하는 T세포가 바이러스에 감염된 세포를 제거하는데, 세포 내 DNA 속에서 아무런 활동도 하지 않고 가만히 때를 기다리는 바이러스의 유전정보는 면역세포에 의해서 식별되기 어렵다.

그리고 HIV의 숙주 세포가 헬퍼 T세포인 것도 면역에 의해서 HIV가 제거되는 것을 막는다. HIV에 의해 감염된 헬퍼 T세포는 세포 내에서 바이러스가 증식한다는 것을 눈치 챈 세포 독성 T세포에 의해서 감지되어 사멸된다. HIV에 감염된 몸속에서 헬퍼 T세포의 숫자는 점점 줄어들고 면역세포들을 활성화시켜야 할 헬퍼 T세포가 없어진다. 면역의 총사령관 격인 헬퍼 T세포가 점점 줄어들게 되면 면역 세포의 활성화도 줄어들고 HIV에 대한 면역 자체도 줄어든다.

HIV에 대한 면역 형성이 어려운 이유에는 외피 단백질의 특징도 한 몫 한다. HIV의 외피를 구성하는 단백질 gp120에는 '당쇄'라고 불리는 긴 탄수화물 가닥이 달려 있다. 이 당쇄는 gp120

단백질의 상당 부분을 가려서 항체가 잘 결합하지 못하게 막는다. 그나마 항체가 결합할 수 있는 부분은 대개 돌연변이가 자주 일어나는 부분이므로 이 항체들은 바이러스에 돌연변이가 일어나면 쉽게 기능을 잃는다.

물론 HIV 바이러스를 무력화하는 중화항체를 만드는 것이 전혀 불가능한 일은 아니다. gp120이 헬퍼 T세포에 침투할 때 결합하는 단백질인 CD4와 결합하는 부분을 인식하는 항체가 만들어지면 HIV의 헬퍼 T세포 감염을 억제할 수 있다. 또 다른 외피 단백질 gp41에서 생체막 인접 영역에 결합하는 항체도 HIV의 감염력을 억제한다는 것이 알려졌다. 이러한 연구 결과들은 HIV 백신 개발 시도에 응용되었다.

여러 가지 기술적인 어려움 때문에 아직 HIV 감염을 효과적으로 예방하는 '에이즈 백신'은 등장하지 않았지만 백신 개발을 향한 노력이 이루어지지 않은 것은 아니다. 그렇다면 지금까지 백신 개발을 위해 어떤 시도를 하였을까?

지난 30년간의 HIV 백신 개발 노력

1980년대 초반까지 등장한 바이러스 예방 백신은 대부분 병원성을 잃은 돌연변이 바이러스(약독화 백신, 생백신)이거나 배양된 바이러스를 화학 처리하여 불활성화 시킨 것이었다. 그러나 인간의 면역계에 직접 관여하면서 돌연변이가 아주 빨리 일어나는 HIV의 경우 이러한 전통적인 방식으로 백신을 개발하기에는 너무 위험했다.

병원성을 잃은 돌연변이 바이러스를 만든다고 하더라도 다시 돌연변이가 발생해서 원래의 병원성을 회복할 수도 있기 때문이다. 게다가 HIV의 경우 바이러스를 대량 배양한 후 불활성화하는 과정도 쉽지 않았다.

따라서 HIV 백신 개발에서는 전통적인 사백신과 생백신에 의한 백신은 처음부터 논외로 하고, 재조합 DNA 기술을 이용하여 바이러스 단백질 일부를 재조합 단백질로 생산하고 이를 항원으로 사용하는 방식으로 위험성을 줄이고자 하였다.• 이를 위하여 HIV의 외피 단백질인 gp120 및 gp160 유전자를 다른 세포에서 재조합 단백질로 생산하고 이를 분리, 정제하여 항원으로 사용하여 면역을 유도하려고 하였다. 1987년 동물 세포에서 만든 gp160 단백질을 염소에 주입하였더니 HIV 바이러스에 결합하여 바이러스의 감염을 억제하는 항체가 유도된다는 것을 확인하였다. 그리고 침팬지에서도 gp160 단백질을 이용하여 HIV 바이러스에 결합하는 항체가 만들어진다는 것을 알게 되었다.

• B형 간염 바이러스 백신도 비슷한 방식으로 개발되었다.

이러한 동물 실험 결과에 기반하여 1988년 인간에게 항원을 주입하여 HIV 바이러스를 무력화할 수 있는 항체가 만들어지는지를 보는 임상 시험이 시작되었다. 인간에 gp160 단백질을 주입하자 gp160에 결합하는 항체가 만들어지기는 했다. 하지만 이 항체들은 실제로 HIV 감염을 억제하는 능력이 없었고 결국 임상 시험은 실패로 끝났다.

gp120을 항원으로 사용하여 백신을 만드는 시도도 있었다. 바이오텍 회사인 제넨텍Genetech과 백스젠VaxGen에서 gp120 단백질을 백신으로 사용하는 'AIDSVAX'라는 백신 후보물질을 만들고 미국에서 5,000명, 태국에서 2,546명을 대상으로 임상 3상을 실시하여 HIV에 대한 보호 효과가 있는지를 관찰하였다. 그러나 백신을 접종받고 3년 후에 대조군과 백신군에서 HIV 감염자를 조사하였더니 거의 동일한 비율의 환자가 HIV에 감염되었다. 즉 백신이 HIV 감염을 막지 못하였다.

이렇게 HIV의 외피 단백질을 항원으로 사용하여 백신을 만들겠다는 시도는 모두 실패로 끝났다. 원인은 무엇일까? 재조합 단백질을 이용한 백신은 항체를 형성하는 것까지는 문제가 없었다. 그러나 바이러스에 감염된 세포를 공격하는 세포성 면역의 유도가 부족하였다. 항체를 형성하는 것만으로는 HIV 감염을 막는데 충분하지 않다는 의미였다. 따라서 실제로 바이러스가 감염되었을 때와 유사하게 항체 형성 유도 및 세포성 면역의 유도가 동시에 이루어지는, 새로운 방식의 백신이 시도되었다.

이를 위해 감기를 일으키는 아데노바이러스Adenovirus에 HIV 유래 항원 유전자를 넣고 이를 감염시켜 세포 내에서 HIV 항원 유전자를 만들어 세포성 면역을 유도하는 방법•을 시도하였다. 제약사 머크는 아데노바이러스 벡터를 이용하여 HIV의 단백질 Gag, Pol, Nef를 세포 내에서 만들어 면역을 유도하려고 하였다.

임상 1상을 통하여 HIV 단백질을 만드는 재조합 바이러스 백신을 투여한 환자에서 HIV에 특이적인 세포성 면역 반응이 생성되는 것을 알게 되었다. 그러나 HIV 항원 유전자를 세포 내로 들여보내기 위한 수단으로 사용한 아데노바이러스 벡터에 문제가 생겼다. 상당수의 백신 투여 대상자들은 이전에 아데노바이러스에 감염된 적이 있어서 아데노바이러스에 대한 항체를 가지고 있었다. 특히 에이즈가 창궐하는 아프리카 남부 지역에서는 인구의 80% 정도가 아데노바이러스에 대한 항체를 가지고 있어서 아데노바이러스 벡터를 이용한 백신을 접종받아도 항체에 의해서 벡터가 무력화될 수 있다는 문제점이 발견되었다.

머크의 백신은 북미, 남미, 남아프리카에서 임상 2상에 들어갔지만 2007년 이 임상시험의 중간 결과를 분석해보니 해당 백신은 HIV의 감염을 줄이거나 감염된 사람의 바이러스를 줄이지

• 12장에서 코로나 바이러스 백신을 설명할 때 언급할 '아데노바이러스 벡터'를 이용한 방법이다.

못한다는 것이 밝혀졌다. 결국 머크의 백신 역시 HIV 감염을 줄이는 데는 효과가 없다는 것으로 판단되어 임상 시험은 조기에 종료되었다.

수십년 간 여러 종류 HIV 백신의 대규모의 임상 시험이 진행되었지만 이들은 모두 HIV 감염에 대한 예방 효과를 주지 못하는 것으로 드러났다. 그러나 이러한 실패에도 불구하고 HIV 백신을 개발하려는 노력은 계속되었다.

HIV 임상 시험 중에서 처음으로 긍정적인 결과가 나온 것은 태국에서 실시된 RV144 임상 시험이었다. 이 시험은 기존에 단독으로는 효과를 내지 못한 다른 원리의 2가지 백신을 순차적으로 투여하여 각각의 백신을 보완하는 원리였다. 백신 6회 투여 중 처음 4회는 ALVAC-HIV라는 바이러스 벡터 기반의 백신을 투여하여 3개의 HIV 유래 단백질을 발현하여 세포성 면역을 유도한다. 마지막 2회에는 바이러스 벡터 기반의 백신과 함께 gp120 단백질을 투여하여 gp120에 대한 항체를 함께 유도한다.

2003년에 백신을 투여받은 1만 6,402명의 태국 지원자들을 대상으로 백신 접종 3년 후인 2006년 HIV 감염 여부를 확인해 본 결과, 위약을 투여받은 지원자에서 74명이 HIV에 감염되었지만, 백신 접종자는 51명이 HIV에 감염되었다. 위약군에 비하여 백신을 접종받은 사람에서 HIV에 감염되는 빈도가 31% 감소한 셈이다. 이러한 효과는 기존의 다른 바이러스성 질병에 대한 백신에 비해 현저히 낮은 효과이긴 하지만 지금까지 시도된 HIV 백신이 위약군 대비 전혀 예방 효과를 관찰할 수 없었던 것에 비하면 최초로 HIV 백신이 HIV 감염을 줄일 수 있다는 가능성을 제시했다는 점에서 의의를 갖는다.

그렇다면 백신을 접종받고도 HIV에 감염된 사람과 그렇지 않은 사람들은 면역 반응에서 어떤 차이가 있을까? 후속 연구에서 백신을 접종받고도 HIV에 감염된 사람과 감염되지 않은 사람들이 항체 형성에 어떤 차이가 있는지 분석하였다. 그 결과 HIV의 외피 단백질에서 가장 빈번히 변화하는 영역인 변화영역(V1, V2)에 대한 항체를 형성할수록 HIV에 감염되는 빈도가 떨어진다는 것을 발견하였다. 즉 외피 단백질의 V1, V2에 대한 항체가 형성될수록 HIV 감염을 억제한다는 것을 암시한다. 이 결과는 향후에 보다 효과적인 HIV 백신에 사용될 항원을 디자인하여 효과적인 면역 반응을 유도할 수 있도록 하는데 보탬을 줄 것이다.

새로운 패러다임의 HIV 백신 개발

그동안 HIV 백신 개발을 위해서 시도된 여러 가지 방법이 HIV에 대한 면역을 잘 부여하지 못한다는 것이 확실해지자 연구자들은 HIV가 감염될 때 어떤 면역 반응이 일어나는지를 면밀히 분석하기 시작했다. 이러한 연구를 통해 HIV는 헬퍼 T세포에 감염되어 급격히 증식하기 때문에 일반적인 백신에 의한 면역 반응이 시작될 때는 더 이상 HIV를 막기 힘들다는 것을 알게 되었다. 기존의 백신 방법으로는 HIV의 감염을 억제하기 어렵다는 뜻이다. 그렇다면 HIV의 감염을 막을 수 있는 면역 반응을 유도하려면 어떻게 해야 할까? 일부 연구자들은 HIV의 감염 초기부터 면역 반응이 유도되어야 하며 이를 위해서는 바이러스가 점막으로 침투할 때 점막에서 바이러스에 감염된 세포가 즉각 제거되어야 한다고 생각했다. 이를 위해서는 점막에 존재하는 세포독성 T세포가 활성화되어야 한다.

이러한 면역 반응을 특이적으로 유도하는 사이토메갈로 바이러스를 벡터로 사용하여 원숭이면역 결핍바이러스(SIV) 단백질을 발현하는 백신을 만들었다. 이 백신을 원숭이에 테스트한 결과 백신을 접종받은 원숭이의 약 50%에서 SIV의 감염을 완전히 억제시켰다. 적어도 원숭이에서는 이러한 전략으로 백신을 성공적으로 만들 수 있는 것이다.

그렇다면 사이토메갈로 바이러스를 벡터로 하는 백신을 인간 대상으로도 사용할 수 있을까? 인간을 대상으로 사이토메갈로 바이러스를 벡터로 하는 백신을 만들기 위해서는 사이토메갈로 바이러스의 감염으로 질병이 일어나지 않도록 바이러스를 약독화하는 과정이 필요하다. 사이토메갈로 바이러스에 의한 면역 반응 유도를 방해하지 않으면서도 바이러스의 증식을 억제하여 독성을 나타내지 않는 돌연변이 바이러스에 대한 연구 역시 진행되고 있다.

지금까지 요약한 것처럼 HIV/에이즈에 대한 백신의 개발은 HIV 바이러스가 발견된 1980년대 중반 이후 약 40년간 계속 진행되었지만 아직도 HIV를 예방하는 백신은 개발하지 못했다. HIV/에이즈 백신의 개발이 지지부진한 와중에 HAART 등의 항바이러스 요법의 급속한 발전으로 적어도 선진국에서는 에이즈에 대한 공포가 많이 줄어들었다. 그러나 아직도 전 세계적으로 에이즈는 매년 69만 명 이상의 생명을 빼앗는 매우 중요한 질병이다. 따라서 에이즈를 근절하는 궁극적인 방법이 될 HIV 백신에 대한 연구는 앞으로도 지속적으로 진행할 필요가 있다.

참고문헌

1. The Development of HIV Vaccines https://www.historyofvaccines.org/index.php/content/articles/development-hiv-vaccines
2. Wyatt, R., Kwong, P. D., Desjardins, E., Sweet, R. W., Robinson, J., Hendrickson, W. A., & Sodroski, J. G. (1998). The antigenic structure of the HIV gp120 envelope glycoprotein. *Nature*, 393(6686), 705-711.
3. Gaschen, B., Taylor, J., Yusim, K., Foley, B., Gao, F., Lang, D., ... & Korber, B. (2002). Diversity considerations in HIV-1 vaccine selection. *Science*, 296(5577), 2354-2360.
4. Li, Y., Migueles, S. A., Welcher, B., Svehla, K., Phogat, A., Louder, M. K., ... & Mascola, J. R. (2007). Broad HIV-1 neutralization mediated by CD4-binding site antibodies. *Nature medicine*, 13(9), 1032-1034
5. Rusche, J. R., Lynn, D. L., Robert-Guroff, M., Langlois, A. J., Lyerly, H. K., Carson, H., ... Bolognesi, D. P. (1987). Humoral immune response to the entire human immunodeficiency virus envelope glycoprotein made in insect cells. *Proceedings of the National Academy of Sciences*, 84(19), 6924–6928. doi:10.1073/pnas.84.19.6924
6. Dolin, R., Graham, B. S., Greenberg, S. B., Tacket, C. O., Belshe, R. B., Midthun, K., ... & Karzon, D. T. (1991). The safety and immunogenicity of a human immunodeficiency virus type 1 (HIV-1) recombinant gp160 candidate vaccine in humans. *Annals of internal medicine*, 114(2), 119-127.
7. McCarthy, M. (2003). AIDS vaccine fails in Thai trial. *The Lancet*, 362(9397), 1728. doi:10.1016/s0140-6736(03)14886-6
8. Shiver, J. W., Fu, T. M., Chen, L., Casimiro, D. R., Davies, M. E., Evans, R. K., ... & Huang, L. (2002). Replication-incompetent adenoviral vaccine vector elicits effective anti-immunodeficiency-virus immunity. *Nature*, 415(6869), 331.

9. Rerks-Ngarm, S., Pitisuttithum, P., Nitayaphan, S., Kaewkungwal, J., Chiu, J., Paris, R., ... & Benenson, M. (2009). Vaccination with ALVAC and AIDSVAX to prevent HIV-1 infection in Thailand. *New England Journal of Medicine*, 361(23), 2209-2220.
10. Haynes, B. F., Gilbert, P. B., McElrath, M. J., Zolla-Pazner, S., Tomaras, G. D., Alam, S. M., ... & Liao, H. X. (2012). Immune-correlates analysis of an HIV-1 vaccine efficacy trial. *New England Journal of Medicine*, 366(14), 1275-1286.
11. S. G. Hansen, M. Piatak Jr., A. B. Ventura, C. M. Hughes, R. M. Gilbride, J. C. Ford, K. Oswald, R. Shoemaker, Y. Li, M. S. Lewis, A. N. Gilliam, G. Xu, N. Whizin, B. J. Burwitz, S. L. Planer, J. M. Turner, A. W. Legasse, M. K. Axthelm, J. A. Nelson, K. Früh, J. B. Sacha, J. D. Estes, B. F. Keele, P. T. Edlefsen, J. D. Lifson, L. J. Picker, Immune clearance of highly pathogenic SIV infection. *Nature 502*, 100–104 (2013)
12. Hansen, S. G., Marshall, E. E., Malouli, D., Ventura, A. B., Hughes, C. M., Ainslie, E., ... & Legasse, A. W. (2019). A live-attenuated RhCMV/SIV vaccine shows long-term efficacy against heterologous SIV challenge. *Science translational medicine, 11*(501), eaaw2607.

CORONA VIRUS

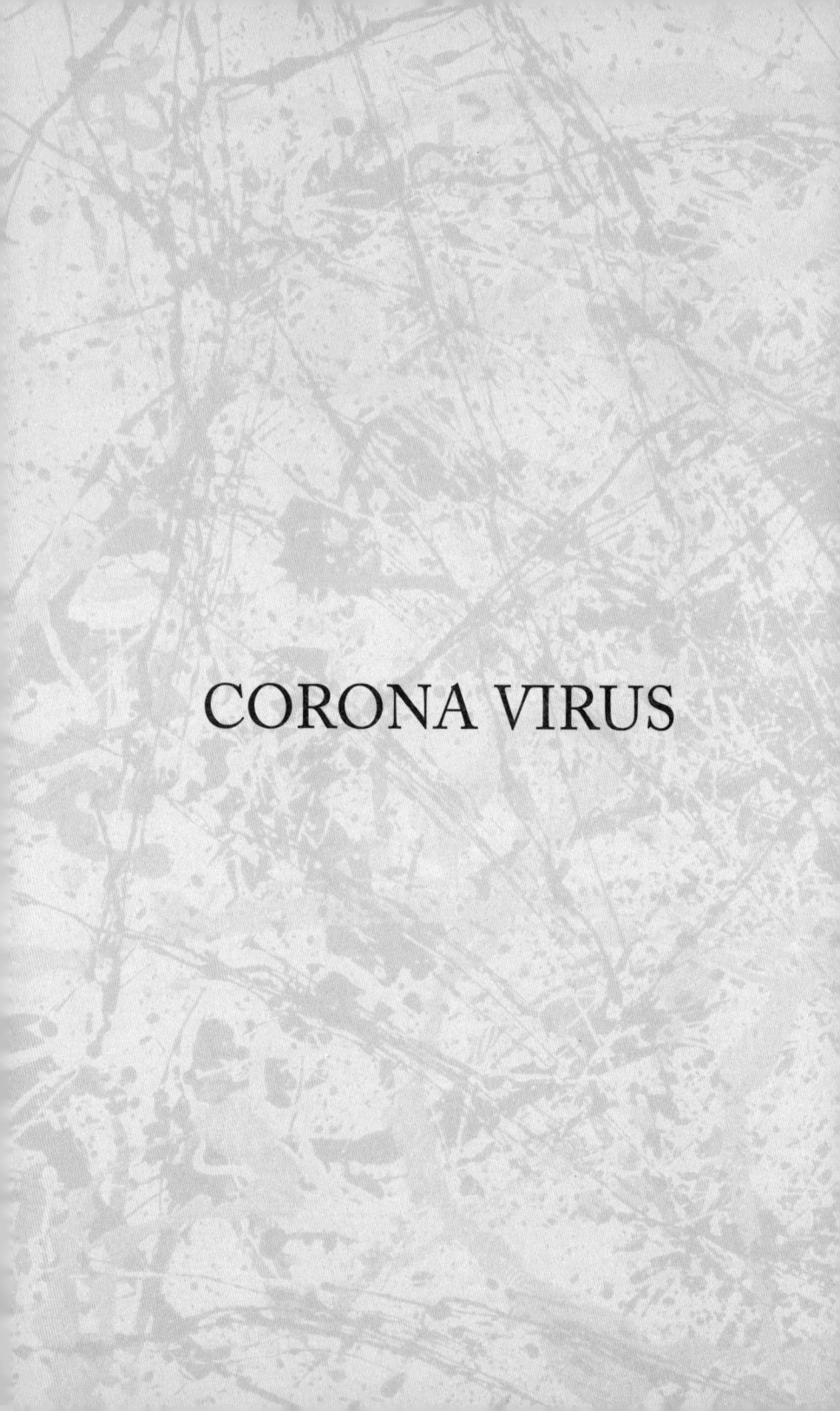

3부

코로나 바이러스

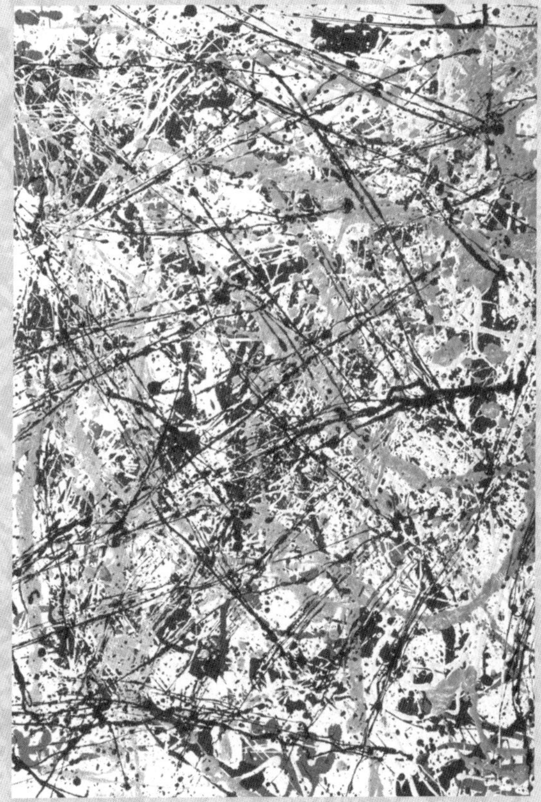

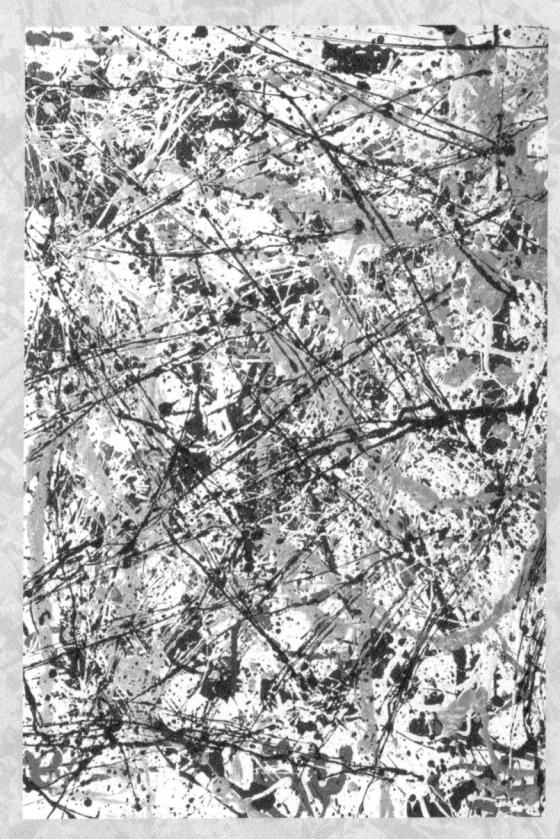

9. 코로나 바이러스의 발견

지금까지 알아본 인플루엔자 바이러스와 HIV, 이에 의해 일어나는 인플루엔자, 에이즈는 오래 전에 병원체가 규명되고 백신이나 항바이러스제제 등 예방 혹은 치료법이 어느 정도 확립된 바이러스성 질병이다. 그러나 인류와 바이러스의 전쟁은 우리가 잘 아는 몇 가지 바이러스와의 전투에서 전세를 유리하게 이끌었다고 종결되었다고 생각하면 오산이다. **인류는 필연적으로 새로운 바이러스와 만나고 그때마다 팬데믹의 형태로 바이러스와 격렬한 전투가 벌어진다.**

3부에서는 21세기에 들어 3번의 국제적인 대유행, 특히 2019년 겨울부터 시작된 전 세계적 팬데믹을 초래한 코로나 바이러스Coronavirus의 발견 과정과 이로 인해서 초래된 사스SARS, 메르스MERS, 코로나19Covid-19에 대해서 알아보도록 한다.

코로나 바이러스의 발견

2021년 전 세계인이 가장 주목하는 바이러스인 코로나 바이러스는 발견 당시 연구자들에게 크게 주목받는 바이러스가 아니었다. 현재 '코로나 바이러스'로 분류하는 바이러스 중 가장 처음 발견된 바이러스는 닭에 전염성 기관지염Infectious Bronchitis을 일으키는 조류 전염성 기관지염 바이러스Infectious Bronchitis Virus, IBV이다. 이 바이러스에 감염된 닭은 100% 전염성 기관지염 증상을 보인다. 주로 생후 2일에서 3주 사이의 병아리에서 발견되며 바이러스에 감염된 닭의 치사율은 상황에 따라 다르지만 40~90%에 달할 정도로 치명적이다.

조류 전염성 기관지염은 1931년 미국 노스다코타North Dakota 주에서 처음 발견되었다. 1936년 이 질병을 유발하는 병원체가 박테리아 여과 필터를 통과하는 병원체, 즉 세균보다 작은 병원체인 바이러스라는 것이 확인되었다. 1937년 이 바이러스를 인플루엔자 바이러스를 배양하여 백신을 만들 때 사용했던 것과 동일한 방법으로 닭 수정란에서 배양할 수 있다는 것도 확

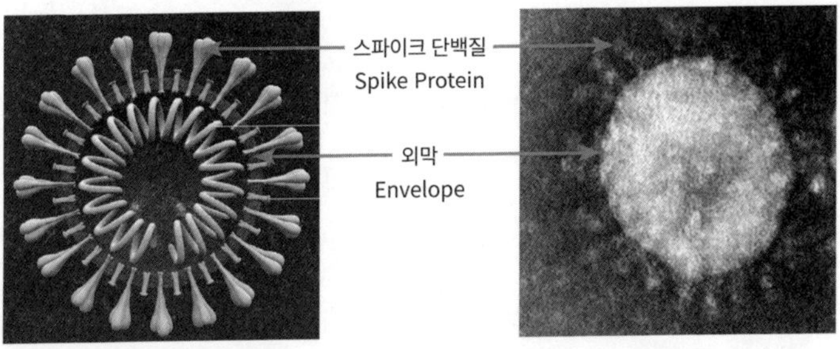

(왼쪽)코로나 바이러스의 모식도와 (오른쪽)전자현미경 사진. 코로나 바이러스는 생체막으로 구성된 외막에 스파이크 단백질이 돌출된 구조를 공통적으로 가진다. 코로나 바이러스의 '코로나 Corona'는 스파이크 단백질이 마치 태양의 코로나와 비슷한 형태를 띠고 있기 때문에 명명되었다.

인되었다. 인플루엔자 바이러스와 마찬가지로 조류 전염성 기관지염 바이러스 역시 수정란에서 장기 배양하면 병원성을 잃었다. 이를 이용하여 병원성을 잃어 약독화된 바이러스를 이용한 백신이 1940년대에 등장하여 조류 전염성 기관지염을 예방할 수 있었다. 조류 기관지염 바이러스는 인간에게 전파되는 바이러스가 아니었고 백신이 개발되어 병을 예방할 수 있게 되자 이 바이러스에 대한 연구자들의 관심도 점점 줄어들었다. 1960년대에는 전자현미경 기술의 발달로 이 바이러스에 대한 새로운 정보가 등장하였다. 시료 주변을 검게 염색하여 전자현미경의 관찰 선명도를 높이는 네거티브 염색법Negative Staining의 개발로 조류 기관지염 바이러스의 구조가 자세히 알려졌다. 조류 기관지염 바이러스는 많은 다른 바이러스와 마찬가지로 생체막으로 둘러싸여 있고 여기에 스파이크 단백질이라고 불리는 단백질이 돌출된 구조를 가졌다.

이후 조류 이외에서도 IBV와 유사한 바이러스들이 여러 동물에서 발견되었다. 1966년 시카고 대학의 연구자인 도로시 함레Dorothy Hamre, 1915~1989는 감기에 걸린 환자로부터 새로운 종류의 바이러스를 발견하여 이를 '229E'라 명명하였다. 1968년 NIH 연구팀 역시 감기 환자로부터 OC43이라고 불리는 바이러스를 발견했는데 이 바이러스를 관찰해보니 스파이크 단백질이 생체막에 돌출되어 있었고 유전 물질이 RNA인 등 IBV와 여러 가지 특징을 공유하고 있었다.

따라서 비슷한 특징을 공유하는 바이러스를 통칭하는 용어가 필요했다. 1968년, 이러한 바이러스를 연구하던 학자들은 논의 끝에 이 바이러스의 이름을 정했다. 이 바이러스의 특징적 형태인 생체막에 스파이크 단백질이 돌출된 구조를 태양 주변의 코로나Corona에 비유하여 코로나 바이러스Coronavirus라고 명명하였고 이들 바이러스들이 포함된 과科를 코로나 바이러스과Coronaviridae라 정의하였다. 코로나 바이러스과에 속한 바이러스는 다시 알파, 베타, 감마, 델타 코로나 바이러스속屬으로 나뉘었다.

이처럼 코로나 바이러스의 분류와 기본적인 구조는 1960~1970년대에 걸쳐 이미 확인되었지만 코로나 바이러스에 대한 관심은 그리 높지 않았다. 물론 인간에서 다른 종류의 코로나 바이러스(229E, OC43)가 발견되었고 이들이 감기를 유발하는 바이러스이긴 했지만, 호흡기 증상은 그리 심하지 않았고 일반적인 감기와 같이 해열제 등을 처방하넌 나았기 때문이다. 주로 코로나 바이러스는 닭, 소 등 가축에서 질병을 일으키는 바이러스로 알려졌다. 그러나 이것이 코로나 바이러스와 인류의 첫만남이었을까? 21세기 들어 코로나 바이러스에 의한 질병들이 큰 피해를 초래하면서 코로나 바이러스에 대한 관심이 높아졌다. 이에 따라 이전의 대유행 중에도 코로나 바이러스 때문에 일어난 것이 있지 않을까 하는 추측을 하기 시작했다.

1889~1890년 '인플루엔자 팬데믹', 사실은 코로나 바이러스 때문이었나?

앞서 설명했듯이 인플루엔자를 일으키는 병원체인 인플루엔자 바이러스는 1930년대 중반에야 발견되었지만 '인플루엔자'로 알려진 질병은 1918년 대유행 이전에도 있었다. 특히 1889~1890년에 유행했던 '러시아 독감'으로 알려진 인플루엔자 팬데믹은 전 세계 약 15억 명이 감염되었을 것이라 추정하고 약 100만 명의 사망자를 냈다고 추정한다. 당시의 팬데믹은 1889~1890년에 가장 피해가 컸지만 1891, 1892, 1893년에 재발생하였고 1895년 초반까지도 발생이 보고되었다.

그러나 당시에는 이 팬데믹이 인플루엔자 바이러스에 의해서 일어났는지 정확히 알 수 없었다. 인플루엔자 바이러스는 1930년대 처음 분리되었으므로 1889년에는 인플루엔자를 일으키는 병원체에 대해 확인할 수 있는 기술이 없었다. 주목할 만한 것은 1889년의 팬데믹은 1918년의 팬데믹과 양상이 크게 달랐다는 점이다. 1918년의 인플루엔자 팬데믹은 젊은층에서 많은 사망자를 냈지만 1889년의 팬데믹은 주로 노인층에서 사망자가 나왔고 젊은층에서는 거의 사망자가 나오지 않았다. 이렇게 확연하게 다른 병리학적 특성만으로도 1889년의 바이러스와 1918년의 인플루엔자 팬데믹은 다른 종류의 바이러스였다 추측할 수 있다. 그렇다면 1889년의 팬데믹을 일으킨 바이러스는 다른 종류의 인플루엔자 바이러스였을까? 아니면 호흡기 질환을 일으키는 코로나 바이러스 같은 바이러스였을까? 1889년 팬데믹을 일으킨 바이러스의 샘플은 남아 있지 않으므로 우리가 이 바이러스가 어떤 바이러스인지를 확인하는 것은 불가능하다. 그러나 1889년의 팬데믹을 일으킨 바이러스가 감기 환자에서 지금도 흔하게 발견되는 코로나 바이러스인 OC43의 선조였을 것이란 가능성이 2005년 제시되었다.

2005년 벨기에의 루벤 대학 연구팀은 인간에게서 흔히 발견되는 코로나 바이러스 OC43의 염기서열을 결정하였다. 이들은 인간 코로나 바이러스 OC43가 소 코로나 바이러스Bovine Coronavirus 사이의 아미노산 일치도가 약 98.8%로 유사한 것을 발견했다. 이 결과로 소 코로나 바이러스와 인간 코로나 바이러스는 그리 멀지 않은 시점에 같은 조상에서부터 갈라져 나왔을 것이라 추측할 수 있다.

그렇다면 인간 코로나 바이러스 OC43과 소 코로나 바이러스가 갈려나온 시점은 언제일까? 서로 다른 시기에 발견된 여러 소 코로나 바이러스의 서열을 분석하여 소 코로나 바이러스에 돌연변이가 생기는 속도를 계산하여 인간 코로나 바이러스 OC43과 현재 발견된 소 코로나 바이러스의 서열간 차이를 분석하여 분기 시점을 추정해보니 1890년대였다. 1890년은 '인플루엔자 팬데믹'이라고 지금까지 생각했던 호흡기 질환의 대유행이 한창이던 시절이다. 혹시 이 팬데믹이 소 코로나 바이러스가 인간에 건너와 일어난 것은 아닐까? 1889~1890년 팬데믹이 1918년의 인플루엔자 팬데믹과 현격히 달랐고, 오히려 2019년에 일어난 코로나19와 증상이 상당히 유사하다는 것을 생각하면 이 가설에 어느 정도 힘이 실린다. 물론 이것을 확증할 결정적인 증거는 없다.

만약 1889년의 팬데믹이 당시 인류가 접하지 않았던 소 코로나 바이러스가 인간에게 처음 전파되어 일어났다고 가정한다면, 새롭게 전파된 바이러스가 어떻게 인간에게 전파되고 어떻게 인간이 면역을 가지게 되었는지를 추정해 볼 수 있다. 1889~1890년에 시작된 팬데믹은 이후 몇 년간 겨울이면 계속 발생하였고, 더 이상 대유행으로 번지지 않게 된 1895년에는 아마 거의 모든 인류가 코로나 바이러스에 감염되어 어느 정도의 면역을 얻었을 것이다. 그러나 코로나 바이러스는 계속하여 돌연변이를 일으켜 인간의 면역을 피해 증식한다. 그렇지만 이전에 비해서는 그리 심하지 않은 증상을 나타나게 되었고 지속적인 돌연변이와 인간 면역에 의해서 감기를 일으키는 흔한 바이러스가 되었다. 인간의 생태계에 처음 상륙한 코로나 바이러스에 대응할 면역 기억이 없을 때에는 큰 피해를 입혔다. 하지만 인간이 여기에 대한 면역을 갖추게 되자 바이러스는 점점 독성이 약하고 가벼운 증상을 내는 쪽으로 진화했을지도 모른다. 그 결과 흔한 감기 바이러스가 되어 인간에게 전파된지 100년이 넘도록 계속 인간과 같이 공존하였을지도 모른다.

어쩌면 코로나 바이러스에 의한 팬데믹은 인류가 21세기에 처음 경험한 일이 아니며, 적어도 인류 역사에서 적어도 수차례 반복되어 온 일일지도 모른다. 인간에게 흔히 발견되는 코로나 바이러스가 적어도 4종 이상 있다는 것을 생각한다면 더더욱 그렇다. 그러나 잠시 소외되었던 코로나 바이러스에 대한 관심은 2002년 11월 중국에서 발견된 폐렴 환자 이후 급증하게 되었다.

참고문헌

1. Schalk, A. F. (1931). An apparently new respiratory disease of baby chicks. *Am. Vet. Med. Assoc.*, 78, 413-423.
2. Beach, J. R., & Schalm, O. W. (1936). A filterable virus, distinct from that of laryngotracheitis, the cause of a respiratory disease of chicks. *Poultry Science*, 15(3), 199-206.
3. Beaudette, F. R. (1937). Cultivation of the virus of infectious bronchitis. *Am. Vet. Med. Assoc.*, 90, 51-60
4. Berry, D. M., Cruickshank, J. G., Chu, H. P., & Wells, R. J. H. (1964). The structure of infectious bronchitis virus. *Virology*, 23(3), 403-407.
5. Hamre, D., & Procknow, J. J. (1966). A new virus isolated from the human respiratory tract. *Proceedings of the Society for Experimental Biology and Medicine*, 121(1), 190-193.
6. Almeida, J.D., Berry, D.M., Cunningham, C.H., Hamre, D., Hofstad, M.S., Mallucci, L., McIntosh, K., Tyrrell, D. (1968) Coronavirus, *Nature* 220, 6505.
7. Vijgen, L., Keyaerts, E., Moës, E., Thoelen, I., Wollants, E., Lemey, P., ... & Van Ranst, M. (2005). Complete genomic sequence of human coronavirus OC43: molecular clock analysis suggests a relatively recent zoonotic coronavirus transmission event. *Journal of virology*, 79(3), 1595-1604.

10. SARS/MERS

가축 질병을 일으키는 바이러스, 혹은 감기를 일으키는 흔한 바이러스 정도로 생각되었던 코로나 바이러스가 심각한 공중보건적인 위협이 되었다. 계기는 2002년 말 중국에서 발생한 전례 없는 폐렴 증상을 보이는 환자의 등장이었다.

사스SARS: 중증 급성 호흡 증후군

2002년 11월 중국 광둥성 포산시에서 폐렴 증상을 가진 환자들이 다수 발견되었다. 처음에는 고열, 기침, 호흡 곤란 등 흔히 감기에서 볼 수 있는 증상을 보였으며 일부 환자들에서 설사가 나타났다. 그러나 며칠 내에 회복되는 감기와는 달리 증상이 2주 이상 지속되고 호흡 곤란 증상이 나타났으며 일부 환자들에서는 여러 기관이 동시에 망가지는 다기관 부전증으로 진행되어 사망자를 냈다. 이 증상은 전염성이 있었으며 곧 광둥성의 제일 큰 도시인 광저우로 확산되어 약 800명의 환자가 생겼다. 기존에 관찰하지 못했던 새로운 전염병이 발생하면 이의 전파를 막기 위하여 WHO 등에 즉각 통보하여 국제적인 확산을 막아야 하는 것이 현대 국가의 기본 의무이다. 그러나 중국 정부는 이듬해인 2003년 2월까지 WHO에 아무런 통보를 하지 않았으며 광둥성 내에 새로운 전염병이 퍼지고 있다는 정보가 광둥성 밖으로 알려지지 못하도록 보도 역시 통제하였다. 결국 전염병 발생을 알고도 이를 은폐한 중국 정부의 무책임한 조치 때문에 이 전염병은 중국 밖으로 퍼지게 되었다.

2003년 2월, 광둥성에서 발생된 질병이 홍콩에 전파되었다. 홍콩에 이 전염병을 처음 전파시킨 사람은 중국 광저우 중산 기념병원에서 근무하던 65세의 의사였다. 그가 근무하던 병원에 입원한 환자로부터 같은 병원의 의료진 30명이 감염되었다. 그는 가족 만남 차 홍콩의 메트로폴 호텔에 투숙하였고 같은 호텔 투숙객 17명에게 질병을 전파시켰다. 호텔에서 감염된 투숙객 중 베트남, 싱가폴, 캐나다에서 온 사람들이 본국으로 돌아가

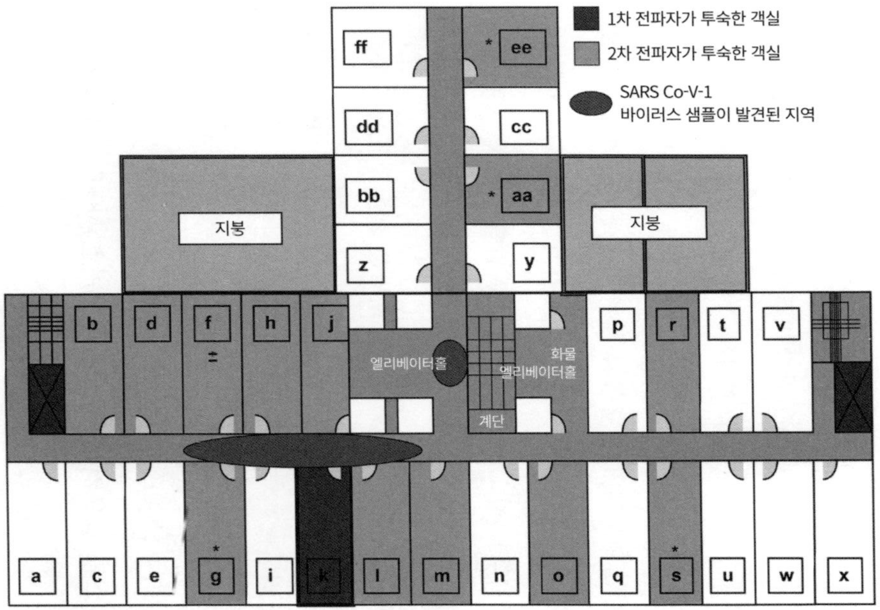

홍콩에서 사스의 집단 감염이 시작된 메트로폴 호텔의 평면도. 광둥성에서 감염된 1차 전파자가 투숙한 객실 같은 층의 투숙객들이 다수 감염되었다. 전파자가 직접 방문한 객실 (++) 외에도 주변 객실의 투숙객들이 감염되었으며 복도와 엘리베이터홀에서 바이러스 샘플이 검출되었다. 2명 이상이 감염된 객실(*)도 존재했다.

2차 감염을 유발하였다.

집단 감염이 시작된 홍콩의 메트로폴 호텔 평면도를 보면 이 질병이 얼마나 감염력이 높은지 짐작할 수 있다. 같은 층 옆 객실에 투숙하고 있던 사람들이 많이 감염되었으며, 엘리베이터홀이나 복도를 통하여 1차 감염자와 비교적 멀리 떨어진 객실에 투숙한 사람들도 감염되었다. 환자와 직접적인 접촉이 없이 공기 중에 있는 병원체에 의해서 많은 사람들에게 감염하는 매우 전파력이 강한 병원체였다. 홍콩과 세계 각국에서 본격적으로 질병이 전파되고 폐렴 등 비슷한 증상을 가지는 환자들이 속속 등장하자 2003년 3월 12일 WHO는 신종 전염병에 대한 경고를 발령하여 이 전염병의 원인을 규명하는 국제적인 노력이 시작되었다. 2003년 3월 15일, WHO는 이 질병을 중증 급성 호흡 증후군Severe Acute Respiratory Syndrome으로 명명하였다. 우리가 지금 '사스SARS'라 부르는 질병에 정식 이름이 붙은 것이다.

사스를 일으키는 코로나 바이러스SARS-CoV의 발견

먼저 '사스'를 일으키는 병원체에 대한 탐색이 시작되었다. 이 책의 앞에서 알아본 것처럼 인플루엔자 바이러스의 병원체는 1918년의 인플루엔자 팬데믹 이후 10여 년 뒤에나 알려졌고, 비교적 빨리 병원체가 알려진 HIV의 경우에도 질병의 확인부터 병원체가 확인될 때까지 1~2년 정도의 시간이 걸렸다. 그러나 사스를 일으키는 병원체는 이전과 비교하기 힘들 만큼 신속하게 발견되었다. 환자들에게서 공통된 신종 코로나 바이러스를 발견하였으며 27.9kb 길이의 RNA로 된 새로운 코로나 바이러스 유전체 정보가 2003년 4월 완성되었다. WHO는 2003년 4월 16일, 사스를 일으키는 원인 병원체가 이 코로나 바이러스임을 발표하였으며 이 바이러스를 '사스 코로나 바이러스SARS-CoV'라 부르기로 하였다. 이 바이러스는 기존에 인간과 동물에서 발견된 코로나 바이러스와는 유사성이 매우 떨어지는 새로운 종류의 코로나 바이러스였다. 1960년대 발견된 인간 코로나 바이러스인 OC43은 소 유래의 코로나 바이러스와 염기서열이 약 96.6% 일치한다. 그러나 이들 코로나 바이러스와 SARS-CoV의 염기서열 일치도는 약 43%정도밖에 되지 않는, 매우 특성이 다른 코로나 바이러스였다.

그렇다면 어떻게 이렇게 빨리 SARS-CoV의 정체를 규명할 수 있었을까? 이전과는 달리 2003년에는 휴먼 게놈 프로젝트 덕분에 발전한 유전체 분석 기술로 신속하게 바이러스의 유전체를 분석할 수 있었다. 게다가 미세한 양의 바이러스 유전 정보를 증폭하는 PCR 등의 기술로 적은 양의 검체 시료에서도 새로운 병원체의 존재 여부를 검출할 수 있었다. 이전에는 바이러스 진단

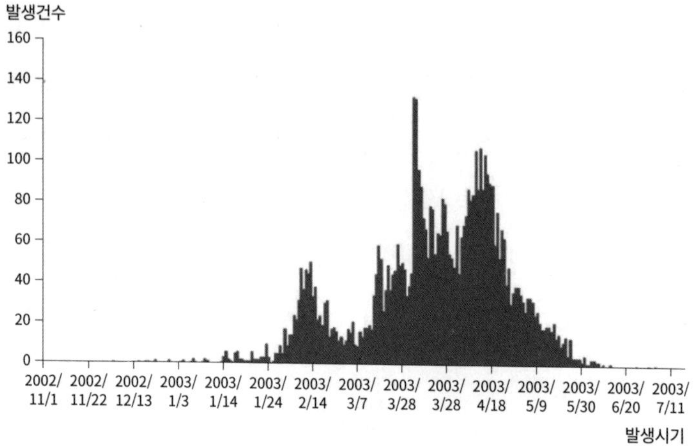

2002년 11월부터 2003년 7월까지 전 세계 사스 발생 상황. (집계 건수 5,910건. 중국에서 발생한 2,527건은 정확한 발생 날짜가 알려져 있지 않으므로 생략함).

을 위해 항체에 기반한 분석법을 사용했으나 (이는 현재도 신속 진단 키트 등에 사용된다) 민감도와 정확도는 훨씬 떨어졌다. 그러나 바이러스에 감염된 미량의 유전 정보를 증폭하여 바이러스의 종류를 알아내는 PCR 기반 진단법이 개발되었고 병원체에 감염된 환자를 신속하고 정확하게 판별할 수 있었다. 신속한 병원체 확인과 검사법의 확립 및 환자의 격리 추적 등 본격적인 방역 활동이 시작되자 사스의 확산은 멈추었다. 사스의 경우 증상이 나타나지 않은 잠복기 환자는 그리 감염력이 높지 않았고 발열 등의 증상이 심해질수록 감염력이 증가했다. 따라서 발열 등의 증상을 보이는 사람을 격리하는 등의 수단으로 광범위의 확산을 효과적으로 차단할 수 있었다. 2003년 7월까지 전 세계적으로 8,422명의 환자가 보고되었고 이중 916명이 사망하여 환자 대 사망자로 계산되는 치명률은 11%에 달했다. 1918년 인플루엔자 팬데믹의 추성 치명률이 2~3%, 그 이후의 인플루엔자 팬데믹에서는 전체 감염자 중 0.2% 미만이 사망한 것에 비하면 사스의 치명률은 매우 높았다.

그러나 다행히도 사스는 인플루엔자처럼 광범위하게 전파되지 않았던 관계로 이에 따른 인명피해는 훨씬 적었다. 특이하게도 2003년 7월 마지막 사스 감염자가 보고된 이후 2021년 현재까지 SARS-CoV에 의한 질병은 다시 나타나지 않았다. 엄청나게 전파력이 높았던 바이러스 SARS-CoV가 2003년 여름 이후에 자취를 감춘 이유는 아직 정확히 알려져 있지 않다.

그렇다면 신종 코로나 바이러스는 어떻게 인간에게 전파되었을까? 중국 광둥성에서 최초로 발견된 사스 환자 중에는 해당 지역 야생동물과 접촉 기회가 있었던 사람들이 있었다. 게다가 야생동물을 잡아먹는 풍습 때문에 야생동물 유래의 바이러스가 전파된 것이 아닌가 하는 가설이 세워졌다. 실제로 그 이후 광둥성의 시장에서 판매되던 히말라야 시벳Civet, 패럿 등에서 SARS-CoV와 유사한 코로나 바이러스가 발견되었다. 그러나 단순히 유사한 바이러스가 시장에서 팔리는 동물에서 검출되었다고 이 동물이 바이러스 숙주인지 아니면 중간 매개체인지 확인하는 것은 2003년 당시에는 어려운 일이었다. 2004년 말굽박쥐Horseshoe Bat에서 SARS-CoV와 유사한 바이러스가 여러 종류 발견되었다. 이들 바이러스는 '사스 유사 코로나 바이러스SARS-Like-CoV'로 명명되었다. 박쥐에서 발견된 바이러스는 다른 동물에서 발견된 코로나 바이러스에 비해 SARS-CoV와 유사했지만 박쥐에서 발견된 여러 코로나 바이러스 간의 차이는 시벳이나 인간에서 발견된 SARS-CoV 유사 바이러스보다 훨씬 컸다. 이러한 바이러스는 중국, 동남아, 유럽 등 다양한 지역의 박쥐에서 두루 발견되었다. 이러한 증거들을 두루 검토한 결과, 박쥐에는 원래 다양한 종류의 코로나 바이러스가 서식하며 여러 박쥐 유래 코로나 바이러스 중 한 종류가 시벳을 거쳐서 시장을 통해 인간에게 전파된 것으로 현재 추정한다. 박쥐는 SARS-CoV를 포함한 많은 코로나 바이러스의 '저장소' 역할을 하는 셈이다.

그렇다면 박쥐는 왜 이렇게 다양한 종류의 코로나 바이러스를 가질까? 특기할 만한 점은 코로나 바이러스가 검출된 대부분의 박쥐는 특별히 병 증세를 보이지 않았다. 그렇다면 박쥐는 왜 코로나 바이러스에 감염되어도 별다른 병증이 나타나지 않을까? 이를 이해하기 위해서는 먼저 SARS-CoV 등의 바이러스가 인간에게 어떻게 중증 급성 호흡 증후군과 같은 병리현상을 일으키는지를 알아야 한다. SARS-CoV 바이러스는 2003년 없어진 이후 다시 나타나지 않았지만 SARS-CoV의 병리 기전에 대해서는 그후 많은 연구가 진행되었다.

사스의 생물학적 병리 기전

일단 SARS-CoV는 어떻게 세포 내로 침투할까? 2003년 SARS-CoV가 원숭이 신장 유래 배양세포주인 베로Vero세포에서 잘 자라는 것이 알려졌다. 베로 세포를 이용하여 바이러스가 세포에 감염하기 위하여 세포의 어떤 단백질을 수용체로 이용하는지 찾기 시작하였다. 세포막 단백질인 안지오텐신 변환효소 2 Angiotensin-Converting Enzyme 2, ACE2와 SARS-CoV 표면에 있는 스파이크 단백질의 결합이 SARS-CoV가 세포에 감염하는 기작의 시작이라는 것이 밝혀졌다. 즉 HIV가 헬퍼 T세포의 CD4를 수용체로 감염하는 것처럼 SARS-CoV는 ACE2를 수용체로 하여 세포 내로 침투한다. 일단 수용체와 결합하여 세포 내로 침투한 SARS-CoV는 세포내흡수Endocytosis 과정을 통해서 엔도솜Endosome 형태로 세포 안으로 이동한다. 엔도솜의 pH가 낮아져 산성화되면 바이러스 입자의 외피가 벗겨지는 '언코팅uncoating'이 일어나면 바이러스 입자 내부의 바이러스 RNA가 세포질 내로 방출된다. 방출된 RNA는 단백질로 번역되어 바이러스의 복제에 필요한 복제/전사 복합체 및 단백질 분해효소를 만든다. 바이러스의 스파이크 단백질 등을 만들기 위하여 바이러스 RNA를 주형으로 서브게놈 RNASubgenomic RNA•를 만드는 전사, 번역 과정이 일어나고 바이러스 RNA는 프리게놈 RNAPregenomic RNA••를 거쳐서 다시 복제된다. 바이러스의 모든 구성물이 완성되면 다시 엔도솜에서 바이러스가 조립되고, 완성된 바이러스는 바

• SARS-CoV는 약 2만 7,000bp 길이의 RNA 바이러스로, 세포 내에 들어간 이후 단백질을 생성하기 위하여 별도의 추가적인 RNA를 만든다. 특히 스파이크 단백질과 같이 바이러스를 구성하는 핵심 단백질을 만드는 영역은 별도의 짧은 RNA를 만들어 여기서부터 단백질이 합성한다. 이렇게 RNA 유전체보다 짧게 합성된 RNA를 서브게놈 RNA라고 부른다.

•• SARS-CoV는 한 가닥의 RNA로 되어 있다. 그러나 모든 DNA/RNA는 복제되기 위해서는 일단 원래 가닥을 주형으로 하여 복사본을 만들어 실제 단백질을 만드는 정보와는 상보적인 관계를 가지는 서열을 만든다. 이러한 복사본을 프리게놈 RNA라고 하며 이 복사본을 주형으로 다시 복제본 RNA를 합성한다.

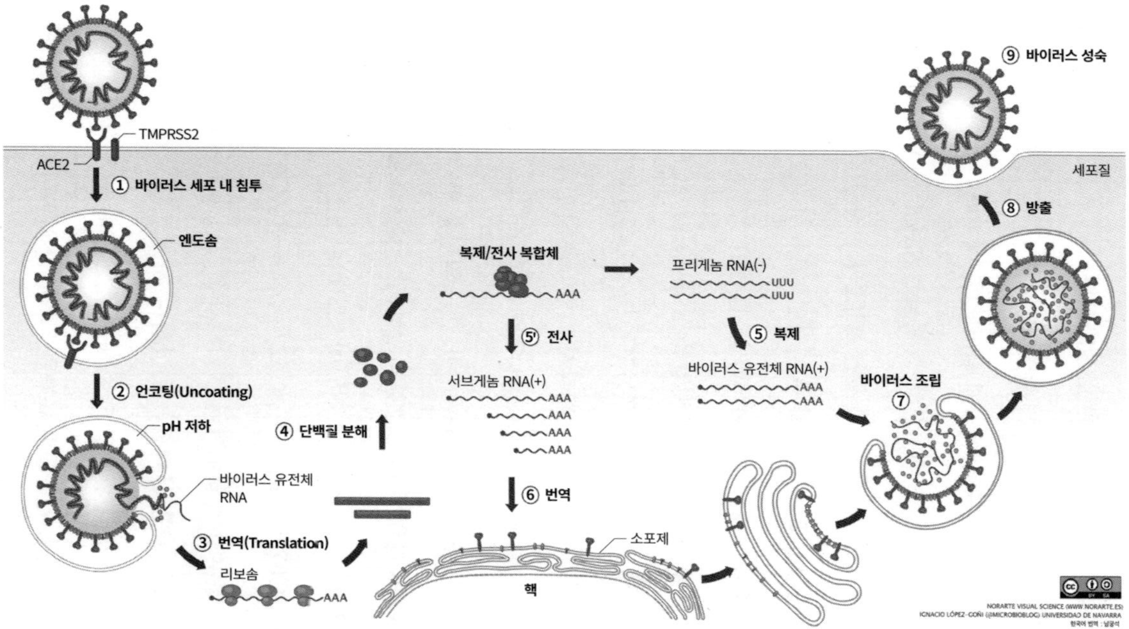

SARS-CoV 의 생활 주기. SARS-CoV는 세포 표면의 ACE2를 수용체로 세포내흡수 과정을 통하여 침투한다. 세포질 내에서 바이러스의 구성 성분인 RNA와 단백질을 만든 후 흡수 과정의 역순으로 방출된다.

이러스가 침투한 과정인 세포내흡수 과정의 역순인 세포외방출 Exocytosis을 거쳐서 세포 외부로 방출된다.

그렇다면 SARS-CoV에 감염되면 겪는 주된 병증인 폐 손상 및 급성 호흡 곤란증은 어떻게 일어날까? 여기에는 여러 가지 기전이 복합적으로 관여한다. 이중 하나는 SARS-CoV가 세포 내로 침투할 때 사용하는 수용체인 ACE2와 관련있다. ACE2는 몸속에서 혈압을 조절하는 주된 기전인 레닌-안지오텐신 시스템의 구성 요소이다. 몸속에서 안지오텐신 II 호르몬을 만들면 이 호르몬은 동맥을 수축시켜 혈압을 상승시킨다. ACE2 는 안지오텐신 II에 작용하여 안지오텐신 II를 안지오텐신 1-7로 변환하고 안지오텐신 1-7은 혈관을 확장시켜 혈압을 낮춘다. 폐동맥 고혈압은 호흡곤란과 폐 손상을 유발하는데 ACE2의 혈압 하강 효과는 이러한 호흡 곤란과 폐 손상을 막는 역할을 한다. SARS-CoV가 ACE2와 결합하여 폐 세포로 침투하면 감염된 폐 세포에서는 ACE2의 생성이 낮아지고 전반적으로 바이러스가 감염된 폐 조직에서 ACE2가 감소한다. ACE2가 감소하면 ACE2가 수행하는 혈압 하강 효과가 감소하여 폐동맥 고혈압이 유발되고, 이는 폐 손상과 급성 호흡 곤란증을 유발한다. SARS-CoV 바이러스 감염에 수반된 면역 반응인 염증 반응도 폐를 손상시킨다. 홍콩에서 발생한 사스 환자를 치료하던 의료진들은 바이러스에 감염된 환자들 중 체내 바이러스 양은 줄지만 호흡 곤란이나 폐 손상 등의 증상은 더욱 심해지는 것을 자주 관찰하였다.

이러한 현상은 결국 바이러스 감염에 의한 과다한 면역 반응 때문이다. 5장에서 설명한 것처럼 바이러스와 같은 병원체의 침투는 1차적으로 선천성 면역계가 감지하여 이에 대항하기 위하여 사이토카인을 신호로 내보내 면역계가 활성화한다. SARS-CoV에 감염된 환자는 감염 초기에 IL-1β, IL-8, IL-6, CXCL10 같은 사이토카인이 급격히 증가한다.

그러나 질병에서 회복된 환자와, 증세가 더욱 심해져서 결국 사망에 이른 환자의 반응에는 큰 차이가 있었다. 질병에서 회복된 환자는 감염 후 시간이 지나면 사이토카인이 감소하여 선천성 면역 반응이 줄고 대신 항체 형성 등의 후천성 면역으로 전이하여 바이러스를 극복한다. 반면 사망한 환자들은 계속 높은 수준의 사이토카인을 유지하고 폐 손상 등이 점점 심해져 장기가 제 기능을 잃었다. 즉 병원체에 대한 1차 방어 기전인 선천성 면역에서 후천성 면역으로 순조롭게 넘어가지 않고, 계속 높은 수준의 선천성 면역이 유지되어 폐 조직 손상이 일어났다. 가령 사이토카인 중에 염증 반응을 유발하는 사이토카인 IL-1β가 과도하게 분비되면 염증이 심화되고 조직이 섬유화된다. 또 바이러스에 감염된 세포에서 세포 사멸 신호를 전달하는 종양괴사인자 TNF는 바이러스의 증식을 막지만 TNF가 지나치게 높아지면 바이러스에 감염되지 않은 세포까지 사멸되어 조직이 손상된다. 즉

바이러스 감염으로부터 어느 정도 시간이 지난 후에 선천성 면역 반응이 통제되지 않으면 오히려 병을 악화시켜 사망에 이르게 하는 주된 원인이 되는 것이다.

사실 선천성 면역으로 시작하여 후천성 면역으로 전환되는 정상적인 면역 반응이 일어나서 바이러스가 통제되면 이론적으로는 폐 손상과 중증 급성 호흡증후군으로 이어지지 않는다. 그러나 과학자들은 SARS-CoV가 선천성 면역을 회피하여 초기의 바이러스 조기 탐지를 피하는 것을 발견하였다. 그렇다면 SARS-CoV는 어떻게 선천성 면역을 회피할까?

선천성 면역을 회피하는 SARS-CoV

일단 이를 이해하기 위해서는 선천성 면역계가 어떻게 바이러스의 감염을 감지하는지를 다시 한 번 복습할 필요가 있다. 후천성 면역의 경우 세포 표면의 항체(B세포)나 MHC에 전시된 바이러스 단백질 조각(T세포)을 인식하여 바이러스 감염을 인지한다. 그러나 선천성 면역계는 외부 병원체의 침투를 정상적인 세포에는 존재하지 않고 바이러스에만 존재하는 분자인 '병원체 연관 분자 유형'을 통하여 식별한다.(5장)

일반적인 세포에는 이중나선 RNA가 존재하지 않지만

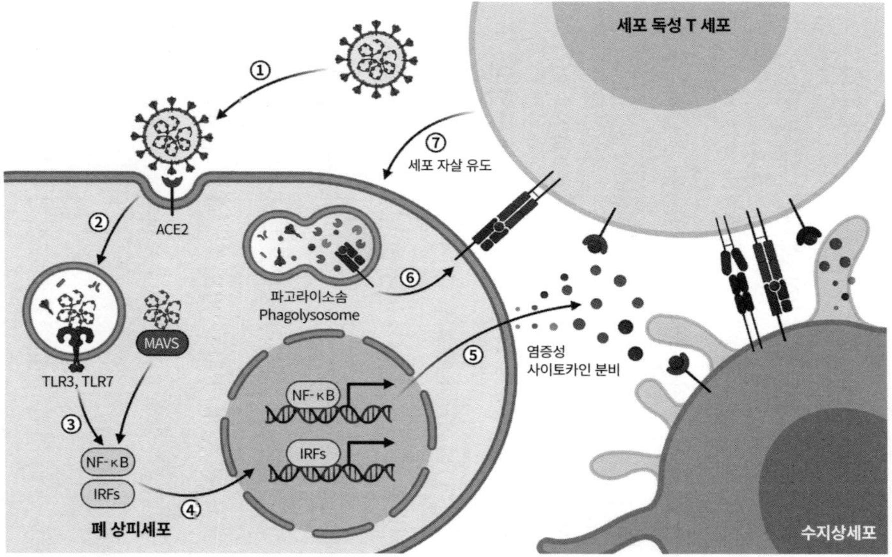

코로나 바이러스 감염에 의한 면역 반응 유도. 폐 상피세포 표면의 ACE2를 통하여 침투한 SARS-CoV 등의 코로나 바이러스는 엔도솜을 통하여 침투한다 이때 바이러스의 RNA는 톨 유사 수용체의 일원인 TLR3, TLR7에 의해서 인식된다. 바이러스를 함유하고 있는 소낭에서 세포질로 흘러나온 바이러스는 또 다른 바이러스 센서인 MAVS에 의해 인식된다. 선천성 면역계에 감지된 바이러스 침투의 신호는 선천성 면역계의 마스터 조절인자인 NF-κB를 활성화하고 NF-κB는 염증성 사이토카인을 세포 밖으로 분비한다. 분비된 염증성 사이토카인은 수지상세포 등에 의해서 인식되고, 수지상세포에 의해서 활성화된 세포 독성 T세포는 세포 표면에 1형 MHC에 결합되어 전시된 코로나 바이러스 유래 단백질 조각을 인식하여 바이러스가 감염된 폐 상피세포를 공격하여 죽인다. 선천성 면역계에 의한 바이러스 인식 및 자극은 바이러스가 침투한 직후 일어나지만, 세포 독성 T세포에 의한 후천성 면역은 바이러스 감염 후 며칠 뒤에나 일어난다.

SARS-CoV와 같이 유전체가 RNA인 바이러스는 증식할 때 이중나선 RNA를 형성한다. 따라서 세포 안에서 이중 나선 RNA가 발견되면 이것은 바이러스가 존재한다는 신호로 간주하여 선천성 면역을 개시한다. 또 세포의 mRNA는 시작 부분에 캡Cap이라는 화학구조물이 있지만 바이러스 유래 RNA는 캡이 없다. 캡이 없는 RNA 역시 바이러스의 침투 신호로 인식한다. 이렇게 세포 내에서 바이러스 유래 생체 분자가 발견되면 이들을 검출하는 단백질은 선천성 면역의 주 조절인자인 전사인자 NF-κBNuclear factor-κB를 활성화시킨다. NF-κB는 여러 가지 사이토카인과 인터페론이 세포 내에서 만들어지게 하는 '스위치'처럼 작동하여 염증 반응을 촉진시킨다. 바이러스에 감염된 세포가 분비하는 사이토카인과 인터페론은 주변의 면역세포를 활성화시키고 세포 내에서 바이러스에 저항성을 가지는 유전자들을 만들게 한다. 즉 하나의 세포가 바이러스 침입을 감지하면 그 신호가 사이토카인과 인터페론이라는 '전령'을 보내 다른 세포로 신호를 전달하고 바이러스 침입에 대비한다. 선천성 면역계가 제대로 작동하면 질병이 중증으로 갈 일도 별로 없다.

그러나 SARS-CoV는 여러 가지 방법으로 선천성 면역 반응의 개시를 회피한다. 일단 SARS-CoV의 RNA는 다른 바이러스들과는 달리 생체막으로 둘러싸인 소낭Vesicle 안에서 복제된다. 세포질 내에서 이중나선 RNA를 찾는 센서 역할을 하는 단백질

RIG-I이나 MDA5는 소낭 안에서 복제된 이중나선 RNA를 쉽게 만날 수 없으므로 이들을 검출하기 어렵다. 이에 더불어 SARS-CoV의 유전자에는 SARS-CoV의 mRNA에 캡 구조물을 달아서 바이러스에서 전사된 mRNA라 인식되는 것을 피하게 만드는 유전자도 있다. 이외에도 SARS-CoV는 선천성 면역계의 신호 전달 과정을 방해하는 여러 단백질을 가졌다.

SARS-CoV가 선천성 면역 반응을 회피하는 능력을 가졌기 때문에 SARS-CoV에 감염되어도 바로 증세가 나타나지 않고 약 5일 정도 잠복기를 갖는다. (바이러스에 감염되자마자 바로 열 등의 증상을 보이는 것은 선천성 면역계가 바이러스를 발견하여 염증 반응을 활성화시키기 때문이다.) 잠복기 동안 선천성 면역 반응을 회피하며 바이러스의 숫자를 늘리는 것이다. 이러한 독특한 특성 때문에 선천성 면역계가 바이러스를 검출한 때는 이미 선천성 면역 반응만으로 바이러스를 퇴치할 수 없을 만큼 바이러스가 많이 증식되어 있는 상태이고, 뒤늦게 선천성 면역 반응이 일어나봐야 선천성 면역의 부작용만 증폭시키는 셈이다.

2003년 감염자의 치명률이 11%에 달하는 SARS-CoV가 창궐한 이후 이 바이러스에 대한 관심이 높아져서 많은 연구가 진행되었다. 하지만 2003년 7월 이후 SARS-CoV의 신규 발생 사례는 보고되지 않았고, 이 바이러스의 백신이나 치료제에 대한 관심도 떨어졌다. 사실 바이러스의 발생이 전혀 나타나지 않는 상황에서는 백신을 개발해도 이 백신이 실제로 바이러스 감염을 막아주는지 임상 시험으로 확인할 수 없기 때문에 연구개발 자체가 어려워진 셈이다.

그러나 2012년 사우디아라비아에서 기존에 발견되지 않았던 새로운 종류의 코로나 바이러스가 발견되면서 코로나 바이러스에 대한 관심이 다시 되살아났다.

메르스MERS와 MERS-CoV

2012년 급성 폐렴과 신장 파열 등의 증상을 보이다 사망한 사우디아라비아의 환자에서 새로운 종류의 코로나 바이러스가 발견되었다. 이 질병에는 중동 호흡기 증후군Middle East Restpiratory Syndrom, '메르스MERS'라는 이름이 붙었으며, 질병의 원인 바이러스에는 MERS-CoV라는 이름이 붙었다. MERS-CoV는 SARS-CoV와 같은 베타 코로나 바이러스 속으로 분류한다. 하지만 유전체의 크기는 30.1kb로 27.9kb의 크기를 가진 SARS-CoV에 비해 약 10% 길고, 스파이크 단백질 기준 아미노산 상동성이 약 45.6% 정도로 상당히 차이가 난다. MERS-CoV 질병인 메르스는 사스보다 더 치명적이다. 2019년 11월 전 세계에서 발생한 2,494명의 환자 중 858명이 사망, 34.4%의 높은 치

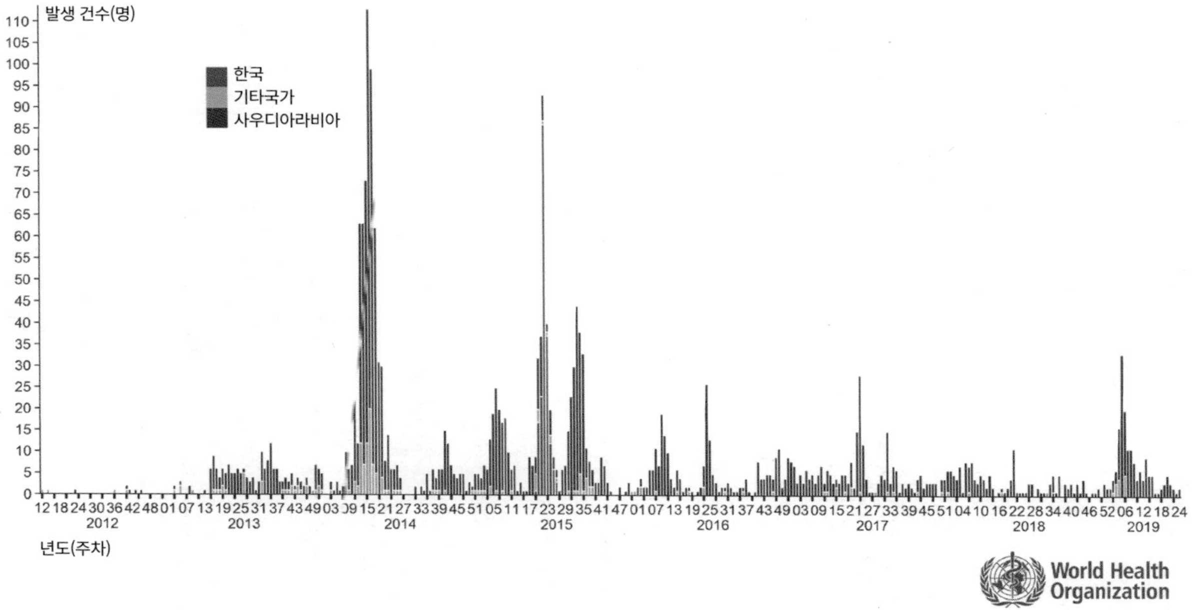

메르스의 발생 추이. 2002년 말 처음 발견되어 2003년 7월까지 8,422명의 환자가 발생한 이후 자취를 감춘 사스에 비해서 메르스는 사우디아라비아를 중심으로 2019년까지 지속적으로 보고된다. 2015년에는 한국에도 전파되어 186명의 확진자와 33명의 사망자를 냈다.

명률을 기록하였다. 사스 감염자에 비해 메르스 감염자에서 더 높은 비율로 폐 손상이 일어나고 급성 호흡 증후군 등의 호흡곤란 현상을 겪는 환자의 비율 역시 높아서 치명률이 더욱 높다.

게다가 사스가 2003년 7월 이후에는 발견되지 않은 반면, 메르스의 경우 2019년까지 사우디아라비아를 중심으로 지속적으로 보고된다. 또 사스의 경우 국내 확진자가 1명도 발생하지 않았던 것에 비해 메르스는 2015년 바레인에서 감염되어 귀국한 1차 감염자에 의해 전파되어 186명의 확진자가 생겼으며 이중 33명이 사망, 18%의 치명률을 기록하였다. 2015년 국내에서의 메르스 유행은 새로운 코로나 바이러스에 대한 경각심을 올리는 계기가 되었으며 이로 인해서 수립된 여러 방역 체계는 2019년의 코로나19 대유행에서 크게 빛을 발하였다.

그렇다면 MERS-CoV는 어떤 경로로 인간에 전파되었을까? SARS-CoV와 마찬가지로 MERS-CoV 역시 동물과의 접촉에 의해서 전파되었을 것으로 추정하고 역학조사를 벌인 결과, 최초 감염자는 낙타와 접촉했던 것을 밝혀냈다. 이후 낙타에서 거의 유사한 바이러스가 검출되었다. 이로써 메르스가 낙타로부터 인간에 전파되었음을 확인하였다. 그렇다면 MERS-CoV는 낙타에 언제 전파되었을까? 2014년 연구에 따르면 1983년에 채취된 낙타의 혈액 샘플에서 MERS-CoV를 인식하는 항체가 발견되었다. MERS-CoV가 인간에 처음 전파되기 최소 30년 전부터

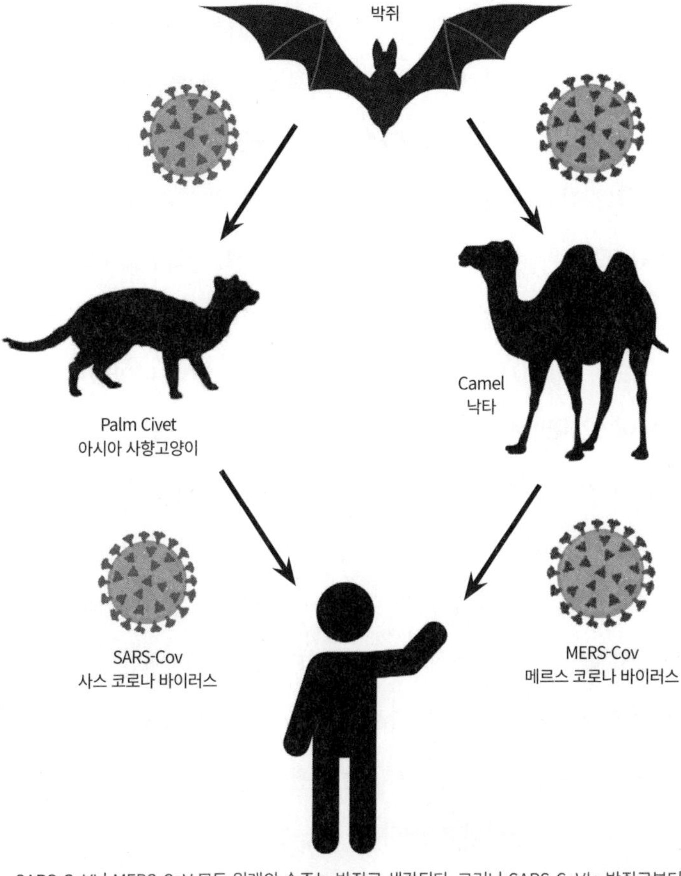

SARS-CoV나 MERS-CoV 모두 원래의 숙주는 박쥐로 생각된다. 그러나 SARS-CoV는 박쥐로부터 시벳, 패럿 등의 중간 숙주를 거쳐서 인간에 전파되었고, MERS-CoV는 낙타를 통하여 인간에 전파되었다.

MERS-CoV의 조상 바이러스가 낙타에 감염되어 있었다는 것을 암시한다. 인간에 바이러스를 전파한 동물이 낙타라면 낙타에 이 바이러스를 전파한 것은 역시 박쥐로 추정하며, MERS-CoV와 유사성이 있는 바이러스들이 박쥐에서 많이 발견되었다.

MERS-CoV는 SARS-CoV와 같이 코로나 바이러스에 속하므로 기본적인 생활사는 SARS-CoV와 상당히 유사하다. 하지만 SARS-CoV와는 유전적으로 꽤 거리가 있으므로 구체적인 전염경로 등은 다소의 차이가 난다. 가령 MERS-CoV는 세포 표면의 ACE2를 수용체로 사용하는 SARS-CoV와는 달리 다이펩티딜펩티데이즈 4DiPeptidyl Peptidase IV, DPP4라는 단백질을 세포 침투를 위한 수용체로 사용한다. DPP4는 폐나 기관지 세포의 표면에 많이 분포되어 있으며 특히 흡연자나 만성 폐쇄성 폐질환 환자의 세포에서 더 많이 생성된다. 흡연자나 만성 폐쇄성 폐질환 환자에게서 메르스가 발생할 위험요소가 3배에서 17배까지 증가하는 것은 흡연자의 세포에서 MERS-CoV의 수용체가 비흡연자에 비해 더 많이 만들어지는 것과 큰 연관성이 있을 것이다.

21세기에 등장한 사스와 메르스는 치명률 10~30%에 달하는 심각한 질병으로 이전에 큰 위협 요소라고 간주되지 않았던 코로나 바이러스가 공중보건을 위협하는 심각한 질병을 일으킬 수 있다는 것을 처음으로 보여준 예라고 할 수 있다. 사스와 메르스의 등장 이후 코로나 바이러스에 대한 연구가 본격화되었다.

그러나 사스와 메르스는 21세기에 닥칠 더 큰 파도를 위한 예고편에 불과하였다.

참고문헌

1. Zhong, N. S., Zheng, B. J., Li, Y. M., Poon, L. L. M., Xie, Z. H., Li, P. H., ... & Xu, J. (2003). Epidemiological and aetiological studies of patients with severe acute respiratory syndrome (SARS) from Guangdong in February 2003. *Lancet*, 362(9393), 1353-1358.
2. Li, W., Moore, M. J., Vasilieva, N., Sui, J., Wong, S. K., Berne, M. A., ... & Choe, H. (2003). Angiotensin-converting enzyme 2 is a functional receptor for the SARS coronavirus. *Nature*, 426(6965), 450-454.
3. Kuba, K., Imai, Y., Rao, S., Gao, H., Guo, F., Guan, B., ... & Bao, L. (2005). A crucial role of angiotensin converting enzyme 2 (ACE2) in SARS coronavirus–induced lung injury. *Nature medicine*, 11(8), 875-879.
4. de Wit, E., van Doremalen, N., Falzarano, D., & Munster, V. J. (2016). SARS and MERS: recent insights into emerging coronaviruses. *Nature Reviews Microbiology*, 14(8), 523.
5. Zaki, A. M., Van Boheemen, S., Bestebroer, T. M., Osterhaus, A. D., & Fouchier, R. A. (2012). Isolation of a novel coronavirus from a man with pneumonia in Saudi Arabia. *New England Journal of Medicine*, 367(19), 1814-1820.
6. World Health Organization, MERS situation update, January 2020 http://www.emro.who.int/health-topics/mers-cov/mers-outbreaks.html
7. Korea Centers for Disease Control and Prevention (KCDC). Middle East Respiratory Syndrome Coronavirus Outbreak in the Republic of Korea, 2015. *Osong Public Health Res Perspect 2015*;6:269-78.
8. Azhar, E. I., El-Kafrawy, S. A., Farraj, S. A., Hassan, A. M., Al-Saeed, M. S., Hashem, A. M., & Madani, T. A. (2014). Evidence for camel-to-human transmission of MERS coronavirus. *New England Journal of Medicine*, 370(26), 2499-2505.

9. Müller, M. A., Corman, V. M., Jores, J., Meyer, B., Younan, M., Liljander, A., ... & Bornstein, S. (2014). MERS coronavirus neutralizing antibodies in camels, Eastern Africa, 1983– *Emerging infectious diseases*, 20(12), 2093.
10. Raj, V. S., Mou, H., Smits, S. L., Dekkers, D. H., Müller, M. A., Dijkman, R., ... & Thiel, V. (2013). Dipeptidyl peptidase 4 is a functional receptor for the emerging human coronavirus-EMC. *Nature*, 495(7440), 251-254.
11. Seys, L. J., Widagdo, W., Verhamme, F. M., Kleinjan, A., Janssens, W., Joos, G. F., ... & Brusselle, G. G. (2018). DPP4, the Middle East respiratory syndrome coronavirus receptor, is upregulated in lungs of smokers and chronic obstructive pulmonary disease patients. *Clinical Infectious Diseases*, 66(1), 45-53.
12. Cui, J., Li, F., & Shi, Z. L. (2019). Origin and evolution of pathogenic coronaviruses. *Nature Reviews Microbiology*, 17(3), 181-192
13. Adapted from "Acute Immune Responses to Coronavirus", by Biorender.com (2021)
14. 국제보건기구(World Health Organization), https://www.who.int/images/default-source/health-topics/mers-cov/mers-cases-2019e2d47241b73348d5aaf74068c74fddb9.png?sfvrsn=6394b044_0

11. 코로나19 팬데믹

2003년 사스와 2012년 메르스는 발원지를 넘어 국제적으로 전파하였지만, 전 세계적인 팬데믹으로 발전하지는 않았다. 비록 치명률이 10~30%로 매우 높지만 확진자 수가 수천 명대로 그쳐 선염병 유행으로 인한 경제사회적인 파장을 일으키지도 않았다.

그러나 2019년 12월 중국 후베이성 우한시에서 발견된 폐렴 환자와 여기서 발견된 코로나 바이러스에 의한 질병, 코로나19는 발원지를 넘어 전 세계적인 팬데믹으로 번져 1918년 인플루엔자 팬데믹 이후 인류에게 가장 큰 인명피해와 경제사회적인 영향을 준 팬데믹으로 발전하였다. 아마 단일 사건으로 현재까지 21세기의 인류에 가장 큰 영향을 준 사건일 것이다. 그렇다면 신종 코로나 바이러스, 코로나19로 인해 일어난 팬데믹은 어떤 진행과정을 거쳤는지를 잠깐 살펴보자.

코로나19의 진행 과정

사스와 유사한 폐렴 증상을 가진 환자가 2019년 12월에 중국 우한에서 처음 발견되었다. 이후 2019년 1월 2일까지 41명의 환자가 발생하였으며 환자 중 27명(66%)는 우한 화난 수산시장에 방문한 적이 있었다. 41명의 환자 중 13명은 호흡곤란 증상을 보여 중환자실에 수용되었다. 중환자실로 옮긴 환자 13명 중 11명에서는 사스나 메르스에서 관찰된 급성 호흡 증후군이 나타났다. 2020년 1월 22일 시점에서 41명의 환자 중 28명은 퇴원하였으며, 전체 환자의 15%인 6명이 사망하였다.

이 감염성 호흡기 질환은 이전의 코로나 바이러스와 비교하기 힘들만큼 빠른 속도로 퍼져나갔다. 2020년 1월 23일 중국의 우한 봉쇄에도 불구하고 중국 전역으로 퍼졌고 1월 29일에는 중국의 모든 성에서 환자가 확인되었다. 1월 13일에는 태국, 1월 16일에는 일본, 1월 20일에는 대한민국과 미국에서 첫 환자가 보고되었고 세계 각국으로 퍼지기 시작하였다. 2020년 2월 WHO는 이 새로운 질병을 COVID-19(Corona virus disease 2019), 코로나

19로 명명하였다.

2월 중순에 들어서자 중국의 강력한 봉쇄 조치에 힘입어 중국내 확진자 증가세는 누그러들었지만 다른 나라에서 확진자가 급증하기 시작하였다. 한국에서는 특정 종교집단과 대구·경북 지역을 중심으로 2월말~3월초 1차 확산이 진행되었으며, 유럽에서는 이탈리아와 스페인을 시작으로 전 유럽에서 대유행이 시작되었다. 3월 11일 WHO는 코로나19의 팬데믹을 선포하였다. 미국과 유럽을 중심으로 확진자가 급격히 증가하였고 의료시설 수요 한계를 뛰어넘는 '의료 붕괴'가 현실화되었다. 2020년 5월 27일 미국 내 사망자 수가 10만 명을 넘어섰다. 뉴욕 등 희생자가 급증한 곳에서는 희생자를 매장할 장소가 부족하여 희생자를 냉동 창고에 안치하는 일도 있었다. 1918년 인플루엔자 팬데믹 당시 벌어졌던 일이 100년 뒤 재현된 것이다.

북반구 국가들이 여름을 맞이하자 코로나19의 확진자, 사망자 수가 줄어들었다. 사스가 2003년 여름을 기점으로 자취를 감춘 것처럼 코로나19 역시 여름이 되면 자연스럽게 소멸되지 않을까 기대하기도 했다. 하지만 코로나19의 증가세는 가을로 접어들자 봄의 1차 유행보다 더 급격해졌다. '제2파'의 유행이 도래한 것이다. 코로나19의 유행이 시작된 지 만 1년이 되는 2021년 2월 1일을 기점으로 확인된 확진자 수는 1억 명 이상, 사망자는 200만 명을 넘어섰다.

그렇다면 1918년 인플루엔자 팬데믹 이래 최대의 팬데믹을 일으킨 원인이 된 병원체는 어떤 특징을 가졌을까?

코로나19의 병원체

코로나19 바이러스는 유전체 길이가 29.9kb인 코로나 바이러스로 사스의 병원체인 SARS-CoV와 약 79%의 상동성을 가졌다. 기존에 알려진 인간에게 병을 일으키는 코로나 바이러스 중 SARS-CoV와 가장 유사했기 때문에 2002년 2월, 국제 바이러스 분류위원회 코로나 바이러스 분과Coronavirus study group of International Committee on Taxonomy of Virus는 이 바이러스를 SARS-CoV-2로 명명하였다. 그렇다면 코로나19를 유발한 SARS-CoV-2는 어디서 유래하였을까? SARS-CoV 이외에 동물에서 발견된 코로나 바이러스 중 SARS-CoV-2와 가장 유사한 바이러스는 박쥐에서 발견된 바이러스였다. 2013년 중국 윈난성의 중간관박쥐Rhinolophus affinis에서 발견된 RaTG13 바이러스가 SARS-CoV-2와 염기 서열 기준으로 96.1% 일치하는 유사 바이러스였다. 그러나 흥미롭게도 RaTG13 바이러스는 ACE2와 결합하는 수용체 결합 도메인Receptor Binding Domain의 수용체 결합에 필수적인 아미노산이 SARS-CoV-2와 달라서 인간 ACE2와

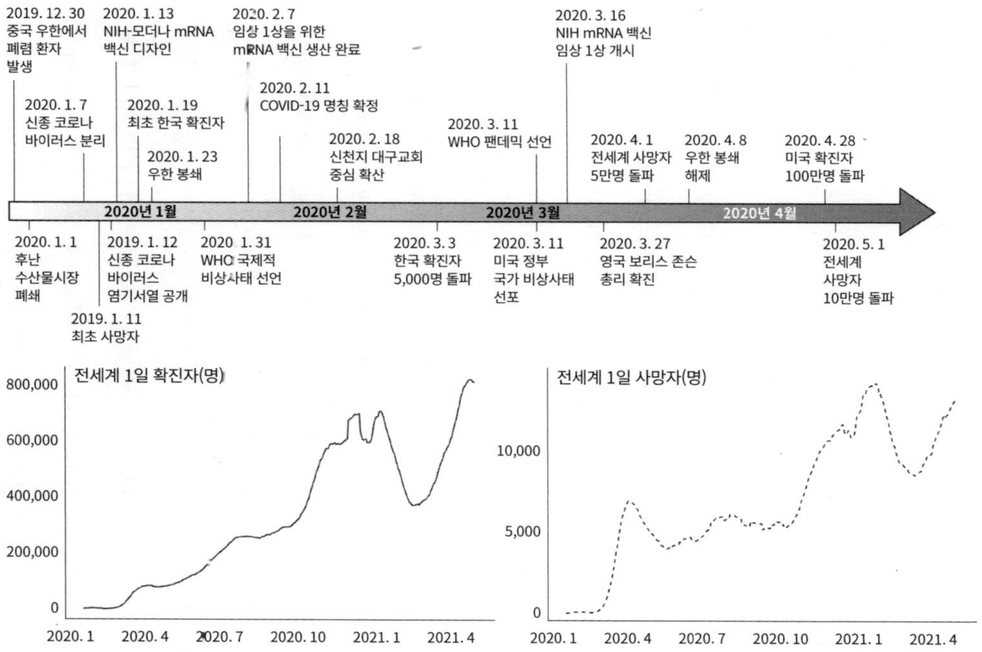

(위)코로나19의 초기 진행고-정과 (아래)전 세계 1일 확진자 및 사망자 추이.

의 결합력이 낮았을 것이라 예측하였다. 실제로 RaTG13 바이러스의 수용체 결합 도메인과 ACE2와의 결합력은 SARS-CoV-2보다 상당히 낮았고, 바이러스의 감염력 역시 떨어졌다. 한편 말레이시아산 천산갑Pangolin• 에서도 SARS-CoV-2와 91% 상동성을 가진 바이러스가 발견되었다. 전반적인 유사성은 박쥐에서 발견된 RaTG13 바이러스에 비해서 천산갑 유래의 바이러스가 낮았지만, 수용체 결합 도메인 부분은 SARS-CoV-2와 더 유사했다. 따라서 인간 ACE2와의 결합력도 더 좋았다. 여러 가지 요소를 생각한다면 인간에서 발견된 SARS-CoV-2는 동물 유래의 코로나 바이러스가 인간에 직접 전파된 것이 아닌, 여러 유사한 코로나 바이러스 간의 교잡에 의해 형성된 것이 아닐까 추측한다.

코로나19를 일으키는 SARS-CoV-2는 2003년 사스를 일으킨 SARS-CoV와 상당히 유사하지만, 이 바이러스가 일으키는 증상은 크게 달랐다. 감염자 중 60% 이상이 중증으로 진행되고 10%가 넘는 치명률을 보였던 사스에 비해 SARS-CoV-2는 감염된 사람 중 10% 미만이 중증으로 진행되었다. 치명률은 국가와 의료 상황에 따라서 다르지만 약 2%로 사스에 비해서 훨씬 낮았다. 그리고 감염자의 30%는 아무런 증상을 나타내지 않았으며, 55%의 사람에서 열 등의 경증상만을 보였다. 특기할 만한

• 유린목有鱗目, Pholidota에 속하는 포유동물의 일종으로 몸에 비늘이 나 있으며, 주로 아프리카와 동남아시아의 열대 지역에 분포한다.

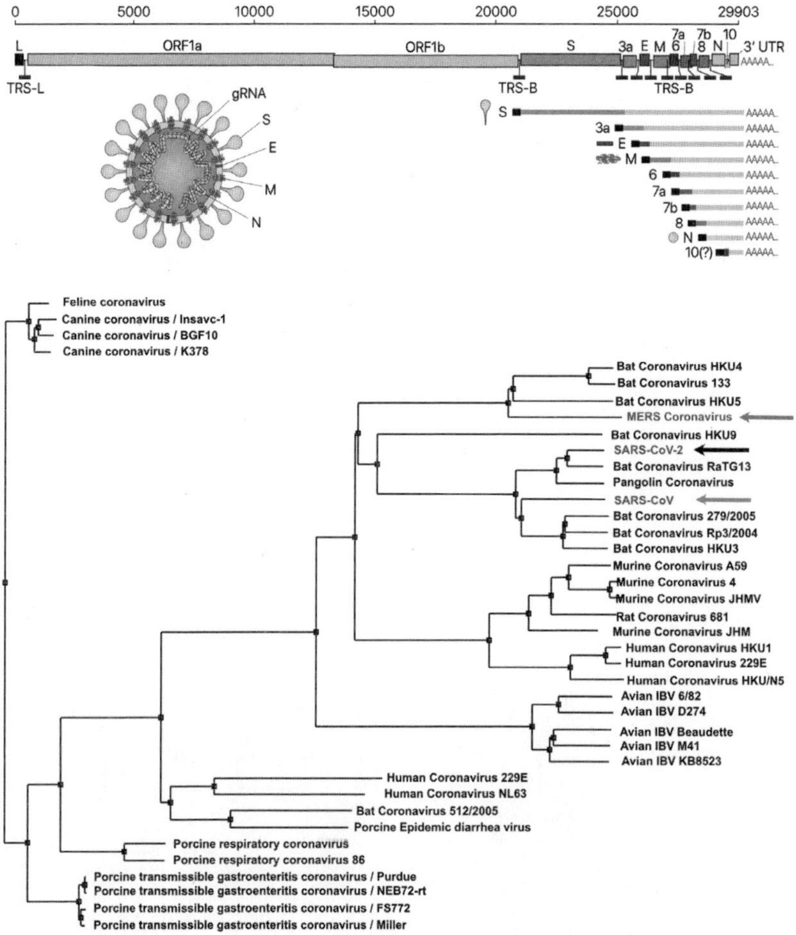

(위)코로나19의 병원체인 SARS-CoV-2의 유전체 및 전사체 구조. SARS-CoV-2의 유전체는 29,903bp의 RNA로 구성되어 있으며, 약 11개의 단백질을 만드는 유전자로 구성되어 있다. 한 가닥의 RNA로 되어 있는 SARS-CoV-2의 유전체는 세포 내로 감염된 이후 약 10개의 서브게놈 RNA를 만들고 여기서 스파이크 단백질 등의 여러 단백질을 생성한다. (아래)스파이크 단백질 서열로 만들어진 코로나 바이러스의 계통수. SARS-CoV, SARS-CoV-2, MERS-CoV 등 사람에게 질병을 일으킨 코로나 바이러스는 화살표로 표시되어 있다. SARS-CoV-2와 가장 유사한 바이러스는 박쥐에서 발견된 코로나 바이러스 RaTG13과 천산갑에서 발견된 코로나 바이러스이고 사람에게 병을 일으킨 코로나 바이러스 중에서는 사스를 일으킨 SARS-CoV 바이러스와 가장 유사하다.

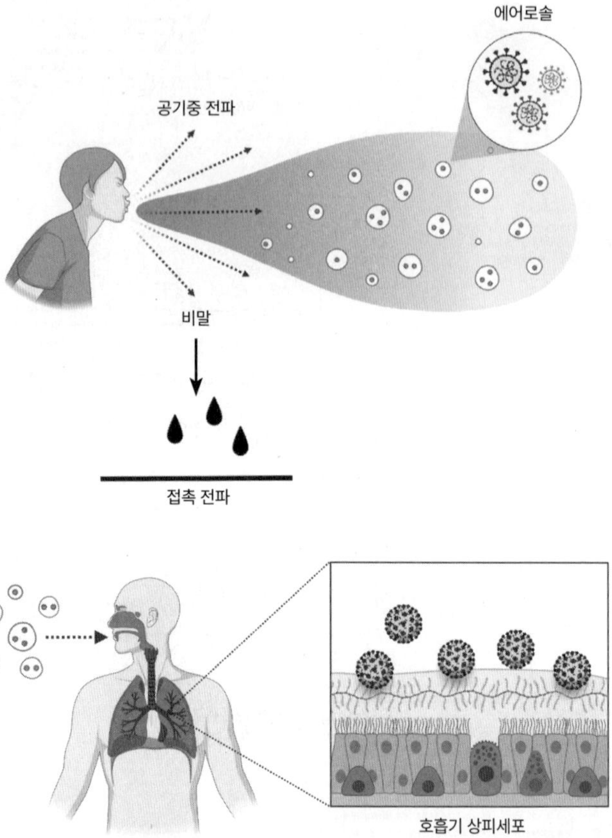

코로나19 의 전파과정. 감염자가 대화 혹은 기침을 통하여 나오는 비말로 주로 전파된다. 비말이 떨어져서 바이러스가 묻은 표면을 만진 손을 매개로 흡입하거나 직경 5μm 이하의 에어로솔 형태 작은 비말의 직접 흡입으로 호흡기 상피세포에 감염된다.

것은 감염자의 상당수에서 미각이나 후각이 마비되는 증상이 나타났다.

그러나 70세 이상 고령이나 심장질환, 고혈압 등 기저질환 환자들에서 치명률은 매우 높다. 2020년 2월 말까지 중국에서 보고된 7만 2,314건의 코로나19 케이스 분석 결과 70대의 경우 8.0%, 80세 이상 14.8% 치명률이 나타났으며, 심혈관질환 환자의 경우 13.2%, 당뇨 내력이 있는 경우 9.2% 치명률을 기록하였다. 2021년 6월 10일까지 한국에서 발생한 14만 6,303건의 확진자 중 1,979명이 사망하여 1.35%의 치명율을 보였는데, 40대에서 0.07%에 지나지 않은 반면 50대는 0.26%, 60대는 1.05%, 70대는 5.59%, 80대 이상은 18.77%를 기록하여 연령의 증가에 따라서 치명률이 급격히 증가하는 경향을 보였다.

SARS-CoV-2: 감염부터 면역 획득까지

이제부터 SARS-CoV-2 바이러스의 감염, 증상 그리고 이후에 면역이 획득되는 과정을 간략히 알아보자. SARS-CoV-2는 감염자의 입에서 나오는 작은 물방울인 비말Droplet을 통하여 주로 전파된다. 직경 5~10μm의 비말에는 감염자의 몸에서 증식한 바이러스 입자들이 들어 있으며, 기침이나 대화 등을 통하여 약

2m 주변까지 분산된다. 이 비말을 직접 흡입하거나 혹은 이 비말이 떨어져 바이러스가 묻은 표면에 손을 접촉하여 흡입함으로써 바이러스가 전파된다. 만약 비말의 크기가 5μm 이하의 작은 '에어로솔Aerosol' 상태가 되면 바이러스는 공기 중에 지속적으로 공기와 함께 떠돌아다니며 이를 흡입한 사람에 감염한다.

비말 혹은 에어로솔 형태로 흡입된 SARS-CoV-2는 호흡기 표피 세포에 침투하여 증식한다. SARS-CoV와 SARS-CoV-2의 차이는 여기부터이다. 먼저 SARS-CoV는 코나 목 등의 상부 호흡기보다 폐 등의 하부 호흡기에서 주로 증식하며, 증상이 나타나기 시작한 후 6일에서 11일 사이 바이러스 양이 최고치에 달한다. 반면 **SAR-CoV-2는 감염 직후 상부 호흡기에서 활발히 증식하며 본격적인 증상을 나타내기 전부터 매우 높은 전파력을 지닌다**. 증상이 나타나기 전부터 높은 수준의 바이러스가 나타나며 증상 이후 5일 이내에 최고치가 되고 그 이후 감소한다. 이렇게 다른 코로나 바이러스에 비해 바이러스 증식 속도가 빠르고 증상이 나타나기 전부터 많은 양의 바이러스가 존재하기 때문에 SARS-CoV-2의 감염력이 높은 것이다.

SARS-CoV-2는 SARS-CoV와 마찬가지로 ACE2를 수용체로 하여 세포에 침투한다. 그러나 SARS-CoV-2의 스파이크 단백질은 SARS-CoV보다 수용체인 ACE2에 10배 이상 강하게 결합한다. 그렇기 때문에 표적 세포에 더 감염이 용이하다.

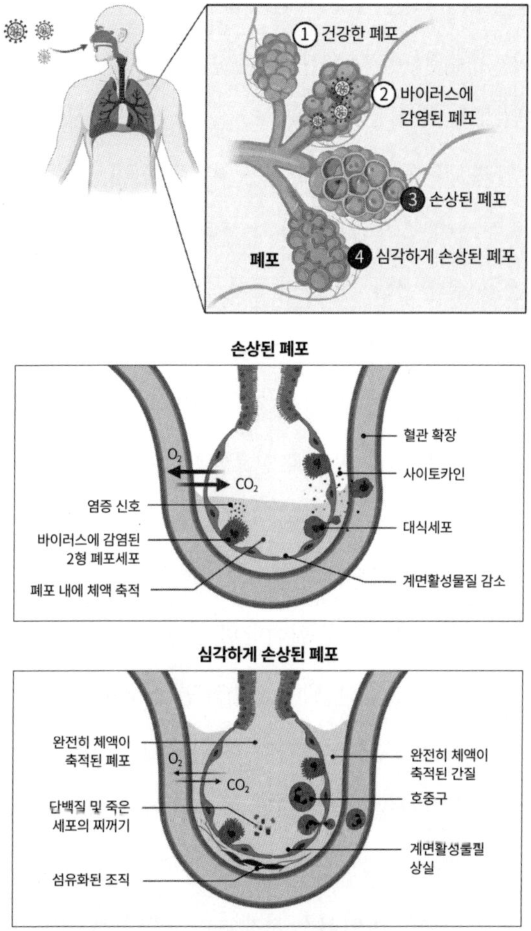

SARS-CoV-2에 의한 폐 손상 과정. 비말 흡입에 의해서 폐포 내의 2형 폐포 세포에 SARS-CoV-2가 감염되면 선천성 면역계에 의해서 바이러스 감염을 감지하여 염증 신호를 세포 밖으로 분비한다. 이를 감지한 대식세포가 혈관을 빠져나와 폐포로 접근하고 폐포 주변의 모세혈관의 투과성이 높아져서 체액이 흘러나와 폐포 내에 차게 된다. 산소와 이산화탄소를 교환하는 폐포 내에 체액이 가득 차면 산소 교환 효율이 낮아져 호흡 능력이 약해진다. 손상이 가속화되면 바이러스에 감염된 세포가 죽고 조직은 섬유화되며 폐포에는 체액이 축적되어 호흡 기능을 상실한다. 대식세포는 사이토카인을 분비하여 호중구 등의 다른 면역 세포를 불러오고 사이토카인의 수준을 더욱 높여서 폐 손상은 가속시킨다.

SARS-CoV-2는 폐의 폐포 제2형 세포Alveolar type 2, AT2에 주로 침투한다. 이 세포는 폐에서 표면활성제 단백질을 분비하여 폐포의 표면 장력을 키워 폐포의 모양을 유지시켜서 표면적을 넓혀 기체교환을 원활하게 하는 역할을 한다. 이 세포에 바이러스가 침투하여 증식하면 세포의 선천성 면역에 의해 감지되어 염증 반응을 유발한다. 염증 반응에 의해서 분비된 사이토카인에 의해 대식세포와 같은 선천성 면역 세포가 모이고, 자극받은 대식세포는 다시 사이토카인을 분비하여 외부 침입자에 대응하기 위해 더 강력한 염증 반응을 일으킨다. 유도된 염증 반응 때문에 외부 침입자가 있는 곳으로 선천성 면역에 관여하는 세포들이 혈관을 빠져나와 이동해야 하므로 혈관의 투과성이 높아진다. 그런데 이 과정이 폐포에서 일어나면 폐포 주위 모세혈관으로부터 액체가 폐포로 유입되고 폐포의 표면 장력이 낮아져서 폐포의 구조가 망가진다. 결국 기체의 교환이 일어나는 기본 단위인 폐포의 구조가 망가짐으로써 호흡 기능이 저하된다.

SARS와 마찬가지로 코로나19의 경우도 환자의 목숨을 위협할 수준의 중증은 바이러스 자체보다는 바이러스에 의해서 유도된 염증 반응, 즉 선천성 면역 반응이 과도해졌기 때문에 생긴다. 따라서 바이러스 감염 초기를 넘어 중증으로 진행되면 바이러스를 어떻게 통제하느냐 보다 과도한 염증 반응을 어떻게 통제하는지에 따라 회복 여부가 결정된다. 과반수 이상의 감염자가

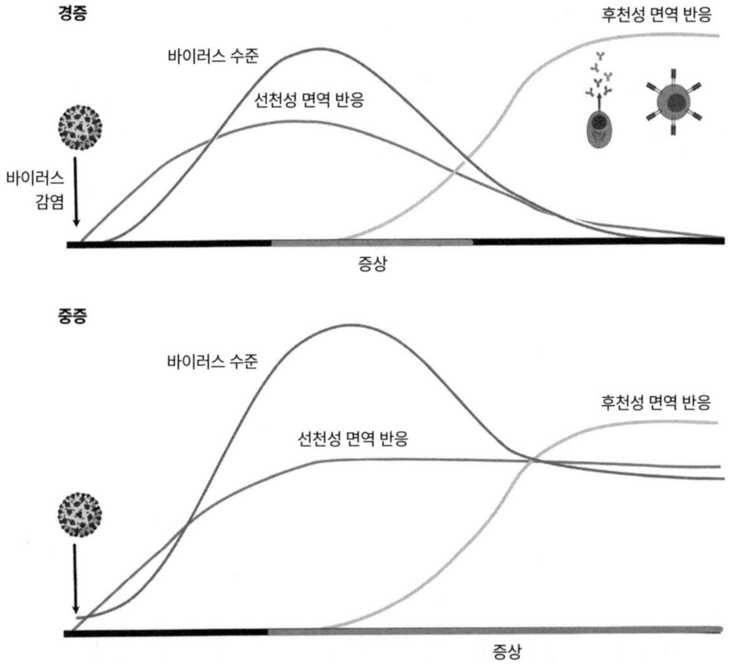

코로나19 경증 환자와 중증 환자의 면역 반응 차이. 경증 환자와 중증 환자 모두 선천성 면역 반응이 먼저 일어나고 코로나19의 증상이 나타난다. 그러나 경증 환자는 항체와 T세포에 의한 적응 면역 반응이 개시되면서 선천성 면역 반응은 줄고 바이러스의 양도 급격히 줄어들어 완치된다. 반면 중증 환자의 경우 선천성 면역 반응이 그대로 유지되면서 바이러스 수준은 계속 유지된다. 선천성 면역 반응이 계속적으로 유지되면 이에 따른 조직의 손상이 계속되고, 이로 인해 장기의 기능이 망가져 심한 경우 죽음에 이르게 된다.

중증으로 진행되는 사스나 메르스와는 달리 코로나19는 (비록 연령대나 기저질환 여부에 따라서 차이가 있지만) 80% 이상의 감염자는 중증으로 진행되지 않고 치유된다. 바이러스 감염 초기에 선천성 면역에 의해 염증 반응이 유도된 후 후천성 면역으로 넘어가 바이러스의 감염을 막는 중화 항체를 만들고, 바이러스에 감염된 세포를 특이적으로 공격하는 세포 독성 T세포 등 세포성 면역이 확립되어 바이러스를 극복한다. 즉 순조롭게 선천성 면역에서 후천성 면역으로 이행이 되는지 여부가 경증 혹은 무증상 상태에서 코로나19를 완치할 수 있는지, 아니면 중증으로 진행되는지를 결정한다.

코로나19의 무증상 감염

그렇다면 유사한 바이러스인 SARS-CoV와 SARS-CoV-2의 어떤 차이가 사스와 코로나19의 간극(감염자의 차이, 증상의 차이)을 만든 것일까? 아직 SARS-CoV-2에 대한 연구가 불충분한 상황에서 이유를 정확히 파악하기란 쉽지 않다. 그러나 사스나 메르스와 달리 SARS-CoV-2는 감염자 중에서 극히 일부만 중증으로 진행되고 무증상자나 증상이 경미한 환자 역시 전염력을 가지는 것이 두 바이러스의 큰 차이점이다. 코로나19 발생 초기, 사스나 메르스 때의 경험에 의거하여 체온 측정 등 증상의 여부로 국경 검역 단계에서 감염 의심자를 선별 차단할 수 있었다고 생각하였다. 하지만 전혀 증상이 나타나지 않은 무증상 감염자가 전체 감염자의 30% 정도인데다 무증상자나 경증상자도 주변으로 바이러스를 전파할 수 있었고, 따라서 이전의 코로나 바이러스 전염병 때의 경험에 근거한 방역 조치들은 그다지 성공적이지 못했다. 초기 감염 데이터로 추산된 SARS-CoV-2의 기초감염재생산수(한 사람의 감염자가 평균적으로 전염시킬 수 있는 사람의 수)는 약 2.2~3.5 정도로 메르스의 0.6~0.8에 비해서 현저히 높으며, 1918년 인플루엔자 팬데믹 당시 인플루엔자 바이러스의 수치와 유사할 것이라 추정한다. 또한 코로나19가 사스나 메르스 등 다른 코로나 바이러스 질병과 가장 다른 점은 바이러스에 감염된 환자 중 상당한 수가 아무런 증상을 나타내지 않는, 소위 '무증상 감염'이라는 것이다. 과연 얼마나 많은 비율의 환자가 무증상 감염이 되었는지 추산하기란 쉽지 않다. 아무런 증상이 없는 무증상 감염자의 상당수는 자신이 코로나 19에 감염되었는지 자각하지 못할 것이기 때문이다. 미국 질병예방통제센터CDC는 약 30%의 감염자가 아무런 증상을 나타내지 않을 것이라 예측한다.

무증상 환자의 비율이 높은 이유는 무엇일까? 여러 가지 가설이 제시되었으나 아직 이들 중 원인을 확정짓기 어려운 상황이다. 그러나 가설이 제시하는 원인들이 복합적으로 작용하여 일부는 SARS-CoV-2에 감염되어도 경증, 혹은 증상을 전혀 자각하지 못한채 끝나고, 어떤 사람들은 중증으로 진행되어 생명 위협을 받을 것이다.

- **바이러스 감염양의 차이**: 바이러스에 감염이 되더라도 모든 사람이 동일한 양의 바이러스에 노출되는 것은 아니다. 전파자와의 거리, 마스크 착용 여부에 따라 바이러스의 감염양의 차이는 분명히 존재하며 얼마나 많은 양의 바이러스에 노출되었는지에 따라 유증상 감염과 무증상 감염으로 증상이 달라질 수 있다. 이를 간접적으로 보여주는 예가 2002년 2월 발생한 크루즈선 '다이아몬드 프린세스'의 집단감염이다. 격리된 승객과 승무원들은 마스크를 전혀 사용하지 않았고 발생한 환자 중 18%가 무증상 감염자였다. 그러나 이후에 발생한 아르헨티나 크루즈선 집단감염에서는 승객 전원이 마스크를 사용하고, 승무원들은 N95 마스크를 착용했더니 감염자의 약 81% 가 무증상 감염자였다. 코로나19 발생 초기, 마스크 사용이 권장되지 않던 때의 무증상 감염의 비율은 약 15% 정도였지만 마스크 착용이 일반화되자 무증상 감염의 비율은 30~40%로 늘어났다. 마스크 착용 여부에 따른 무증상 감염자의 비율 변화는 얼마나 많은 양의 바이러스에 노출되는지가 증상의 발현 유무와 관련이 있음을 암시한다.

- **연령, 생리적인 차이**: SARS-CoV-2에 감염되었을 때 증상의 발현 여부는 연령 역시 크게 영향을 미친다. 중국, 이탈리아, 한국, 싱가포르, 캐나다, 일본 6개국의 자료를 분석한 연구에 따르면, 10대의 경우 감염자의 약 21%에서 치료가 필요할 정도의 증세가 나타나지만, 70세 이상 고령층의 69%에서 증상이 나타난다. 그리고 생명을 위협할 정도의 중증으로 진행되는 비율도 나이가 증가하면서 급격히 올라간다. 결국 노화에 따른 면역력의 감소가 증상의 차이를 가져오게 되는 것으로 생각되는데, 선천성 면역계와 후천성 면역계 모두 노화에 따라서 그 기능이 저하되는 것은 잘 알려져 있다. 따라서 젊은이에서는 미처 증상이 제대로 발현되기도 전에 이겨낼 수 있는 SARS-CoV-2도 면역력이 저하되어 있는 노인에서는 심각한 문제로 대두되는 것이다.

- **코로나 바이러스에 대한 면역**: 5장에서 알아본 것처럼 바이러스에 대항하려면 바이러스의 감염을 억제하는 항체 형성도 중요하지만, 바이러스에 감염된 세포를 제거하거나(세포 독성 T세포) 면역세포를 활성화하는(헬퍼 T세포) 세포성 면역도 중요하다. 일반적으로 항체에 의한 면역은 바이러스에 대해서 매우 특이적이라 변종 바이러스나 유사한 바이러스에는 잘 작동하지 않는다. 그러나 세포성 면역의 경우 유사한 바이러스에 고루 작용하는 것으로 알려졌다. 실제 코로나19나 사스에 걸렸다 회복된 환자 중 상당수에서 코로나 바이러스의 뉴클레오캡시드(N)에 특

이적인 T세포가 발견되었다. 심지어 코로나19나 사스에 감염되지 않은 사람에게서도 이러한 T세포가 발견되었는데, 이들은 이전에 감기를 유발하는 베타 코로나 바이러스 계통 바이러스에 감염된 경험이 있는 사람으로 보인다. 즉 코로나19에 감염되어도 증상이 나타나지 않거나 경증으로 끝나는 환자들의 상당수는 이전에 감염되었던 감기 유발 코로나 바이러스에 의해 유도된 세포성 면역이 SARS-CoV-2의 증상 발현으로부터 보호했을 가능성이 있다.

그렇다면 무증상 감염자와 유증상 감염자에서 일어나는 면역 반응은 어떤 차이가 있을까? 중증 환자와 경증 환자(무증상 감염자)의 혈액에서 SARS-CoV-2에 대한 항체 형성을 추적해 본 결과, 중증 환자에서 경증 환자보다 높은 수준의 항체가 형성되는 것이 발견되었다. 중증 환자는 더 많은 양의 바이러스에 감염되었고, 항체가 더 많이 형성되었다고 해석할 수 있다. 그렇다면 세포성 면역은 어떨까? 세포성 면역을 유도하는 T세포 수준을 비교해보면 경증(무증상 감염자)과 중증 환자에서 모두 활발한 세포성 면역이 일어났다. 싱가포르 확진자 중 무증상 감염자와 유증상 감염자의 T세포를 조사해보니, 오히려 무증상 감염자의 T세포가 더 효율적으로 사이토카인을 방출하였다. 즉 무증상 감염자에서 세포성 면역이 더 활발히 일어나며, 세포성 면역에 의한 바이러스 감염 세포 제거가 병 증상을 최소화하며 바이러스를 극복하는 방법임을 알 수 있다. 여러 요인을 감안해 보면 연령이 올라감에 따라서 무증상 비율이 낮아지고 고령일수록 중증으로 진행되는 현상은 연령 증가에 따른 세포성 면역 유도 능력이 떨어지는 것과 관련이 있다. 이런 사례들을 미루어 봤을 때 바이러스에 감염되어도 증상이 나타나지 않거나 중증으로 이행되지 않는 길목에는 세포성 면역이 큰 역할을 한다는 것을 알 수 있다.

마스크는 코로나19 확산을 억제하는데 어떤 영향을 주었는가?

코로나19의 대유행이 시작되고 치료제나 백신이 없는 상황에서 전파를 늦추기 위하여 할 수 있는 일은 사회적 거리두기와 마스크 착용이었다. 비말, 에어로솔로 전파되는 바이러스 감염병을 억제하는데 마스크가 효율적이라는 것은 바이러스의 존재가 알려지지 않았던 1918년 인플루엔자 팬데믹 때에도 널리 알려져 있었다. 1장의 사진(18페이지)에서 본 것처럼 당시에도 마스크 착용은 상식처럼 여겨졌다.

코로나19 팬데믹이 시작된 이후 한국, 중국, 일본 등 동양권 국가에서 먼저 마스크 착용이 적극 실시되었다. (물론 여기에는 이들 국가에서는 코로나19 팬데믹 이전에 황사, 꽃가루 등의 이유로 대중들 사이에서 마스크 작용이 보편화되었던 이유도 있다.) 이러한 적극적인 마스크 착용은 이들 국가에서 코로나19의 확산 정도가 상대적으로 덜하게 된 주된 요인이었을 것이다. 그러나 미국, 유럽 등 서구권에서는 팬데믹 초기 마스크 착용에 소극적이었고 코로나19 확산을 부채질하였다. 특히 팬데믹 초기에 CDC나 WHO 등 책임 있는 보건 기구에서 정확한 근거 없이 '코로나19에 감염되지 않은 건강한 사람이라면 의료진이 아닌 한 마스크를 착용할 필요가 없다' 같은 공식 입장을 취한 것도 사태를 악화시켰다. 물론 당시까지는 마스크가 코로나19 의 확산을 막는다는 직접적인 증거는 없었으나 마스크의 착용이 건강에 해롭지 않은 것이 분명한 상황에서 사전예방원칙Precautionary Princple•을 따라 마스크를 착용하도록 권장하지 않은 것은 현명하지 못한 판단이었다. 코로나19가 더욱 확산되자 마스크가 코로나19 감염을 줄인다는

• 어떤 문제에 대해서 정확한 과학적 지식이 부족할 때 잠재적인 위험을 피하기 위해서 어떤 선택을 해야 하는가에 대한 개념이다. 즉 어떤 위험 요소가 있고 그것이 사람이나 환경에 심각한 피해를 줄 가능성이 있다면, 인과관계가 과학적으로 확실하지 않더라도 위험을 줄일 수 있는 필요한 조치를 해야 한다는 개념이다. 이는 코로나19 초창기에 마스크가 코로나19 감염을 줄인다는 정확한 과학적 증거가 없을 때 어떤 선택을 해야 하는지에 적용할 수 있다. 마스크가 코로나19 감염을 줄인다는 증거가 없을 경우 마스크를 착용해야 할 것인가? 분명한 것은 마스크 착용이 당시까지 코로나19 감염을 줄인다는 명확한 증거는 없었지만 이전에 호흡기 질환 유행 시 마스크가 예방에 보탬이 된 경험이 있었으며, 적어도 마스크 착용이 건강에 해를 끼치거나 코로나19 감염을 증가시키지 않는다. 이런 경우에는 마스크 착용이 코로나19의 감염을 줄인다는 증거가 나오기 전에는 먼저 마스크를 쓰는 것이 안전한 선택이라는 논리이다.

여러 가지 증거가 출현하고 무증상자는 거의 감염력이 없었던 사스와는 달리 코로나19에서는 높은 비율의 무증상 감염자가 있으며 이들 역시 바이러스 전파 능력이 높다는 것이 밝혀지면서 마스크 착용에 대한 입장이 바뀌었다. 대부분의 국가는 공공장소에서 마스크 착용을 권장 또는 의무화하였다.

마스크 착용 의무화가 코로나19의 확산을 억제하는데 어느 정도의 영향을 주었는지 2020년 12월 발표된 연구를 통하여 살펴보자. 미국 열대의학 위생저널The American Journal of Tropical Medicine and Hygiene에 게재된 한 연구에서는 2020년 5월까지의 전 세계 약 200국가의 코로나19 관련 사망자의 사회적 요인인 사회적 거리두기, 마스크 착용, 접촉자 추적, 각국 정책 등을 분석하였다. 여러 요인 중 국가별 사망률에 제일 큰 영향을 준 요인은 마스크 착용 의무화였다. 특히 코로나19의 유행이 시작된 이후 20일 내에 마스크 착용 의무화가 실시된 한국, 일본, 홍콩, 필리핀, 마카오, 베트남, 태국 등 해당 국가의 2020년 5월까지 사망률은 100만 명당 1.5명이었고 마스크 착용 의무화가 되지 않았거나 유행 시작 후 60일 후에야 마스크 착용 의무화가 된 국가들의 경우 100배가 넘는 100만 명당 200명 이상의 사망률을 보였다.

마스크 착용이 코로나19의 확산을 억제하는지에 대한 사례는 역학적 조사 이외에도 개별 사례 조사를 통해서도 명백하게 드러난다. 2020년 1월, 기침 등의 증상을 보이는 확진자가 중국 우한에서 캐나다까지 15시간 동안 비행기로 이동하였다. 그러나 마스크를 상시 착용한 덕분에 그와 근접 접촉한 25명의 승객 및 승무원들은 아무도 코로나19에 감염되지 않았다.

팬데믹이 지속되면서 출현하는 변종 바이러스

코로나19 유행 3년차, 수억 명의 사람에게 전파됨으로써 바이러스는 수없이 복제되었고 바이러스의 돌연변이 발생 비율 역시 함께 증가하였다. 중국 우한에서 발견된 SARS-CoV-2에 조금씩 돌연변이가 누적되어 변종 바이러스가 출현하기 시작하였다. 바이러스가 증식하는 도중에 발생하는 돌연변이의 대부분은 바이러스의 증식이나 병원성에 별다른 영향을 주지 않거나, 오히려 바이러스의 증식에 해가 되기도 한다. 따라서 바이러스의 증식을 이롭게 하거나 병원성을 더 약화시키는 변이는 생각처럼 자주 나타나지는 않는다. 그러나 간혹 발생하는 돌연변이 중 바이러스의 증식이나 병원성, 혹은 바이러스의 감염을 억제하는 중화 항체와의 결합을 피하는 돌연변이가 생긴다면 다른 바이러스보다 생존 확률이 높아지고, 집단 중에 더 효율적으로 퍼진다. 이렇게 바이러스의 생존을 유리하게 만들어서 바이러스를 우점종이 되게 하는 돌연변이들은 대개 SARS-CoV-2가 세포에 감염하

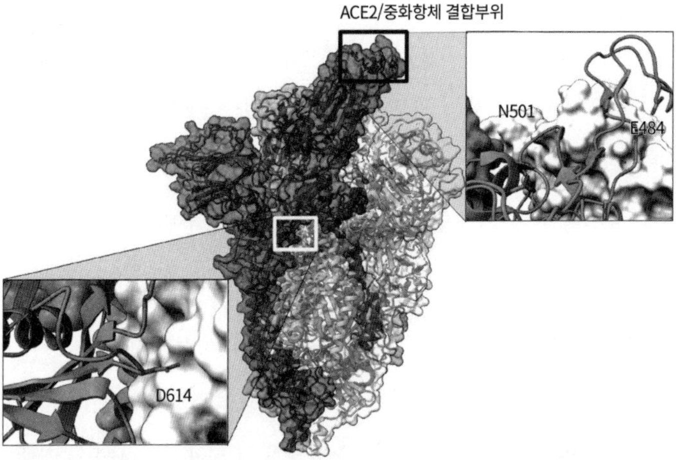

SARS-CoV-2의 스파이크 단백질에 존재하는 중요한 돌연변이 위치. 614번째 아스파르트산(D614)이 글라이신으로 바뀐 D614G 돌연변이는 2020년 4월경부터 퍼진 대부분의 바이러스에 존재한다. 이 돌연변이를 가진 바이러스는 바이러스의 감염력이 높은 것으로 알려진다. 484번째 글루탐산(E484)이 라이신으로 바뀐 E484K 돌연변이 및 501번째 아스파라진 (N501)이 타이로신으로 바뀐 N501Y 돌연변이는 바이러스의 수용체인 ACE2와 결합하는 부위에 위치하고 있고, 이 부분의 돌연변이는 ACE2와의 결합력을 높이고 형성된 중화항체와의 결합을 방해하는 것으로 알려져 있다. 기존의 백신은 돌연변이가 없는 우한에서 분리된 바이러스를 기준으로 만들어졌으므로 이 부분에 돌연변이가 있는 변종 바이러스는 백신의 효과가 다소 낮아질 우려가 있다.

는 핵심 단백질인 스파이크 단백질에서 나타나며, 특히 스파이크 단백질 중 수용체인 ACE2와 직접 결합하는 수용체 결합 도메인(RBD)에서 빈번히 나타난다. 현재까지 발생한 수많은 돌연변이 중에서 주목할 만한 것들은 다음과 같다.

- **D614G**: 스파이크 단백질의 614번째 아스파르트산(D)이 글리신(G)으로 바뀐 돌연변이. 이 돌연변이 바이러스는 2020년 4월 유럽에서 발견되었으며, 이후 전 세계에서 발견되는 바이러스의 대부분이 이 돌연변이체이다. 돌연변이를 가진 바이러스와 그렇지 않은 바이러스를 배양 세포에서 길러 비교해 본 결과, 이 돌연변이를 가진 바이러스가 좀더 빠르게 증식하였다.

- **E484K/E484Q**: 스파이크 단백질의 484번째 글루탐산(E)이 라이신(K) 혹은 글루타민(Q)으로 바뀐 돌연변이다. 이 돌연변이는 스파이크 단백질이 ACE2 수용체와 결합하는 부위인 RBD에 발생한다. 바이러스를 무력화시키는 중화항체는 대부분 수용체 결합 도메인에 결합하는데, RBD에 생긴 돌연변이는 중화항체를 무력화시킬 여지를 갖는다. 실제로 이 돌연변이를 가진 여러 바이러스 변이체, 특히 브라질에서 발견된 P.1계통의 변이체나 남아프리카공화국에서 발견된 B501.V2 변이체는 우한에서 처음 발견된 코로나 바이러스를 기반으로 만든 백신이 형성한 중화항체의 상당수를 피하여 백신의 효과를 감소시켰다.

- **N501Y**: 스파이크 단백질의 501번째 아스파라긴(N)이 타이로신(Y)으로 바뀐 돌연변이. 이 돌연변이 역시 RBD에 존재한다. 이 돌연변이 바이러스는 ACE2 수용체 결합력이 높아서 숙주세포에 감염력이 높아진다. 이 돌연변이는 브라질에서 발견된 P.1변이체, 남아공의 B501.V2 변이체, 영국에서 발견된 B.1.1.7 변이체에 존재한다. 영국의 B.1.1.7 변이체는 2020년 10월 등장 이래 영국에서 발견되는 대부분의 코로나19 환자에 해당하며, 약 40~80% 정도 감염력이 증가하였다고 알려진다.

여러 가지 돌연변이 중에서 특히 공중 보건에 염려되는 것들은 원래 우한에서 발견된 바이러스를 기준으로 개발된 백신의 효과를 줄이는 것들(E484K 등)이다. 2020년 말부터 접종을 시작한 백신은 우한에서 2020년 1월에 발견된 바이러스의 스파이크 단백질을 기반으로 만들어졌다. 만약 새로 유행하는 바이러스들이 우한에서 발견된 바이러스에 기반하여 만든 백신에 의해 유도된 항체를 피한다면 백신의 효과는 반감된다. 실제로 돌연변이가 백신 혹은 이전의 바이러스 감염에 의해서 형성된 면역력을 회피하여 바이러스 재감염을 일으킨다는 증거가 나왔다. 가령 브라질의 마나우스Manaus라는 도시는 2020년 상반기 코로나19가 크게 유행하여 인구의 약 2/3 이상이 코로나 바이러스에 감염되었다. 기존의 이론에 의하면 인구의 70%가 바이러스에 감염되면 다수의 사람들이 면역을 형성하고, 이로 인해 집단에서 바이러스 전파가 억제되는 '집단 면역Herd Immunity' 상태가 되어 이후의 코로나19의 유행은 피할 수 있어야 한다. 그러나 2020년 말 마나우스에서는 다시 코로나19 확진자 수가 늘었고 이중에는 상반기에 감염된 사람도 많았다. 이전에 코로나19에 감염되었다 완치된 사람이라면 면역을 획득했을 텐데, 어째서 코로나19에 재감염되었을까? 브라질에서 2020년 하반기에 유행한 P.1 계통의 바이러스 변이체는 이전에 형성된 항체의 상당수를 무력화하는 E484K 돌연변이와 수용체와 결합력을 높이는 N501Y 돌연변이를 가진 변이체였으며 이러한 변이체의 유행이 재유행의 주된 원인으로 보인다.

전 세계에서 창궐한 코로나19는 수많은 바이러스 변종을 만들었다. 일부 국가에서는 인구의 10% 이상이 감염되어 면역을 획득하기도 하였다. 하지만 백신 접종이 본격화되어 우한에서 처음 발견된 바이러스에 대한 면역을 갖게 되어도, 돌연변이에 의해 면역을 회피하는 바이러스는 계속 출현할 것으로 예상된다. 즉 바이러스에 대한 면역이 선택압으로 작용하여 면역을 피하는 돌연변이체가 우위를 점하는, SARS-CoV-2는 자연 선택과 진화의 과정을 겪고 있으며 우리는 그 과정을 실시간으로 보고 있는 셈이다.

그러나 바이러스의 진화는 이 바이러스가 앞으로도 영원히 공중 보건의 위협으로 남는 것을 의미하지는 않는다. 궁극적으로 이 바이러스는 면역을 피해 살아남는 쪽으로 진화를 계속하겠지만 바이러스의 상대적인 위험성은 점점 줄어들 가능성이 많다. 여기에 대해서는 13장에서 좀더 이야기하도록 한다. 코로나19는 21세기에 최초로 발생한 범지구적 팬데믹으로 현재까지 적어도 수백만 명의 사망자와 엄청난 경제사회적 피해를 야기하였다. 그렇지만 이를 극복하려는 범지구적 연구개발 역시 시작되었다. 다음 장에서는 인류가 코로나19에 대항하기 위하여 어떤 연구 개발을 수행하였으며 그 결실에 대해 알아보도록 하자.

참고문헌

1. Huang, C., Wang, Y., Li, X., Ren, L., Zhao, J., Hu, Y., ... & Cao, B. (2020). Clinical features of patients infected with 2019 novel coronavirus in Wuhan, China. *The lancet*, 395(10223), 497-506
2. Zhu, N., Zhang, D., Wang, W., Li, X., Yang, B., Song, J., ... & Tan, W. (2020). A novel coronavirus from patients with pneumonia in China, 2019. *New England journal of medicine*.
3. Kim, D., Lee, J. Y., Yang, J. S., Kim, J. W., Kim, V. N., & Chang, H. (2020). The architecture of SARS-CoV-2 transcriptome. *Cell*, 181(4), 914-921.
4. Wu, Zunyou, and Jennifer M. McGoogan. "Characteristics of and important lessons from the coronavirus disease 2019 (COVID-19) outbreak in China: summary of a report of 72 314 cases from the Chinese Center for Disease Control and Prevention." *Jama* 323.13 (2020): 1239-1242.
5. Zhang, R., Li, Y., Zhang, A. L., Wang, Y., & Molina, M. J. (2020). Identifying airborne transmission as the dominant route for the spread of COVID-19. *Proceedings of the National Academy of Sciences*, 117(26), 14857-14863.
6. Ing, A. J., Cocks, C., & Green, J. P. (2020). COVID-19: in the footsteps of Ernest Shackleton. *Thorax*, 75(8), 693-694.
7. Jung, C. Y., Park, H., Kim, D. W., Choi, Y. J., Kim, S. W., & Chang, T. I. (2020). Clinical characteristics of asymptomatic patients with COVID-19: a nationwide cohort study in South Korea. *International Journal of Infectious Diseases*, 99, 266-268.
8. Mizumoto, K., Kagaya, K., Zarebski, A., & Chowell, G. (2020). Estimating the asymptomatic proportion of coronavirus disease 2019 (COVID-19)

cases on board the Diamond Princess cruise ship, Yokohama, Japan, 2020. *Eurosurveillance*, 25(10), 2000180.

9. Davies, N. G., Klepac, P., Liu, Y., Prem, K., Jit, M., & Eggo, R. M. (2020). Age-dependent effects in the transmission and control of COVID-19 epidemics. *Nature medicine*, 26(8), 1205-1211.
10. Le Bert, N., Clapham, H. E., Tan, A. T., Chia, W. N., Tham, C. Y., Lim, J. M., ... & Tam, C. C. (2021). Highly functional virus-specific cellular immune response in asymptomatic SARS-CoV-2 infection. *Journal of Experimental Medicine*, 218(5).
11. Lyu, W., & Wehby, G. L. (2020). Community Use Of Face Masks And COVID-19: Evidence From A Natural Experiment Of State Mandates In The US: Study examines impact on COVID-19 growth rates associated with state government mandates requiring face mask use in public. *Health affairs*, 39(8), 1419-1425.
12. Le Bert, N., Tan, A. T., Kunasegaran, K., Tham, C. Y., Hafezi, M., Chia, A., ... & Bertoletti, A. (2020). SARS-CoV-2-specific T cell immunity in cases of COVID-19 and SARS, and uninfected controls. *Nature*, 584(7821), 457-462.
13. Schwartz, K. L., Murti, M., Finkelstein, M., Leis, J. A., Fitzgerald-Husek, A., Bourns, L., ... & Yaffe, B. (2020). Lack of COVID-19 transmission on an international flight. *Cmaj*, 192(15), E410-E410.
14. Leffler, C. T., Ing, E., Lykins, J. D., Hogan, M. C., McKeown, C. A., & Grzybowski, A. (2020). Association of country-wide coronavirus mortality with demographics, testing, lockdowns, and public wearing of masks. *The American journal of tropical medicine and hygiene*, 103(6), 2400-2411.
15. Bajaj, V., Gadi, N., Spihlman, A. P., Wu, S. C., Choi, C. H., & Moulton, V. R. (2021). Aging, immunity, and COVID-19: how age influences the host immune response to coronavirus infections?. *Frontiers in Physiology*, 11, 1793.
16. Buss, L. F., Prete, C. A., Abrahim, C. M., Mendrone, A., Salomon, T., de Almeida-Neto, C., ... & Sabino, E. C. (2021). Three-quarters attack rate of SARS-CoV-2 in the Brazilian Amazon during a largely unmitigated

epidemic. *Science*, 371(6526), 288-292.

17. Sabino, E. C., Buss, L. F., Carvalho, M. P., Prete, C. A., Crispim, M. A., Fraiji, N. A., ... & Faria, N. R. (2021). Resurgence of COVID-19 in Manaus, Brazil, despite high seroprevalence. *The Lancet*, 397(10273), 452-455.
18. Leung, N. H., Chu, D. K., Shiu, E. Y., Chan, K. H., McDevitt, J. J., Hau, B. J., ... & Cowling, B. J. (2020). Respiratory virus shedding in exhaled breath and efficacy of face masks. *Nature medicine*, 26(5), 676-680.
19. Abdool Karim, S. S., & de Oliveira, T. (2021). New SARS-CoV-2 variants—clinical, public health, and vaccine implications. *New England Journal of Medicine*.
20. Kim, D., Lee, J. Y., Yang, J. S., Kim, J. W., Kim, V. N., & Chang, H. (2020). The architecture of SARS-CoV-2 transcriptome. *Cell*, 181(4), 914-921.
21. Adapted from "SARS-CoV-2: How is the Virus Spread?", by Biorender.com (2021)
22. Adapted from "SARS-CoV-2: What We Know About Its Effects on Respiration", by Biorender.com (2021)

12. 코로나19 치료제와 백신 개발

코로나19 치료제를 찾아서

코로나19 팬데믹이 시작되자 세계 각국 수많은 의생명과학자 및 제약 관련 기업들은 코로나19의 치료법과 백신을 개발하기 위하여 분주히 움직이기 시작하였다. 약물의 타깃이 정해지더라도 여기에 특이적으로 작용하고 부작용 및 약물학적 특성도 뛰어난 약물을 개발하여 사용 승인을 받으려면 최소 몇 년, 보통 10년에 가까운 시간이 걸린다. 그러나 코로나19 팬데믹으로 수백만 명이 희생되는 상황에서 기존 방식대로 처음 단계부터 개발하여 시의적절하게 내놓는 것은 무리였다. 이런 상황에서 제약회사들은 이미 개발되어 다른 질병 치료에 사용하는 약물을 코로나19에 적용하는 약물 리포지셔닝Drug Repositioning, 혹은 다른 바이러스 치료를 위해 개발 중인 약물의 적응증 확대를 통하여 가능한 빨리 코로나19에 효과가 있는 약물을 찾으려 하였다.

그러나 이러한 시도의 대부분은 치료효과를 가지는 약물을 찾는데 실패하였다. 일부에서는 세포 수준에서 바이러스 증식을 억제하였지만 실험동물 혹은 사람 대상으로 한 임상시험에서는 전혀 효과를 보이지 못하였다. 많은 기대를 품고 임상시험에 들어갔지만 전혀 효과가 없었던 약물 중 대표적으로 이전부터 사용한 항말라리아 약물 '히드록시클로로퀸'이 있다. 이외에도 수많은 약물(발기부전 치료제인 실더니필(상품명: 비아그라)도 있었다)들을 시도하였으나 아무런 치료 효과를 보이지 못했다.

기대보다 미흡한 항바이러스제제

어느 정도 효과를 보이긴 했지만 코로나19 치료의 '게임체인저'까지는 되지 못한 약물도 있다. 대표적인 것이 항바이러스 약물인 렘데시비르Remdesivir이다. 렘데시비르는 원래 에볼라 바이러스대항 항바이러스제로 만들어진 뉴클레오타이드 유사체 약물이며 바이러스 RNA 중합효소에 결합하여 RNA 복제를 억제한다. 일반적인 뉴클레오타이드는 인산기가 달려서 세포 투과성이 낮다. 인산기가 제거된 뉴클레오사이드 유사체는 세포 내에 흡수된 다음 인산화 과정을 거쳐야 하기 때문에 효과가 낮다. 렘데시비르는 뉴클레오타이드에 화학적으로 변형을 가한 프로타이드ProTide, Prodrug for nucleotide 계열의 약물로서 인산기를 화학적으로 변형시켜 세포 투과성을 높였다. 세포 안에 들어간 후에는 인산기에 붙어있는 화학 잔기가 분해되어 활성화된다. 참고로 C형 간염 바이러스 치료에 탁월한 효과를 보인 약물인 소포부비르sofosbuvir(상품명: 소발디)도 동일한 계열의 약물이다.

렘데시비르가 세포 수준에서 SARS-CoV-2의 증식을 억제하는 것을 확인한 후 사람 대상 임상시험에 들어갔다. 2020년 11월 미국 국립 전염병 및 알레르기 연구소NIAID를 중심으로 1,062명의 환자를 대상으로 진행된 임상시험에서 절반의 환자에게 매일 100mg의 렘데시비르를 10일간 투여하였고 (첫날은 200mg) 나머지 환자는 위약을 투여하였다. 위약을 투여한 환자는 완치되는데 평균 15일 걸린 반면 렘데시비르 투여군은 10일이 걸렸다. 발병 후 1개월 시점에서 위약 투여군의 치명률은 15.2%, 렘데시비르 투여군은 11.4%로 이 차이는 통계적으로 유의한 수준은 아니었다. 렘데시비르는 회복에 걸리는 시간을 줄여준다는 효과가 있었으나 예상만큼 중증 진행이나 사망을 극적으로 줄여주지는 못하였다.

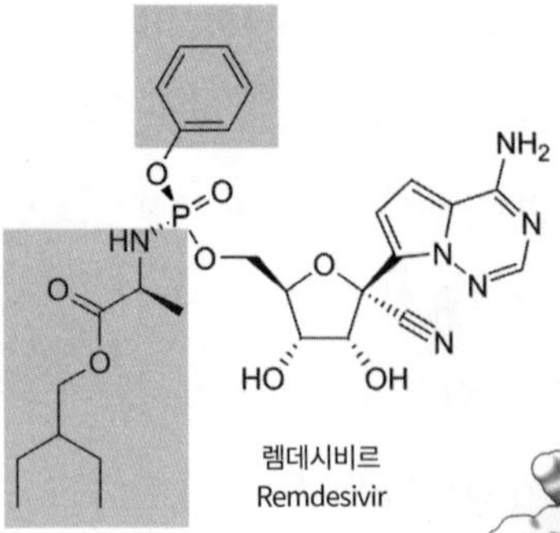

렘데시비르
Remdesivir

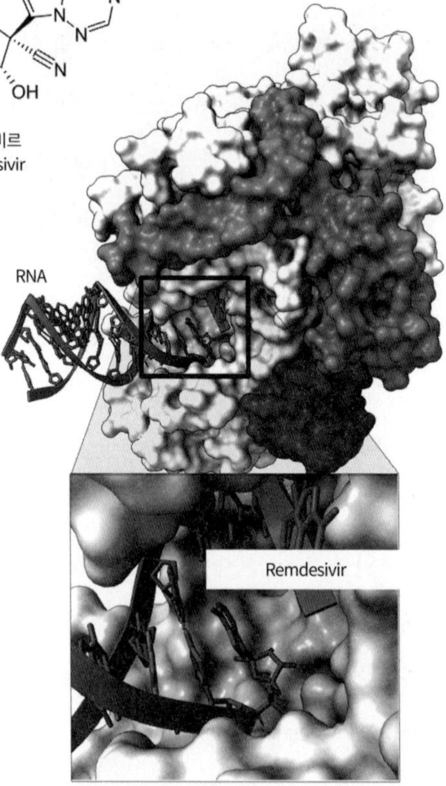

렘데시비르의 구조식과 SARS-CoV-2의 RNA 중합효소에 결합한 모습. 렘데시비르는 뉴클레오타이드 유도체이지만 세포 내 흡수가 용이하도록 인산기에 별도의 화학 잔기를 달아놓은 프로타이드 ProTide계열의 약물이다. 표시한 부분이 세포 내에 흡수된 다음 떨어져 나가 활성을 가진 약물이 된다. 렘데시비르는 RNA 중합효소에 결합하여 RNA 합성을 방해하여 바이러스 증식을 억제한다.

경증 환자의 중증 진행을 막아주는 항체 치료제

또 다른 치료제로 많은 관심을 모은 것은 항체 치료제이다. 코로나19에 감염된 사람에서 생성된 코로나19 항체 유전자 중에서 바이러스 중화 능력이 있는 항체를 찾아서 재조합 단백질로 생산하여 코로나 19에 감염된 환자에게 주입하여 바이러스를 무력화한다는 전략이다. 코로나19 감염 일주일 후에는 어차피 후천성 면역이 발동하여 코로나19에 대한 항체가 형성된다. 그렇다면 외부에서 항체를 주입하는 것은 어떤 의미가 있을까. 만약 감염 초기에 후천성 면역이 형성되지 않았을 때 항체를 외부에서 주입한다면 치료 속도를 높이고 중증으로 진행을 막는 효과를 기대할 수 있다. 그러나 이미 중증으로 진행된 환자는 바이러스 자체보다 과도한 선천성 면역 반응(염증 반응)으로 조직이 손상되는 것이 더욱 문제이고, 이미 항체가 형성되기 시작하였으므로 외부에서 항체를 주입한다고 큰 치료 효과를 기대하기 힘들다. 즉 **항체 치료제는 감염 초기 환자가 중증으로 진행되는 것을 막는 수준에서 의미가 있다.**

항체 의약품을 개발하던 여러 회사가 코로나19 항체 치료제의 개발에 뛰어들었다. 일라이 릴리Eli Lily, 리제네론Regeneron과 같은 다국적 회사 및 셀트리온 같은 국내 기업도 있었다. 이들은 공통적으로 SARS-CoV-2의 스파이크 단백질의 수용체 결합

도메인RBD에 결합하여 바이러스의 감염을 막는 중화항체를 얻고 이를 재조합 단백질로 대량생산하여 치료제로 사용하려는 계획이었다. 일라이 릴리는 밤라니비맙Bamlanivimab과 에테세비맙Etesevimab이라는 2종류 항체를 개발하였고, 밤라니비맙 단독 혹은 2가지 항체를 동시에 사용했을 때 경증 코로나 환자에서 바이러스 양의 감소 및 중증으로의 전이 예방 효과가 있는지를 관찰하였다. 이 결과 한 가지 항체만을 사용했을 때는 바이러스의 감소 효과를 관찰하지 못했지만 2가지 항체를 동시에 사용했을 때는 유의적으로 바이러스가 감소하였다. 그리고 중증으로 전이한 환자의 비율(입원 환자)을 보았을 때, 위약군에서는 7.0%(36명)의 환자가 중증으로 전이되었지만 두 항체를 투여한 군에서는 2%(11명)의 환자만이 중증으로 전이, 중증 전이 비율을 70% 감소시켰다. 그리고 위약군에서 11명의 사망자가 나왔지만 항체 치료를 받은 환자에서는 1명도 나오지 않았으므로 사망자 감소 효과도 보였다. 항체 치료제가 경증에서 중증으로의 진행을 억제함으로써 사망을 줄인다는 것이다. 이러한 임상 시험 결과에 기반하여 2021년 3월 일라이 릴리의 항체 치료제는 FDA로부터 긴급 사용 승인을 받았다.

그러나 이러한 효과와는 별도로 항체 치료제의 한계 역시 명백하다. 첫째로 항체 치료제는 중증으로 진행되지 않은 환자에게는 효과가 있지만 이미 중증으로 진행된 환자에 대해서는 큰 효과를 내지 못한다. 항체 치료제는 결국 항바이러스제와 마찬가지로 초기에 바이러스 감염이 진행 중일 때 억제 효과가 있지만 중증으로 접어든 환자의 경우 바이러스의 증식 보다는 과도한 염증 반응에 의해서 목숨을 위협받는다. 이러한 상황에서 항체 치료제는 큰 효과를 내기 어렵다.

둘째로 항체 치료제의 가격이다. 단백질 의약품인 항체 치료제는 소분자 기반의 항바이러스제에 비해 생산비가 비싸다. 미국 정부는 일라이 릴리로부터 10만 회 투여분의 항체 치료제를 2억 1,000만 달러에 구입하였는데, 1회 투여분의 가격이 약 2,100달러(한화 240만 원)에 달한다. 중증으로 진행을 효과적으로 예방하기 위해서는 가능한 많은 경증 환자에게 투여하여야 하지만 항체 치료제의 가격을 생각한다면 다수의 감염자를 대상으로 항체 치료제를 투여하는 것은 현실성이 없다. 게다가 항체 치료제의 수요는 백신의 접종 비중이 높아질수록 줄어들 것이다.

다른 문제도 있다. 항체 치료제가 인식하는 SARS-CoV-2의 항원인식부위(에피토프Epitope)에 돌연변이가 일어나면 1가지 혹은 2가지의 단일 항원 항체로 구성된 항체 치료제의 효능은 급격히 떨어진다. 백신도 마찬가지로 돌연변이체에 영향을 받지만 항체 치료제가 더 크게 영향을 입는다. 백신의 경우 같은 항원에 대해서 여러 종류의 항체를 형성하므로 이중에서는 돌연변이에도 불구하고 바이러스에 결합하는 항체도 분명히 존재하기 때문에 효과가 감소하더라도 완전히 없어지지는 않는다. 그러나 항체 치료제는 단 1, 2종류의 항체로 구성되기 때문에 돌연변이에 의해서 항체와 바이러스가 결합하지 못하는 경우 효과가 완전히 없어지거나 반 이하로 줄어든다.

중증 환자 치명률 개선에 기여한 스테로이드 및 면역 저해제

항체 치료제나 항바이러스제는 경증 환자가 중증으로 진행을 막는 데 몫을 하였지만 이미 중증으로 악화되어 폐 기능이 떨어져 인공호흡기나 체외막산화기Extra Corporeal Membrane Oxygenation, ECMO, 에크모 같은 장치에 의존하는 환자에서 큰 효과를 보지 못했다. 그 이유는 앞에서도 언급했듯이 중증 환자의 경우 바이러스의 활동보다는 과도한 염증 반응 등에 의한 조직 손상이 더 치명적이기 때문이다.

그렇다면 과도한 염증 반응과 같은 면역반응을 억제하는 약물을 쓰면 되지 않을까? 덱사메타손Dexamethasone은 코르티코스테로이드corticosteroid 계열의 약물로 강력한 면역 억제 효과를 가진다. 류마티스성 관절염 등의 자가면역질환 등에 주로 쓰는 약물이다. 영국 옥스포드 대학에서 2020년 발표한 연구 결과에 의하면 덱사메타손을 투여받은 환자는 투여받지 않은 환자 대비 치명률이 낮았으며 (덱사메타손 투여 환자: 22.9%, 비투여 환자: 25.7%), 특히 인공호흡기로 산소를 공급받는 중증 환자에서 효과가 더 높았다(29.3% vs 41.4%). 폐 손상이 심한 환자의 경우 덱사메타손과 같은 스테로이드에 의한 염증 반응의 억제가 치명률을 낮추었다. 염증 반응을 억제하는 다른 약물도 중증 환자를 치료하는데 사용된다. 토실리주맙Tocilizumab은 염증 반응을 유발하는 사이토카인, 인터루킨-6(IL-6) 수용체에 결합하여 IL-6 신호전달을 억제하여 염증 반응을 억제하는 항체 의약품이다. 류마티스성 관절염 등에 사용되는 약이다. 덱사메타손에 토실리주맙을 추가 투여하면 위급한 환자의 생존률을 높일 수 있다는 보고 이후 일부 환자를 대상으로 사용된다.

2021년 현재 표준 코로나19 치료 요법

코로나19 팬데믹이 시작된 이후 여러 치료 방법이 시도되었고 질병의 심각성에 따라 각각 권장하는 치료법의 가이드라인이 수립되었다. 미국 NIH에서는 2021년 4월 코로나19의 환자 증상에 따라 다음과 같은 치료 방법을 권장한다.

- **입원이 필요 없는 경증 및 중증도mild to moderate 환자**[●]: 이들 환자들은 열이나 통증을 줄이기 위한 대증요법적인 치료를 하며 상태가 악화되지 않는지 관찰이 필요하다. 이 중에서 고위험군 환자(65세 이상, 기저질환 환자 등)에 대해서는 항체 치료제의 투여를 고려할 수 있다.

- **입원했지만 저산소증이 아닌 환자**: 고위험군 환자에는 렘데시비르의 사용이 적합할 수 있다.

- **입원하였고 산소 공급이 필요한 환자**: 상태에 따라서 다음과 같은 치료가 가능하다.

  • 산소 공급이 크게 필요하지 않은 환자: 렘데시비르
  • 산소 공급이 많이 요구되는 환자: 덱사메타손 및 렘데시비르

- **입원하였고, 고용량 산소 공급이 필요한 환자**: 덱사메타손이나 덱사메타손 및 렘데시비르. 입원한 지 얼마 안 되어 산소 공급이 급격히 요구되거나 염증 반응이 심한 환자에게는 토실리주맙을 추가한다.

- **입원 후에 침습적 환기(삽관)이나 에크모가 필요한 환자**: 덱사메타손 혹은 덱사메타손 및 토실리주맙.

● 경증 및 중증도 환자는 발열이나 근육통, 인후통 증상이 나타나지만 폐렴 또는 저산소증은 나타나지 않는 환자로 정의된다.

결국 중증으로 진행을 예방하는 항체 치료제, 항바이러스제제 렘데시비르, 중증 환자의 과중한 면역 반응을 덜어주기 위한 덱사메타손 및 토실리주맙 이외에는 코로나19의 치료에 어느 정도 효과를 보인 치료제는 아직 없는 셈이다. 코로나19와의 전쟁을 승리로 이끌기 위한 무기는 백신밖에 없다. 그러나 이전까지의 상식으로는 병원체가 발견된 이후 백신이 개발되기까지 최소 몇 년이 걸렸으므로, 코로나19 예방 백신 역시 몇 년 뒤에나 나올 것이라 생각했다. 그러나 병원체가 발견된 지 불과 1년이 채 지나지 않은 2020년 말, 여러 가지 백신이 등장하였고 접종이 시작되었다. 코로나19와의 전쟁이 새로운 국면으로 접어들었다. 어떻게 이렇게 빨리 백신이 등장하였을까?

코로나19 백신을 빠르게 개발할 수 있었던 이유

생명공학 기술의 발전으로 백신을 만드는 기술은 이미 매우 잘 확립되어 있었다. 백신으로 사용할 수 있는 '백신 후보'를 만드는 데에는 몇 달 정도면 충분하고 동물 수준에서 항체 형성이나 예방을 확인하는 데에도 큰 시간이 소요되지 않는다. 그러나 '백신 후보'에서 실제로 사람에 사용할 수 있는 '백신'이 되기까지 실제로 효과가 있는지, 안전성을 검증하는 것이 핵심 관건이다. 백신을 완성하기 위해서는 몇 만 명 규모의 임상 3상을 통하여 백신을 접종받은 사람이 위약을 접종받은 사람에 비해서 예방 효과가 있다는 것이 검증되어야 한다. 특히 백신은 치료제와는 달리, 아직 병에 걸리지 않은 사람이 맞는 것을 전제로 하므로 치료제에 비해 부작용 등에 더욱 민감하다. 멀쩡한 사람이 부작용 때문에 병에 걸릴 수 있다면 백신 접종을 주저하기 때문이다.

만약 어떤 전염병에 대한 백신 후보를 개발한다고 해도 지금 전혀 발생하지 않거나(예: 사스) 혹은 매우 낮은 빈도로 발생하는 질병(예: 메르스)의 백신은 예방 효과를 알아보기 어려우므로 결과적으로 백신 개발을 완료하는 것이 어렵거나 불가능하다. 가령 백신을 맞은 시험군 1만 명과 위약을 맞은 시험군 1만 명에서 일정 시간 내에 환자가 1명도 발생하지 않았다면 백신이 효과를 알 수 없기 때문이다. 실제로 백신을 맞은 집단에서 환자가 1명도 나오지 않았고, 위약을 맞은 실험군에서 단 1명의 환자가 발생하였다면 백신의 효과인지 우연인지 구분하기 어렵다. 많은 전염병들에 대한 백신 개발은 이러한 문제에 직면한다. 또 다른 이유라면 백신 개발의 경제성 문제이다. 백신을 개발하는 제약회사도 결국 이윤을 추구하는 사기업이다. 백신 후보를 개발하고 여러 단계의 임상 시험을 거쳐 실제로 사용할 수 있는 백신으로 허가받는 데에는 많은 비용이 든다. 따라서 각 개발 단계를 거치며 앞 단계에서 확실한 결과가 나와야만 다음 단계로 넘어갈 수 있다.

그러다 보니 으레 몇 년 이상의 시간이 걸렸다. 효과가 입증되기 전에 생산 시설을 구축하는 등의 투자는 너무 리스크가 높은 일이었으므로 백신 개발 과정은 돌다리도 두드리며 건너는 식으로 매우 느리게 진행되는 것이 일반적이다.

그러나 코로나19는 역대급 팬데믹이다. 인명 피해와 경제적 손실은 이전에 우리가 경험했던 전염병과는 차원이 다른 수준이었다. 수단과 방법을 가리지 않고 가능한 빨리 백신을 확보해야만 했고 이를 위해서는 국가 차원에서 백신 개발 회사들의 재정적 리스크를 줄여주어야만 했다. 미국 정부는 '워프스피드 작전Operation Warp Speed'라는 정부 재정지원 사업으로 백신 업체의 막대한 개발 비용을 적극 지원하였고 백신의 성공 여부와 관계없이 수억 회 분량의 백신 구입을 확약했다. 미국 정부뿐만 아니라 많은 국가들이 어떤 백신이 성공할지 모르는 상황에서 다양한 회사의 백신 선구매를 확약했다. 이에 따라 백신 회사들의 재정적 리스크가 해소되사 각 기업들은 임상 시험 준비와 생산 공정 개발, 생산 시설 구축을 동시다발적으로 진행하였고, 임상 시험이 완료되기 전에 미리 백신을 생산해 두어 사용 허가가 나자마자 접종을 개시할 수 있었다.

백신의 개발이 이렇게 빨리 이루어진 데에는 또 다른 이유도 있다. 백신이 실제로 코로나19를 막는지를 확인하는 임상 3상 시험이 진행되던 2020년 하반기에 임상 시험이 주로 실시되던 미국, 유럽, 브라질, 남아공 등에서 재유행이 시작되어 확진자가 급증하였다. 따라서 임상 3상에 참여하여 백신을 맞은 집단에서 위약군보다 상대적으로 환자가 적게 발생하는 것을 매우 신속하게 확인할 수 있었다. 만약 코로나19의 확산세가 느렸다면 백신이 진짜로 효과가 있는지 알기까지 오랜 시간이 걸렸을 것이다. 일례로 일부 백신 제조사들은 코로나19의 확산세가 줄어 백신의 효과를 확인하는데 어려움을 겪을 것이라 생각하고 백신을 맞은 사람을 대상으로 지원자에게 인위적으로 바이러스 감염을 시켜 백신의 효용성을 확인하려는 시험을 해야 하는지를 한때 심각히 고려한 적이 있었다. 그러나 2020년 하반기 코로나19가 재확산되면서 백신의 효과를 임상 시험으로 검증할 수 있었고 그러한 시험 없이도 백신의 효과를 신속하게 확인할 수 있었다. 아이러니한 일이지만 결과적으로 미국과 유럽의 방역 실패로 초래된 환자 폭증이 빠른 백신 개발에 기여한 셈이다.

코로나19 백신의 기본 원리

현재까지 등장한 코로나19 백신들의 특징을 알아보도록 하자. 여기서 주목할 것은 현재까지 개발된 코로나19 백신은 여러 가지 방식의 백신이 있으며 따라서 각각 다른 특성을 지닌다.

중국의 시노백Sinovac에서 생산하는 백신을 제외한 다른 코로나19 백신은 생백신이나 사백신 같은 전통 방식이 아닌 생명공학 기술을 이용하여 만들었다. 병원체 바이러스 전체를 이용하여 만드는 전통적인 백신과 달리, 생명공학 기술을 이용한 백신은 면역을 유도하는데 필요한 SARS-CoV-2의 스파이크 단백질에 대한 정보만을 이용하여 만든다. 우리 몸에 SARS-CoV-2 바이러스 전체가 아닌 스파이크 단백질만 넣어준 다음 몸의 면역계가 이를 인식하여 면역 반응(항체 및 세포성 면역)을 유도시키는 것이다.

여기서 몸에 스파이크 단백질을 넣는 방법에 따라 백신의 종류가 달라진다. 스파이크 단백질을 몸속에 전달하는 방법은 크게 2가지로 구분한다.

1. 외부 세포에서 만든 스파이크 단백질을 주입하는 방법
2. 스파이크 단백질을 만드는 정보를 생체 내에 전달하여 몸에서 스파이크 단백질을 합성하는 방법

노바백스Novavax는 방법 1을 토대로 백신을 만들었다. 방법 2에 해당하는 백신은 다시 두 갈래로 갈리는데, mRNA 기반의 모더나Modena, 화이자Pfizer/바이오엔텍BioNTech과 아데노바이러스 기반의 아스트라제네카AstraZeneca/옥스포드, 존슨앤존

슨 Johnson&Johnson/얀센Janssen, 러시아의 스푸트니크Sputnik 백신이 있다. 즉 현재 사용하는 대부분의 백신은 스파이크 단백질을 만드는 정보를 체내에 전달하여 몸에서 직접 스파이크 단백질을 만드는 방식을 쓴다.

스파이크 단백질을 만드는 정보는 SARS-CoV-2의 RNA 유전체 속에 존재한다. 여기에는 스파이크 단백질을 만드는 정보 이외에 바이러스 복제에 필요한 여러 단백질에 대한 정보가 담겨 있다. **스파이크 단백질을 만드는 정보만을 사용하는 것은 모든 백신이 동일하나, 정보를 DNA 혹은 RNA, 어떤 형태로 전달하는지에 따라 아데노바이러스 기반 백신과 mRNA 기반 백신으로 나뉜다.**

여기서 몸속에서 단백질이 어떻게 생성되는지 다시 한 번 되짚어보자. 몸을 구성하는 단백질을 만드는 정보는 DNA에 저장되어 있다. DNA에 저장된 정보는 일단 mRNA로 전사되어 단백질을 만드는데 이용된다. 인간 DNA에 SARS-CoV-2의 스파이크 단백질에 대한 정보가 들어 있을 리 없으므로 인간 세포 내에서 스파이크 단백질을 만들려면 여기에 해당하는 유전 정보를 세포 안으로 들여보내야 한다. 아데노바이러스 백신의 경우 아데노바이러스 DNA에 SARS-CoV-2의 스파이크 단백질 정보를 덧붙여 세포 안으로 전달한다. mRNA 백신은 스파이크 단백질에 대한 정보를 mRNA 형태로 들여보낸다. **컴퓨터로 비유하면**

인간의 펌웨어에 존재하지 않는 프로그램을 실행시키기 위하여 '해킹'으로 외부의 정보를 세포에 밀어넣는 셈이다. mRNA 백신과 아데노바이러스 백신은 스파이크 단백질 정보를 mRNA로 전달하느냐, DNA 형태로 전달하느냐의 차이를 갖는다. 가장 먼저 승인되어 접종된 mRNA 백신에 대해서 알아보자.

mRNA 기반 백신(화이자, 모데나)

mRNA 기반 백신은 DNA에서 단백질로 가는 중간 단계인 mRNA 형태로 스파이크 단백질의 정보를 전달한다. 그렇다면 DNA에 비해 mRNA 형태로 세포에 정보를 전달하면 어떤 이점이 있을까? 바이러스 DNA를 매개로 정보를 전달하는 방식을 따르면 바이러스가 세포에 감염되고 바이러스 DNA가 세포핵으로 이동하여 mRNA을 거쳐 스파이크 단백질을 만든다. 반면 mRNA 형태의 백신은 일단 세포 속에 들어가면 바로 단백질을 만들 수 있으므로 면역이 유도되는 데까지 시간이 단축된다.

mRNA 백신의 강점은 이외에도 많다. 팬데믹 상황에서 새로운 종류의 바이러스에 대응하는 백신을 빨리 개발할 수 있다는 장점이 있다. mRNA 백신은 바이러스의 유전체 정보가 알려지면 여기에 근거하여 DNA를 합성하고, mRNA를 만든 후 지질

나노입자화(여기에 대해서는 조금 뒤에 설명한다) 하여 신속하게 백신을 만들 수 있다. 아데노바이러스 기반 백신이나 단백질 기반 백신은 병원체의 유전자를 채취하여 바이러스 혹은 단백질을 제조하는 과정을 정립하는데 시간이 걸린다. 반면 mRNA 기반 백신은 비교적 신속하게, 바이러스의 종류에 상관없이 거의 동일한 제조 공정으로 단시간에 만들 수 있다. 실제로 2020년 1월 우한에서 SARS-CoV-2 바이러스의 유전체 정보가 알려진 직후 모데나와 화이자 등의 회사들은 즉시 mRNA 백신 개발을 시작하였고, 불과 한 달 뒤 임상 1상 시험을 할 백신 후보물질이 준비되었다. 이렇게 빠른 속도는 백신 개발 사상 전례가 없는 일이었다.

대부분의 백신은 1번 투여만으로 충분한 면역력을 부여하지 못하지만 2번 투여받으면 면역 기억 기전에 의하여 훨씬 높은 수준의 면역력이 유도된다. mRNA 백신 역시 약 3~4주 간격으로 2회 접종을 받은 후에 비로소 매우 높은 수준의 면역이 형성되었다. 이렇게 높은 수준의 면역을 형성하는데 mRNA 백신은 매우 유리하다. (아데노바이러스 기반 백신은 이러한 면에서 mRNA 백신에 비해 불리하다. 여기에 대해서는 아데노바이러스 백신을 설명할 때 다룬다.)

mRNA 기반 백신은 가장 최신 기술이다. 코로나19 mRNA 백신은 실제로 mRNA 기반의 백신이 실용화된 첫 번째 사례였다. mRNA를 이용하여 백신을 만드는 것이 왜 어려웠을까?

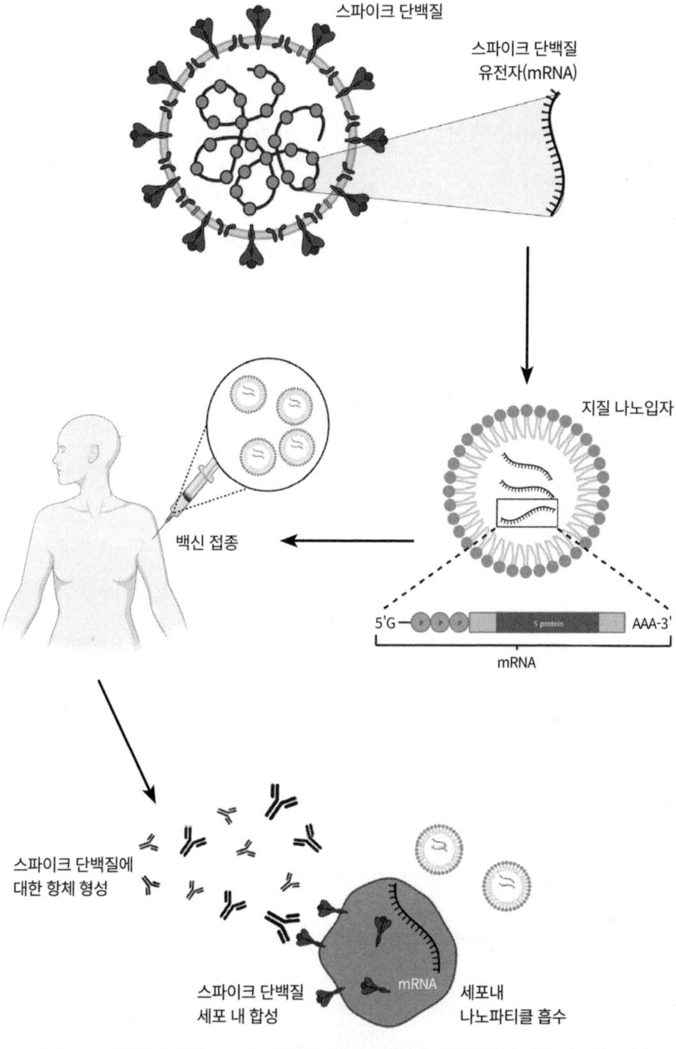

코로나19 mRNA 백신의 원리. mRNA 백신은 SARS-CoV-2에서 면역에 필요한 부분인 스파이크 단백질 유전자만을 mRNA로 만들어 지질 나노입자로 감싼 것이다. 지질 나노입자 형태의 백신을 접종하면 스파이크 단백질의 mRNA를 무사히 세포 내로 유입시킬 수 있다. 유입된 mRNA는 세포 내에서 스파이크 단백질을 만들게 된다. 세포 내에서 합성된 스파이크 단백질에 대해서 항체와 세포성 면역이 유도되고, 이로 인해 SARS-CoV-2에 대한 면역이 유도된다.

mRNA가 단백질이나 바이러스에 비해서 훨씬 쉽게 분해되는 물질이기 때문이었다. 아무런 보호장치 없이 mRNA를 인간에게 주사하면 mRNA는 혈액 중에서 순식간에 분해되어버리므로 mRNA가 무사히 세포까지 전달되도록 보호할 '갑옷'이 필요하였다. 또 mRNA는 화학적으로 물에 매우 잘 녹는 성질을 가지는데 통과해야 하는 세포막은 마치 기름 같은 성질을 띄기 때문에 정상적인 경우 mRNA가 세포막을 통과할 수 없다. 게다가 선천성 면역계는 바이러스 RNA를 감시하여 염증 반응을 유도하고 세포 내로 어렵게 들어간 mRNA도 단백질로 번역되는 효율이 낮았다.

21세기 초 이러한 여러 가지 난제가 해결할 기반이 생겼다. mRNA를 기름 성질을 가진 포장지로 감싸는, 일종의 '지질 나노입자Lipid Nanoparticle'로 만들면 mRNA를 보호할 수 있다는 것을 발견하였다. 게다가 지질 나노입자 형태로 만든 mRNA는 세포막과 융합되어 세포 안으로 쉽게 들어갈 수 있었다. 그리고 mRNA 구성 염기 중의 하나인 유리딘Uridine을 N1-메틸슈도유리딘N1-methylpseudouridine, m1Ψ으로 치환하여 합성하면 선천성 면역계를 피해서 염증 반응을 최소화할 수 있으며, 세포 내에서 오랫동안 단백질을 합성할 수 있다는 것도 밝혀졌다. 이 2가지 기술, 즉 지질 나노입자와 mRNA 염기 치환 기술의 등장으로 2010년대 중반, mRNA 기반 백신의 기술 개발이 확립되었다.

그러나 코로나19 등장 전 mRNA 기반 전염병 예방 백신은 아직까지 실용화되지 않은 상태였다. 모데나, 바이오엔텍과 같이 mRNA를 세포 내로 전달하는 기술을 가지고 있는 기업들은 바이러스 예방 백신보다 주로 mRNA를 이용하여 암 면역을 유도하려는 '암 백신' 개발에 주력하고 있었다. 전염병에 대한 백신 개발은 코로나19 같이 세기에 한 번 있을법한 대유행이 아니라면 경제적으로 그다지 이득이 없는 일이기 때문이다. 이러한 기술을 가진 기업들은 자연스럽게 경제적으로 더 전망이 있는 암 치료법 연구에 집중하고 있었다. 그러나 상황은 코로나19 이후 급격히 바뀌었다. 특히 백신을 가장 빨리 개발할 가능성이 높을 것이라 주목 받은 mRNA 백신은 코로나19가 시작되자마자 SARS-CoV-2에 대한 백신 개발에 착수하였다. 미국 국립 알레르기 및 전염병 연구소NIAID는 모데나와 협력하여 중국에서 공개된 DNA 정보에 근거하여 mRNA 백신을 설계하였다. 중국이 SARS-CoV-2의 유전체 정보를 공개한지 불과 이틀 만이었다. 이렇게 신속하게 백신 개발이 가능했던 이유는 NIAID가 SARS-CoV-2 등장 전부터 새로운 코로나 바이러스에 대한 질병이 발생할 위험성에 주목하고, 메르스 코로나 바이러스를 예방하는 백신 개발 연구를 진행해왔던 덕분이다. 이러한 연구 결과에 기반하여 같은 코로나 바이러스인 SARS-CoV-2의 mRNA 기반 백신을 신속하게 개발할 수 있었다.

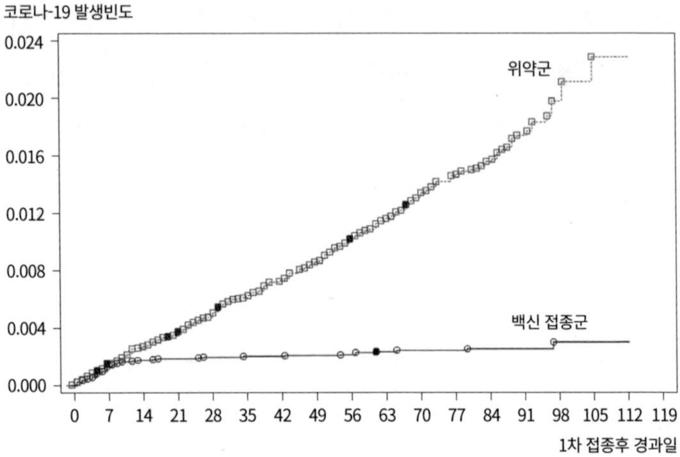

화이자/바이오엔텍의 mRNA 백신의 임상 3상 시험 결과. 백신 접종군과 위약군의 코로나19 발생 빈도를 1차 접종 후부터 추적하였다. 접종 후 약 10일이 지나 면역이 형성된 백신 접종군에서는 코로나19 가 거의 발생하지 않지만, 위약군에서는 지속적으로 증가하는 것을 볼 수 있다.

2020년 3월부터 인간을 대상으로 임상 1상 시험이 시작되었고, 그 결과 SARS-CoV-2의 스파이크 단백질 정보를 가진 mRNA 백신이 성공적으로 인간에서 높은 수준의 항체를 생성할 수 있다는 것을 확인하였다. 이뿐만 아니라 원숭이 같은 동물 실험을 통해 바이러스의 감염으로부터 개체를 보호할 수 있다는 것도 알게 되었다. 고무적인 결과에 힘입어 2020년 하반기부터 백신이 코로나19를 예방할 수 있는지 확인하는 임상 3상 시험이 시작되었다. 2020년 11월 모데나와 화이자/바이오엔텍이 개발한 2가지 mRNA 백신의 임상 3상 시험 중간 결과가 공개되었고, 이 결과는 기대를 훨씬 뛰어넘었다.

화이자/바이오엔텍의 mRNA 백신을 2회 접종받은 2만 1,720명 중에서 8명의 코로나19 감염자가 나왔지만 위약을 접종받은 2만 1,728명 중에서는 162명의 감염자가 발생하였다. 백신 효과로 환산하면 95.1%으로 이는 백신을 접종하면 백신을 접종받지 않은 사람에 비해서 코로나19 감염 확률이 95% 감소한다는 의미이다. 통상적인 인플루엔자 백신의 백신 효과가 40~50% 정도라는 것을 생각하면 이는 매우 높은 효과였다. 이와 비슷한 시기에 진행된 모데나의 임상 시험에서도 94.1% 백신 효과가 나타났다. 이러한 결과에 힘입어 2020년 12월 미국 식품의약국FDA은 두 백신의 긴급 사용 허가를 내렸고, 접종이 개시되었다. 전염병의 병원체가 발견되고 불과 1년도 되기 전에 백신이 개발되어 접종되기 시작한, 유례없는 일이었다.

그렇다면 mRNA 백신은 다른 백신에 비해 어떤 장점과 단점이 있을까? mRNA 백신이 여태까지 상용화된 경험이 없었기 때문에 임상 시험이 완료되기 전까지 mRNA 백신의 효과나 안전성에 대해서 의구심을 갖는 사람들도 많았다. 그러나 임상 시험이 끝나고 실제 대중을 대상으로 접종이 진행되어 효과가 입증되기 시작하자 이러한 의구심은 거의 사라졌다. 일단 매우 빠른 시간 내에 개발이 가능하다는 것 이외에도 mRNA 기반 코로나19 백신의 장점은 다음과 같다.

- **확실한 효과**: mRNA 방식의 백신을 맞은 사람은 다른 방식의 백신에 비해서 더 높은 항체 형성능력을 지닌다. 코로나19에 확진되었다가 회복된 사람보다도 일반적으로 높은 수준의 항체를 가진다. 임상 시험의 백신 효과를 살펴보면 다른 방식의 백신보다 더 높은 수치를 나타냈다. 물론 이것은 전체 인구 대상으로 수행한 연구가 아니며, 동시에 2개의 백신을 동일한 조건에서 비교한 것은 아니므로 실제 상황에서 어떤 백신이 더 우월하다 말하기 다소 이르다. 그러나 많은 사람들이 의구심을 품었던 mRNA 백신이 코로나19 백신에서 가장 중요한 위치를 차지하는 것은 부인하기 힘들다.

mRNA 백신의 효과가 좋은 이유는 무엇일까? 첫째로 mRNA

백신은 세포 내에 들어가면 바로 항원 단백질을 만들고 빠른 면역반응을 유발한다. 또 mRNA 백신은 일부 아데노바이러스 기반 백신처럼 2차 접종에서 바이러스 벡터에 대한 면역이 생겨서 백신의 효과가 떨어지는 문제가 없고, 따라서 2차 접종 이후 대폭 면역력이 증가하는 것도 mRNA 백신의 효과를 높인다.

- **변이체 바이러스에 대한 대응**: 코로나19 유행이 1년 넘게 지속되자 자연스레 여러 변이체가 생겼다. 이중에는 중국 우한에서 최초 발견된 바이러스를 기반으로 만든 백신이 유도하는 면역을 회피하는 변이체도 있다. 실제로 남아프리카공화국이나 브라질에서 발생한 변종의 경우 백신에 의하여 유도된 중화 항체의 상당수를 피한다는 보고도 있다. 이러한 상황에서 다른 방식의 백신에 비해 더 높은 수준의 항체 형성을 유도하는 mRNA 백신은 매우 유리하다. 백신에 의해 우리 몸은 스파이크 단백질에 대한 다양한 항체를 형성하며, 만약 변종 바이러스가 유도된 항체의 대부분과 결합하지 않더라도 바이러스를 무력화시킬 수 있는 항체가 일부 있다면 여전히 바이러스에 대한 방어 능력을 유지할 것이기 때문이다. 실제로 항체 형성 수준이 낮은 일부 백신에서는 변종 바이러스에 대한 방어력이 떨어진다는 보고가 있다.

그러나 mRNA 백신의 경우 변종 바이러스에 대해서도 방어력이 상당 수준 유지된다. 실제로 영국 및 남아공 유래의 변이종 바이러스가 유행한 카타르에서 화이자/바이오엔텍의 백신의 효과를 측정해 본 결과 영국 변이종에도 89.5%, 남아공 변이종에도 75% 의 효과를 유지하였으며, 중증으로 진행되는 것을 예방하는 능력은 여전히 97% 수준으로 높게 유지되었다.

- **추가 접종에서 유리**: 백신에 의해서 유도된 면역도 시간이 지날수록 점차 감소한다. 따라서 백신 접종을 마친 사람이라도 일정 시간이 지난 후에는 재차 접종을 받아 면역을 유지할 필요가 있다. 이점에서도 mRNA 백신은 아데노바이러스 기반 백신보다 유리하다. 아데노바이러스 기반 백신은 코로나 바이러스의 스파이크 단백질에 대한 항체 이외에도 아데노바이러스 항체도 만들기 때문에 동일한 백신을 추가로 접종받았을 때 아데노바이러스가 무력화되어 효과가 제대로 나타나지 않을 수 있다. 그렇지만 mRNA 백신은 그러한 염려 없이 재접종이 가능하다.

물론 mRNA 기반 백신도 완벽한 것은 아니며, 다음과 같은 단점도 있다.

- **유통과 보관의 까다로움**: 아데노바이러스 기반의 백신은 살아 있는 바이러스이므로 냉장 보관으로 유통이 가능하다. 하지만 mRNA 기반 백신은 mRNA가 매우 불안정한 물질이므로 냉동 상태(영하 70도)를 유지하는 보관, 유통 인프라 구축이 필요하다. 따라서 인프라가 부족한 나라에서는 사용하기 어렵다. 한국

에서도 mRNA 기반 백신인 화이자/바이오엔텍과 모데나의 백신은 백신을 보관할 영하 70도 냉동고 시설이 있는 접종센터에서만 접종이 가능하다.

- **부작용**: 아나필락시스라는 과민 알레르기 반응이 낮은 빈도로 나타나는데 여기에 대해서는 뒤에 설명한다.

아데노바이러스 기반 백신

아데노바이러스는 인간에 호흡기 질환을 일으키는 DNA 바이러스이다. 호흡기 질환을 일으킨다는 점에서 코로나 바이러스와 같지만 아데노바이러스는 정보를 DNA로 저장하고, 코로나 바이러스는 RNA를 유전체로 사용하는 점에서 족보가 달라도 한참 다른 바이러스라 하겠다. 그런데 어떻게 아데노바이러스를 백신으로 이용한다는 것일까? 아데노바이러스는 DNA 형태로 유전 정보를 가진다. 세포에 감염하면 아데노바이러스의 DNA는 세포핵에 들어가서 아데노바이러스의 복제에 필요한 단백질을 만들어 증식한다. 단, 아데노바이러스의 DNA는 감염된 동물 세포 유전체에 삽입되지 않고 독립적으로 존재한다. 이러한 아데노바이러스의 성질을 이용하여 우리가 원하는 유전 정보를 세포 내에 들여보내서 원하는 단백질을 만들 수 있다.

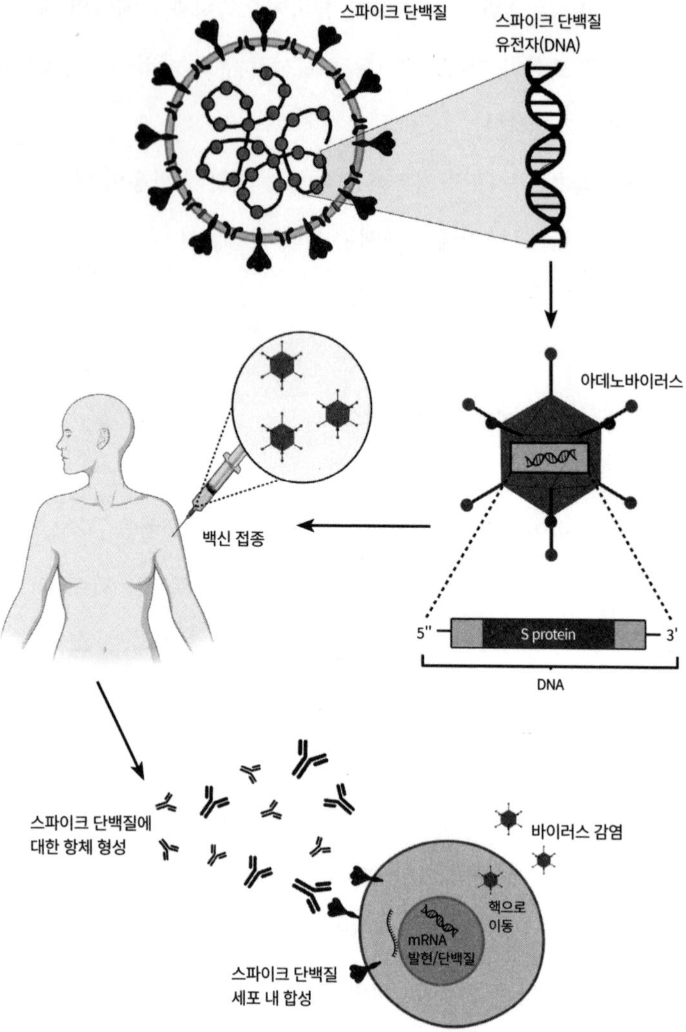

아데노바이러스 백신의 원리. 아데노바이러스 백신은 SARS-CoV-2에서 면역에 필요한 스파이크 단백질 유전자를 아데노바이러스에 넣은 것이다. 이 아데노바이러스는 증식에 필요한 유전자가 없어서 사람 안에서는 증식하지 못한다. 스파이크 단백질 유전자가 재조합된 아데노바이러스가 세포 내에 감염되면 핵으로 바이러스 DNA가 이동하고 mRNA를 거쳐 스파이크 단백질을 만든다. 이렇게 형성된 스파이크 단백질을 인식하는 항체를 만든다.

아데노바이러스 DNA 일부에 아데노바이러스 유전자 대신 코로나 바이러스의 스파이크 단백질 유전자를 재조합한다. 이렇게 만든 재조합 아데노바이러스가 세포에 감염하면 코로나 바이러스 스파이크 단백질을 만들고 이를 면역계가 인식하여 항체를 만든다. '호흡기 질환을 일으키는 아데노바이러스를 인위적으로 감염하면 호흡기 질환이 일어나지 않을까' 우려할 수 있겠지만, 백신에 사용되는 아데노바이러스는 증식에 필요한 유전자가 결여되어 있어서 자유롭게 증식할 수가 없다. 따라서 백신화된 아데노바이러스는 코로나 바이러스 단백질만 세포 내에서 만들어 면역을 유도하고 몸속에서 사라진다. 즉 자유롭게 증식을 못하는 아데노바이러스를 이용하여 코로나 바이러스에 대한 면역을 유도하는 것이 아데노바이러스 기반 백신의 핵심 원리이다.

이러한 기본적인 원리는 아데노바이러스 기반 백신인 아스트라제네카/옥스포드, 존슨앤존슨/얀센, 러시아의 스푸트니크 백신 모두가 공유한다. 그러나 어떤 바이러스를 사용하는지에 따라서 달라지는데, 아스트레제네카/옥스포드 백신은 침팬지 유래의 아데노바이러스(ChAdOx1)를 이용하며 존슨앤존슨/얀센은 인간 유래의 아데노바이러스(Ad26), 그리고 스푸트니크 백신은 2종류의 인간 유래 아데노바이러스(Ad26과 Ad5)를 사용한다. 이들 백신은 증식력이 결여되었어도 실제로 살아 있는 바이러스이므로 바이러스가 생존할 수 있는 조건인 냉장 온도에서 보관할 수 있다. 이렇게 만들어진 아데노바이러스 기반 백신은 자체적으로 증식할 수 없다. 그렇지만 백신을 만들기 위해서는 바이러스를 다량으로 증식시켜야만 한다.

그렇다면 증식력을 잃은 아데노바이러스를 어떻게 증식시킬까? 동물 세포에 감염시켜 아데노바이러스를 증식시키는데 이때 사용하는 동물 세포는 아데노바이러스 백신에서 삭제된 증식에 관여하는 유전자가 추가적으로 들어 있다. 따라서 아데노바이러스 기반 백신은 아데노바이러스 백신이 자랄 수 있게 만든 동물 세포에서는 증식하지만, 사람에게서는 증식이 불가능하다. 동물 세포에서 배양된 다음 분리한 아데노바이러스 기반 백신은 몸속에서 실제 아데노바이러스가 감염하는 경로 그대로 침투하여 우리 몸속의 세포에서 코로나 스파이크 단백질을 만든다. 앞에서 이야기한 것처럼 아데노바이러스 기반 백신은 증식에 필요한 유전자가 빠져 있기 때문에 자신의 소임인 코로나 스파이크 단백질을 만든 다음 사라진다. 아데노바이러스 DNA는 우리 세포 내의 DNA에 들어가지 않기 때문에 아데노바이러스 DNA가 우리 세포 안에 남을 위험도 없다. 아데노바이러스가 코로나 스파이크 단백질을 만들면 코로나 바이러스에 대한 면역이 유도된다. 마찬가지로 같은 병원체에 여러 번 노출되면 해당 병원체에 대항하는 면역력이 점점 강해진다. 그래서 최소 2번 백신 접종이 필요하다.

그런데 여기서 한 가지 문제가 생긴다. 기본적으로 증식을 못하는 아데노바이러스이긴 하지만, 증식력을 제외하면 모든 것을 갖추었다. 따라서 아데노바이러스 백신이 몸속에 들어오면 코로나 스파이크 단백질에 대한 면역 이외에도 아데노바이러스에 대한 면역도 함께 유도된다. 처음 접종할 때는 몸에 아데노바이러스에 대한 면역력이 없으므로 재조합된 아데노바이러스가 감염하는데 문제가 없지만, 2차 접종에서 문제가 생긴다. 첫 번째 접종에 의해 이미 아데노바이러스에 대한 면역력이 어느 정도 생겨서 두 번째 접종한 아데노바이러스 백신이 어느 정도 무력화되기 때문이다. 따라서 면역력을 획득하는 정도는 mRNA 백신이나 재조합 단백질 백신의 2차 접종에 비해 높지 않다. 아데노바이러스 백신이 다른 방식에 비해서 항체 형성 수준이나 예방 효과가 60~70% 정도 다소 떨어지는 주된 이유이다. 물론 60~70%도 다른 백신에 비하면 매우 높은 효과이다.

이러한 문제를 해결하기 위해 아스트라제네카 이외의 다른 2개의 회사는 2차 접종 시 면역 유도 효과를 높일 수 있는 여러 가지 방법을 강구하였다. 존슨앤존슨/얀센의 경우 사용하는 코로나 바이러스의 스파이크 단백질을 조금 뜯어고쳤다. 코로나 바이러스 스파이크 단백질에 돌연변이를 일으켜 항체가 잘 만들어지도록 변형하여 1번의 접종만으로 아스트라제네카 등의 2번 접종과 유사한 수준인 약 64% 정도의 보호 효과를 얻을 수 있었다.

반면 러시아의 스푸트니크 백신은 매우 기발한 방법으로 이러한 부작용을 극복하였다. 2번 접종을 하는 것은 아스트라제네카 백신과 동일하지만 첫 번째와 두 번째에 서로 다른 종류의 아데노바이러스를 사용한다. 덕분에 첫 번째 백신으로 생성된 아데노바이러스에 대한 면역을 다른 종류의 아데노바이러스로 피하는 것이다. 이러한 독특한 방식 때문에 스푸트니크 백신은 약 92% 정도의 높은 효과를 얻었다.

아데노바이러스 백신의 장점을 요약하면 이렇다.

- **살아 있는 바이러스를 대량 배양하여 만든다**: 기존의 백신 생산 공정과 크게 다르지 않으므로 기존 생산 공정을 그대로 이용하여 생산 가능하다. 보관이나 유통에 그다지 엄격한 조건을 갖추지 않아도 된다. 전 세계적 팬데믹에서 대량 생산과 유통에 유리한 것은 매우 큰 강점이다.
- **상대적으로 많이 연구된 방식의 백신**: 약 20여 년 동안 아데노바이러스를 기반 백신 연구를 해왔다. 안전성에 큰 문제가 없다는 것은 이미 잘 알려져 있다.

그러나 아데노바이러스 백신의 단점도 분명히 존재한다.

- **상대적으로 떨어지는 항체 형성 능력 및 이로 인한 낮은**

효과: 2차 접종 시에 아데노바이러스 자체에 대한 면역 작용 때문에 백신의 효과가 감소된다. 따라서 항체 형성 능력이나 보호 효과는 mRNA 등의 다른 방식의 백신보다 다소 떨어질 수 있다. 물론 약 70% 내외의 백신 효과는 오랫동안 사용된 인플루엔자 백신보다 높은 수준으로 결코 백신으로 낮은 수준은 아니며, 중증을 예방해 주는 능력은 mRNA 백신 등과 비슷하게 매우 높다. 따라서 폭넓게 접종되면 바이러스의 전파를 낮추고, 중증과 사망을 낮추는데 크게 공헌할 수 있는 백신임은 분명하다. 실제로 아데노바이러스 기반의 백신인 아스트라제네카 백신을 주로 접종한 영국에서 바이러스의 전파를 성공적으로 낮추었다. 아데노바이러스 기반 백신의 한계는 러시아 백신의 예에서 보았듯 1차, 2차의 바이러스 종류를 다르게 함으로써 극복할 수 있다. 예를 들어 1차에는 아스트라제네카, 2차에는 스푸트니크 백신처럼 1차와 2차의 바이러스를 달리 사용하여 아데노바이러스에 대한 면역을 피하여 백신 무력화를 막아 효과를 높이는 등의 연구가 현재 진행중이다. 그리고 1차 접종과 2차 접종의 간격을 8주~12주로 증가시키면 효과가 증대된다는 결과를 얻었다. 이를 따라 2021년 한국에서 접종되는 아스트라제네카 백신은 11주~12주 정도의 간격을 두고 1, 2차 접종을 실시한다.

- **변이체에 취약**: 기본적으로 항체 형성 능력이 mRNA 백신에 비해서는 떨어지므로 바이러스에 돌연변이가 발생하는 경우

바이러스를 중화할 수 있는 항체도 같이 줄어서 백신의 효과가 급격히 감소할 수 있다. 실제로 남아공에서 발견된 변이 바이러스는 mRNA 및 아데노바이러스 기반 백신에 의해서 형성된 항체의 바이러스 중화 효과의 감소 비율은 거의 비슷하다. 그러나 실제 백신의 보호 효과에서 아스트라제네카 백신은 남아공 변이 바이러스에 대해 거의 보호 효과를 가지지 못한다고 밝혀졌는데, 그 이유는 아스트라제네카의 항체 형성 수준 자체가 상대적으로 낮기 때문이었다. 변이가 생기기 전의 바이러스를 예방하기에는 충분한 수준의 항체가 생성되지만 항체를 상당수 피해가는 변이 바이러스는 잡기에 충분하지 않다는 의미이다.

- **혈전 등의 부작용**: 임상 시험 당시에는 부각되지 않던 문제이지만 대량 접종이 시작되면서 부각된 문제이다. 아스트라제네카 혹은 얀센의 백신 접종과 혈소판감소증이 동반된 희귀 혈전증 증가가 상호 관련이 있다는 결과가 나왔다. 아스크라제네카 백신을 맞은 환자 중 10만 명중 1명의 비율로 혈전을 유발하는 항체를 만들어내는 부작용이 생겼다. 여기에 대해서는 뒤에서 자세히 다루고자 한다.

- **지속적인 접종이 어려움**: 코로나 바이러스는 계속 돌연변이를 일으켜 백신에 의해서 형성된 면역을 피하는 변이체가 나올 것이다. 결국은 해마다 바이러스 백신을 업데이트하고 다시 접종 받아야 한다. 그러나 아데노바이러스 기반 백신을 다음 해

에 접종받는 경우 같은 회사의 동일한 바이러스를 이용한 백신을 맞으면 백신의 효과가 감소할 가능성이 높다. 따라서 2021년 아데노바이러스 기반 백신을 접종받은 사람은 그 이후에는 다른 방식의 백신을 맞아야 백신의 효과를 기대할 수 있을 것으로 보인다.

단백질 기반 백신(노바백스)과 기타

지금까지 소개한 아데노바이러스 기반 백신이나 mRNA 기반 백신은 이미 임상 3상을 마치고 긴급사용이 허가되어 대중을 대상으로 접종이 시작된 백신이다. 단백질 기반 백신은 2021년 6월 현재 아직 사용 허가가 나오지 않았지만, 사용 허가가 나온다면 널리 사용될 것으로 기대되고 있다. mRNA 기반 백신이나 아데노바이러스 기반 백신은 면역을 형성하기 위하여 스파이크 단백질의 유전 정보를 전달하여 몸속에서 병원체 단백질을 만든다. 그러나 단백질 기반 백신은 외부 세포에서 스파이크 단백질을 만든 다음 이를 몸에 주입하여 면역을 형성하게 한다. 이러한 형태의 백신은 이전부터 사용해 왔던 B형 간염 바이러스 백신의 원리와 같다. 곤충 세포에서 합성하여 정제한 스파이크 단백질을 지질 나노 입자 형태로 만들어 면역력을 강화시키는 물질인 어

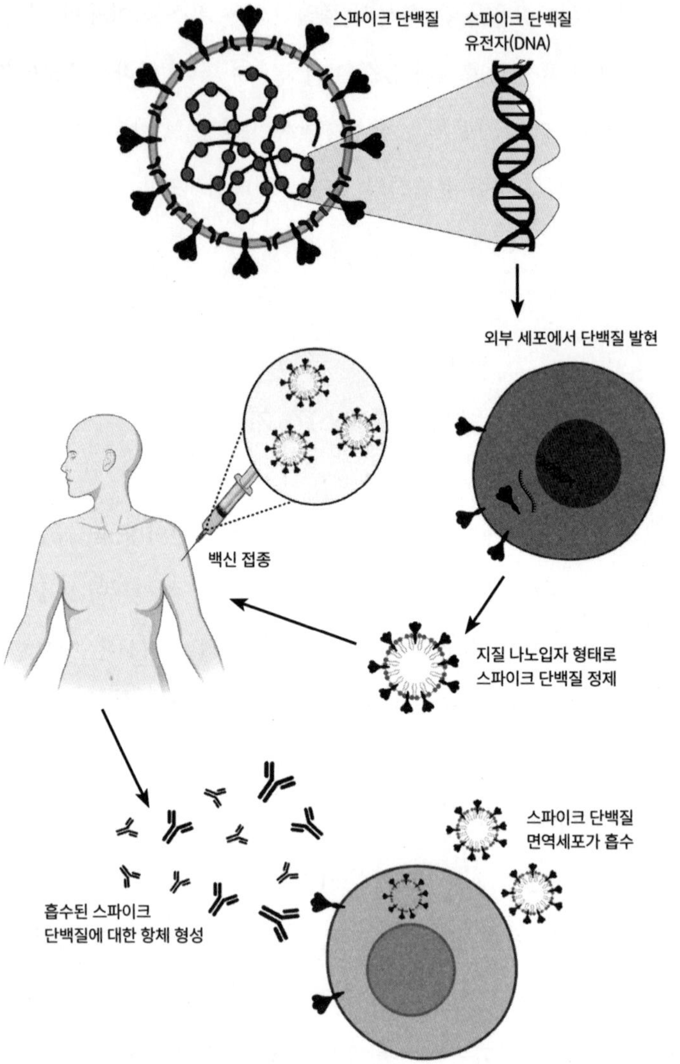

재조합 단백질 백신의 원리. 노바벡스의 재조합 단백질 백신은 SARS-CoV-2의 스파이크 단백질의 유전자를 별도의 세포에 넣어서 세포 배양을 하여 단백질을 만든 후, 지질나노입자 형태로 단백질을 정제하여 백신화 한 단백질을 접종한다. 접종된 스파이크 단백질을 면역세포가 흡수하여 스파이크 단백질에 대한 항체를 형성하는 원리이다.

쥬번트Adjuvant●와 함께 혼합하여 접종한다.

영국에서 진행된 임상 3상 시험 결과에 의하면 노바백스의 백신 효과는 89.3%로 mRNA, 아데노바이러스 기반 백신에 뒤지지 않는 효과를 보였다. 그리고 단백질 기반 백신은 기존의 B형 간염 백신과 비슷한 생산 공정으로 만들고, 아데노바이러스 기반 백신과 마찬가지로 4도 이하의 냉장 보관으로 보관 조건 역시 용이하다. 사용 허가가 난다면 널리 사용될 것으로 기대한다.

지금까지 다룬 백신들은 인플루엔자 백신이나 소아마비 백신과 같이 전통적인 백신 제조방법이 아닌 생명공학 기술을 이용하여 스파이크 단백질 유전자 정보만을 사용하여 만들었다. 그러나 전통적인 백신, 즉 전체 바이러스를 이용하여 만든 코로나19 백신도 존재한다. 중국의 시노팜Sinopharm과 시노백이 개발한 백신으로 인플루엔자 백신과 유사한 방식인 사백신이다. SARS-CoV-2 바이러스를 세포 수준에서 대량 배양하여 화학물질로 독성을 없앤 후 백신으로 이용하는 방법을 사용했다. 중국산 백신이 가장 전통적인 방법으로 만들어진 셈이다. 물론 전통적인 방법으로 만든 백신은 기존 사백신이 갖는 여러 한계(상대적으로 낮은 효과, 낮은 세포성 면역 유도 등)도 같이 물려받았다. 중국산 백신의 문제는 여러 국가에서 임상 3상 시험 후에 허가된 다른 백신

● 백신과 함께 첨가되는 면역 보조제. 백신에 의한 면역력 형성을 도와주는 여러 가지 물질을 총칭한다. 노바백스 백신에는 사포닌Saponin 계열의 물질이 어쥬번트로 들어간다.

과는 달리, 제대로 된 임상 시험 결과 공개 없이 중국에서 대량으로 접종을 개시했다는 것이다. 현재까지 허가된 다른 백신과 달리 엄밀한 임상 3상에서 효과나 안전성을 면밀하게 검증했다고 보기 어렵다. 중국의 경우 코로나19의 유행이 어느 정도 통제되어 미국, 유럽에 비해 감염자가 많이 발생하지 않는 상황에서 자국 내에서의 대규모 임상 시험은 어려웠고, 이들 백신을 사용하는 다른 국가의 단편적인 임상 시험 결과를 통해 백신의 효과를 가늠할 수밖에 없다. 그러나 현재까지 공개된 결과에 의하면 나라별로 백신 효과의 편차가 컸다. 가령 터키의 임상 시험 결과에서는 83.5%의 높은 효과를 기록했지만, 인도네시아와 브라질에서는 각각 65.3%, 50.4% 의 효과를 보였다. 이러한 결과를 종합하여 전체적으로 79~72%의 백신 효과를 기록했다고 제조사는 언급했다. 현재까지 공개된 결과에 따르면 백신으로써 효과는 분명히 있으나, 대안이 있다면 굳이 다른 백신을 대신하여 선택할 메리트는 없는 백신이라고 할 수 있다.

백신의 부작용 문제

백신은 건강한 사람을 대상, 전 인구 대상으로 접종하기 때문에 부작용에 더 민감할 수밖에 없다. 가령 100만 명에 1명의 꼴로 나오는 희귀한 부작용이라고 하더라도 수천만 명에서 몇억 명의 접종이 이루어지면 수십 건이 발생할 수 있다. 건강한 사람이 비록 낮은 비율로라도 백신 접종 후에 치명적인 부작용이 나타나거나 사망한다면 대중이 백신에 반감을 가질 수 있다. 따라서 백신 접종으로 얻을 리스크와 백신을 접종하지 않음으로써 겪을 수 있는 리스크를 면밀히 비교 분석할 필요가 있다. 만약 백신 접종으로 얻는 리스크보다 백신을 접종하지 않음으로써 개인이 부담할 리스크가 훨씬 크다면 이를 비교하여 개인의 합리적인 선택을 유도할 필요가 있고, 반대로 특정한 집단이나 유행 상태에 따라서 백신 접종으로 얻는 리스크가 바이러스에 감염될 리스크보다 크다면 백신 접종을 보류하는 쪽으로 판단을 해야 한다.

그렇다면 현존하는 백신에는 어떤 부작용이 있을까? 일단 백신 접종 후에 나타나는 피로감이나 열, 접종 부위에서의 통증 등은 모든 백신에서 높은 비율로 공통적으로 나타난다. 이러한 부작용은 접종 후 1~2일이 지나면 자연적으로 사라진다. **백신이 몸속에 들어오면 면역 반응이 시작되어 생기는 자연스러운 반응이므로 딱히 이상 증상이나 부작용이라고 보기도 힘들다**. 백신 종류에 따라 회차별 접종에서 이러한 반응이 생기는 양상이 다른데 아스트라제네카 백신의 경우 1회차 접종에서, mRNA 기반 백신은 2회차 접종에서 이러한 증상이 심한 것으로 전해진다. 이러한 증상은 타이레놀 등의 일반진통제 등을 복용하고 1~2일 정도 휴식하면 대부분 사라진다. (이부프로펜 계열의 비 스테로이드성 소염진통제는 면역 반응을 방해할 가능성이 있으므로 피하는 것이 좋다.)

현재까지 알려진 부작용 문제 중 우려될 만한 것은 크게 2가지이다. 모데나, 화이자 등 mRNA 계 백신에서 종종 나타나는 아나필락시스Aanaphylaxis라는 과민 알레르기 반응과, 아데노바이러스 계열에서 나타나는 '백신에 의한 면역 혈전성 혈소판감소증Vaccine-Induced Immune Thrombotic Thrombocytopenia'이다.

아나필락시스는 백신을 맞은 후 30분 이내에 나타나는 급성 알레르기 반응으로 미국에서 화이자 백신은 100만명 당 7명, 모데나 백신은 100만 명당 2.5명의 비율로 발생했다. 아나필락시스는 발생 즉시 에피네프린 투여 같은 즉각적인 처리를 취하면 대부분 큰 문제없이 치료 가능하다. 단 발생 즉시 응급 처리를 받는 것이 중요하므로 백신 접종 후 약 30분 간 백신 접종 장소에서 대기하여 만일의 사태에 대비할 필요가 있으며 접종 전에 아나필락시스나 알레르기의 병력이 없는지 의사와 상의할 필요가 있다.

한편 아스트라제네카 백신 및 얀센의 백신 접종 시에 나타난 혈전 형성은 어떨까. 수만 명 단위로 실시된 임상 시험에서는 나타나지 않았지만 유럽에서의 접종자가 수천만 명에 달하자 2021년 3월 중순부터 백신을 접종 받은 사람 중 뇌정맥혈전증Cerebral venous sinus thrombosis 혹은 내장 정맥 혈전증Splanchnic venous thrombosis이 발생한 사람들이 등장하였다. 이는 혈관 내에서 혈액 응고 기전이 활성화되어 혈소판 및 피브린Fibrin이 모여 응집을 일으켜 혈관을 막아 생기는 질환이다. 환자는 대부분 이전에 건강하던 20~50대 사이의 여성이었으며 극심한 두통, 어지러움증, 구토, 시각 이상, 호흡곤란 등의 증상이 백신 접종후 4~20일 내에 일어났다. 2021년 4월 4일 기준으로 아스트라제네카 백신을 맞은 사람 중 뇌정맥혈전증 169명, 내장정맥혈전증 53명이 발생하여 이중에서 30명 이상의 환자가 사망하였다. 아스트라제네카 이외에도 존슨앤존슨/얀센의 백신의 경우에도 6명의 뇌정맥혈전증 환자에서 백신 접종과의 연관성이 드러났다. 백신 접종 후 빈번히 나타나는 혈전증을 '백신유도 혈전호발성 면역 혈소판감소증Vaccine-induced Immune Thrombotic Thrombocytopenia, VITT'이라 명명하였다. 유럽의약품청European Medicines Agency, EMA는 VITT의 발생 빈도를 10만 명에 1명으로 추산한다.

그렇다면 이러한 리스크에도 불구하고 아스트라제네카의 백신을 계속 접종하여야 할까? EMA는 코로나19의 발생에 따라, 연령에 따라 백신 접종으로 병원 입원을 피할 수 있는 빈도와 백신 접종 후 혈전증이 발생할 빈도를 비교하였다. 바이러스 유행이 심한 상태(10만 명당 886명의 코로나19 환자가 발생한 2021년 1월 기준)라면 80세 이상은 백신 접종으로 병원 입원을 피할 빈도는

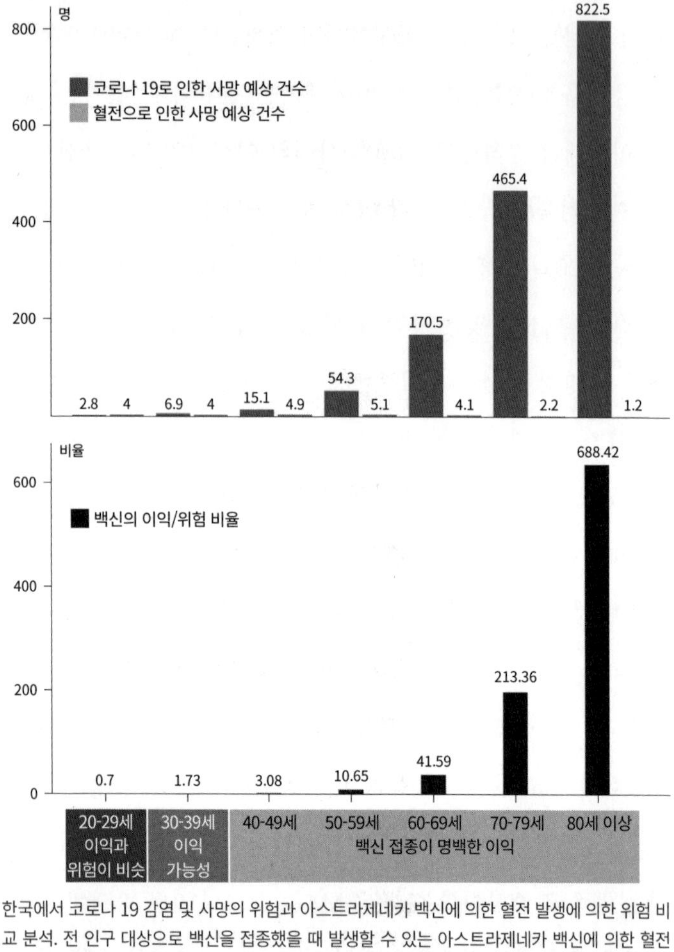

한국에서 코로나 19 감염 및 사망의 위험과 아스트라제네카 백신에 의한 혈전 발생에 의한 위험 비교 분석. 전 인구 대상으로 백신을 접종했을 때 발생할 수 있는 아스트라제네카 백신에 의한 혈전 발생 예상건수와 백신을 접종하지 않았을 때의 사망 건수를 연령대별로 비교하였다. 40대에서 80대에 이르기까지는 백신 접종이 명백히 이익이고, 30대의 경우에는 백신 접종이 이익 가능성이 있으며, 20대의 경우 백신 접종과 혈전의 위험이 비슷하다는 것을 알 수 있다. 이러한 분석에 근거하여 한국의 경우 20대는 아스트라제네카 백신의 접종을 중지하였고, 다른 연령대에서는 정상적으로 접종이 진행되고 있다.

10만 명당 1,239건이며 혈전이 발생할 빈도는 0.4건으로 추정한다. 60대는 324건 vs 1건, 30대는 81건 vs 1.8건, 20대는 64건 vs 1.9건으로 모든 연령대에서 백신을 맞는 쪽이 혈전증의 위협보다 훨씬 이득이다. 바이러스 유행이 심하지 않은 상황(10만 명당 55명의 환자가 발생하는 2020년 9월 기준)에서는 좀 달라지는데, 80대에서는 여전히 151건 vs 0.4, 70대에서는 45건 vs 0.5건으로 백신의 이득이 훨씬 크나, 30대에서는 5건 vs 1.8건, 20대에서는 4건 vs 1.9건으로 백신으로 볼 수 있는 이득과 리스크 간의 차이가 훨씬 적었다. 코로나19 유행 정도가 심하지 않고, 코로나19에 감염되어도 중증으로 진행될 확률이 낮은 젊은 층의 경우에 백신을 맞아서 얻는 이득이 혈전증이 생길 수 있는 리스크에 비해서 그리 높지 않다.

이러한 분석에 기반하여 여러 국가들은 아스트라제네카의 백신을 접종하는 연령을 백신에 의한 이득이 높고, 혈전에 의한 위험이 낮은 연령에 국한하였다. 캐나다와 프랑스는 55세 이상, 독일은 60세 이상, 스페인은 60~65세 이상으로 제한하였다. 영국과 한국의 경우 30대 이상을 접종 대상으로 설정하였다. 특히 한국은 유럽에 비해서 코로나19 유행 정도가 낮아서 백신 접종으로 예방 가능한 코로나19 사망 건수와 중증환자 발생 건수를 연령별로 분석하였으며, 이것과 혈전 발생 위협을 비교하였다. 이에 따라서 이익/위험 비율이 비슷한 20대를 접종 대상에서 제외하였다.

모든 백신은 어느 정도의 리스크가 있다. 백신의 접종 여부는 그 백신을 접종하여 얻는 이득이 백신의 부작용으로 경험하는 리스크보다 많이 상회하여야 가능하다. 이를 면밀하게 분석하여 백신 접종을 계획하고, 그 내용을 가감없이 대중에게 알려야 한다는 교훈을 얻었다.

백신은 코로나19의 발생을 얼마나 줄였는가

코로나19 백신 접종 시작 단계인 2021년 5월을 기준으로 국내에서 백신 접종이 코로나19의 발생을 근절할지를 예측하는 것은 쉽지 않다. 그러나 백신 접종이 많이 진행된 일부 국가의 코로나19 발생 상황을 살펴보면 백신의 접종이 코로나19 팬데믹을 종식시키거나 적어도 관리 가능한 정도로 조절할 수 있을지를 짐작할 수 있다.

2021년 5월 초 기준 전 인구의 55.9%가 2회 백신 접종을 완료한 이스라엘의 코로나19 발생 상황과 사망자 발생 상황을 보면 백신의 효과를 짐작할 수 있다. 2020년 12월 중순부터 이스라엘은 화이자/바이오엔텍의 코로나19 백신 접종을 시작하였다. 코로나 백신 접종을 시작한 2020년 12월 이스라엘은 3차 확산이

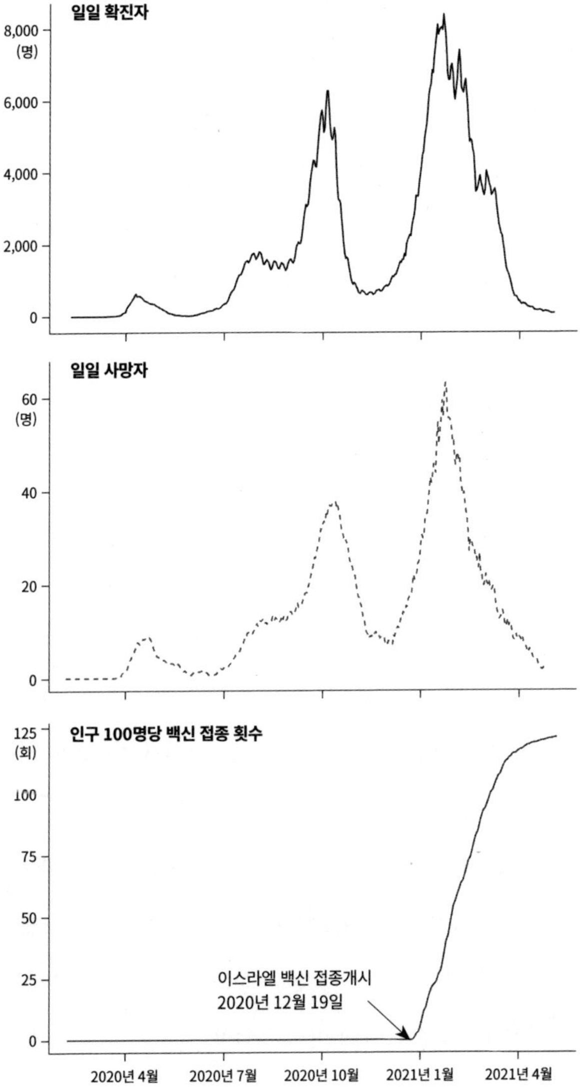

이스라엘의 코로나19 확진자, 사망자 추이와 백신 접종 추이. 2021년 1월까지 하루에 1만 명에 가까운 확진자가 나오던 이스라엘은 백신 접종이 본격화되자 확진자와 사망자는 급격히 떨어졌다.

진행 중이었으며 2021년 1월 13일에는 9,997명의 확진자가 발생하였다. 전체 인구가 900만 명인 점을 감안하였을 때 매우 높은 수준의 유행이 지속된 셈이다.

그러나 백신 접종이 본 궤도에 오르면서 확진자 수는 급격히 줄었으며 전 인구의 55.9%가 백신 접종을 완료한 2021년 5월초 기준으로 신규 확진자는 7일 평균 69명에 불과하다. 이는 가장 유행이 심각했을 때에 비해 0.67% 수준이다. 사망자의 경우 2021년 1월 중순에는 7일 평균 하루 65명이 사망하였으나, 백신 접종이 진행된 다음에는 7일 평균 1명으로 줄었다. 2021년 1월 17일에서 2021년 3월 6일까지 접종자를 분석해 본 결과 화이자/바이오엔텍의 백신은 코로나 유증상 감염에 대해서 97%, 무증상 감염에 대해서 94%의 효과를 보였다. 이 결과는 이스라엘에서 당시 유행하던 바이러스 변이체가 영국의 B.1.1.7 변이체로 2019년 12월에 우한에서 발견된 SARS-CoV-2에 비해 약 40~80% 감염력이 높은 것을 생각하면 더욱 의미있다.

이러한 효과는 영국에서도 나타난다. 영국의 백신 접종 현황은 2021년 5월초 전 국민의 51.9%가 백신의 1회차 접종을 마쳤고, 2회 접종을 끝낸 비율은 23.4% 정도이다. 2021년 1월 경 감염력이 높은 B.1.1.7 변이체가 급속하게 퍼지자 가능한 빨리 백신에 보호 받는 사람의 비율을 높이기 위하여 1차와 2차 접종간의 간격을 늘이고 가능한 많은 사람이 신속하게 1차 접종을 하는 전략을 세웠다. 영국에서 접종되는 백신의 과반수를 차지하는 아스트라제네카 백신은 4주 정도의 짧은 간격으로 접종받는 것보다 12주 이상 간격을 두고 접종받는 것이 보호효과가 더 뛰어나다는 임상시험 결과에 근거하였다. 빠르게 백신 접종자 비율을 늘리는 전략은 매우 성공적이었다. 백신 접종이 시작되던 2020년 12월 말 7만 명에 달하던 일일 확진자 수는 2021년 5월 일일 2,000명 대로 급격히 떨어졌다. 역시 1,000명을 상회하던 하루 사망자는 2021년 5월에는 한자리 수로 떨어졌다. 백신의 힘에 의해 확진자 발생은 1/30, 사망자는 1/200 수준으로 떨어졌다. 2021년 6월로 접어들자 인도 유래 바이러스 변이체가 영국에 유행하면서 일일 확진자 수는 다시 6,000~7,000명 대로 늘어났다. 하지만 사망자 수는 여전히 낮은 수준으로 유지되고 있다.

백신 접종 진행이 빠른 일부 국가들의 사례는 백신이 정상적으로 공급되어 인구 과반수 이상에게 접종이 완료된다면 확산을 줄이고, 중증 환자와 사망자를 획기적으로 줄여 팬데믹 상황을 통제 내지는 종식시킬 수 있다는 희망을 안겨 주었다.

그러나 국가별로 현저하게 차이나는 백신 공급이 여기에 걸림돌이다. 백신을 주도적으로 개발한 화이자/바이오엔텍, 모더나, 아스트라제네카/옥스포드 대학, 노바벡스 등은 미국, 독일, 영국 등의 몇몇 국가의 기업이다. 미국은 백신 개발의 속도를 높이기 위하여 '워프스피드 작전' 등을 통하여 백신 개발사에 막대한 자금을 지원하였고, 일부 국가들은 백신이 임상시험을 마치지 않은 상태에서 선구매를 확약하여 백신을 확보하였다. 이러한 상황에서 특정 국가가 더 많은 백신을 확보하고 접종 진행 속도가 빠를 수밖에 없는 것이 현실이다. 2021년 5월 전 세계적으로 약 12억 회의 백신이 접종되었으나 이중 세계 인구의 10.5%를 차지하는 27개 국가가 전체 백신 접종량의 35.5%를 차지하였다. 특히 미국과 영국은 백신 접종이 시작된 지 6개월 만에 전 인구의 50% 접종을 달성하였다.

반면에 백신을 공급할 여력이 없는 국가들은 상대적으로 접종이 지연되고 있다. 게다가 2021년에 들어 인도, 브라질 등의 국가에서 확진자가 급증하면서 백신의 국가 간 불균형을 주목하게 되었다. 백신 접종이 상대적으로 늦는 국가에서 바이러스 확산이 계속되면 바이러스 돌연변이가 계속 발생하고 그러다 보면 기존의 백신을 무력화시키는 변이체도 확산된다. 변이체 바이러스가 백신 접종이 많이 진행된 국가에서 다시 유행할 가능성도 없지 않다.

결국 백신 접종이 전 세계적으로 이루어지지 않으면 팬데믹 종식은 어렵다. 백신 접종이 본격화되기 전부터 국가별 백신 접종의 불균형은 충분히 예상한 일이었다. 일부 선진국처럼 여러 종류의 백신을 선구매할 여력이 없는 국가들이 리스크를 줄이고 백신을 안정적으로 공급받을 수 있게 하는 '백신 공동 구매' 단체, 코백스COVAX라는 조직이 WHO, 세계백신면역연합, 유니세프에 의해 설립되었다. 코백스는 2가지 메커니즘에 의해 백신을 배포한다. 코백스 AMCCOVAX Advanced Market Commitment는 백신을 구매할 여력이 없는 개발도상국에 백신 지원을 하는 기부 프로그램이다. 국가 차원에서 기부금을 내기도 하며 빌 앤 멜린다 게이츠 재단Bill & Melinda Gates foundation 같은 자선단체나 글로벌 기업들도 동참한다. 영국이 7억 6,000만 달러, 캐나다가 2억 4,000만 달러, 일본이 1억 3,000만 달러를 기부하였으며, 한국은 1,000만 달러의 기부금을 냈다. 이러한 자금 지원에 의해서 1인당 국민총소득이 4,000달러 이하 92개국은 코백스 AMC를 통해 백신을 접종 1회분 당 1.6~2.0달러의 저렴한 가격에 구매할 수 있다. 두 번째는 코백스 퍼실리티COVAX Facility로 스스로 백신의 비용을 충당할 수 있는 국가들이 정해진 한도 내에서 선급금을 내고 백신을 할당받는 것이다. 백신의 공정한 배분을 위해 참여한 모든 국가에 인구의 20%를 접종할 수 있는 분량을 우선적으로 배분하는 것을 목표로 한다. 2021년 5월까지 코백스를 통하여 약 4,900만 회분의 백신이 배포되었다. 그러나 이 분량은 2021년 5월 현재 전 세계적으로 배포된 12억 회 분량의 백신의 약 4%에 지나지 않는다. 코백스를 통한 백신 배포가 지지부진한 데에는 여러 이유가 있겠지만 제약사들이 코백스보다 백신을 선구매한 국가에 우선적으로 공급하기 때문이다.

국가적으로 불균등한 백신 공급을 해소하기 위해서 어떤 조치를 취해야 할까? 일부에서는 백신 회사가 가진 지식재산권을 일시적으로 정지시켜서 공급자를 늘려야 한다고 주장한다. 이 주장은 2021년 5월 미국 정부가 국제무역기구WTO에서 인도가 제안한 지식재산권 일시 정지 제안을 지지한다고 밝힘으로써 구체화되기 시작하였다. 그러나 이러한 조치가 실제로 백신 공급에 큰 영향을 미치지 못한다고 보는 주장도 있다. 즉 2021년의 백신 공급 제한은 백신을 생산하기 위한 원료 및 장비의 부족이 주된 원인이고, 백신의 지식재산권을 정지시키는 것으로 해결하기는 어렵다는 입장이다.

실제로 백신을 생산하기 위해서는 백신을 생산하는 제약회사로부터 전면적인 기술 이전 및 양산 기술 확립에 협조가 전제되어야 하며 이는 단순히 지식재산권의 정지만으로 강제하기는 어렵다. 게다가 백신은 화학 합성에 의한 복제약이 아닌 생물학적 복제약물인 '바이오시밀러'와 더 흡사한 성격을 가지기 때문에 원래의 제약회사가 생산하지 않은 '바이오시밀러 백신'의 경우 적어도 오리지널 백신과 효능과 부작용이 유사하다는 '의약품 동등성시험' 같은 검증 과정을 거칠 필요가 있다. 결국은 백신 공급이 획기적으로 늘어나서 가능한 빨리 세계 전 인구가 백신을 접종받기 위해서는 백신의 생산량 증대가 필요하다. 이를 위해서는 백신 생산의 병목이 되는 백신 원료나 장비의 수급에 대한 노력이 필요하며 단순한 지적 소유권의 정지 수준이 아닌, 제조사의 기술이전이나 라이센싱이 적극적으로 행해져야 백신 공급난이 해소될 수 있을 것이다.

참고문헌

1. Madsen, L. W. (2020). Remdesivir for the Treatment of Covid-19-Final Report. *The New England Journal of Medicine*, 338(19), 1813-1826.
2. Gottlieb, R. L., Nirula, A., Chen, P., Boscia, J., Heller, B., Morris, J., ... & Skovronsky, D. M. (2021). Effect of bamlanivimab as monotherapy or in combination with etesevimab on viral load in patients with mild to moderate COVID-19: a randomized clinical trial. *Jama*, 325(7), 632-644.
3. Liu, H., Wei, P., Zhang, Q., Chen, Z., Aviszus, K., Downing, W., ... & Zhang, G. (2021). 501Y. V2 and 501Y. V3 variants of SARS-CoV-2 lose binding to Bamlanivimab in vitro. *bioRxiv.*
4. Therapeutic Management of Adults With COVID-19, https://www.covid19treatmentguidelines.nih.gov/therapeutic-management/
5. RECOVERY Collaborative Group. (2021). Dexamethasone in hospitalized patients with Covid-19. *New England Journal of Medicine*, 384(8), 693-704.
6. Pardi, N., & Weissman, D. (2017). Nucleoside modified mRNA vaccines for infectious diseases. In RNA Vaccines (pp. 109-121). Humana Press, New York, NY.
7. Karikó, K., Buckstein, M., Ni, H., & Weissman, D. (2005). Suppression of RNA recognition by Toll-like receptors: the impact of nucleoside modification and the evolutionary origin of RNA. *Immunity*, 23(2), 165-175.
8. Polack, F. P., Thomas, S. J., Kitchin, N., Absalon, J., Gurtman, A., Lockhart, S., ... & Gruber, W. C. (2020). Safety and efficacy of the BNT162b2 mRNA Covid-19 vaccine. *New England Journal of Medicine*, 383(27), 2603-2615.
9. Baden, L. R., El Sahly, H. M., Essink, B., Kotloff, K., Frey, S., Novak, R., ... & Zaks, T. (2021). Efficacy and safety of the mRNA-1273 SARS-CoV-2

vaccine. *New England Journal of Medicine*, 384(5), 403-416.

10. Abu-Raddad, L. J., Chemaitelly, H., & Butt, A. A. (2021). Effectiveness of the BNT162b2 Covid-19 Vaccine against the B. 1.1. 7 and B. 1.351 Variants. *New England Journal of Medicine.*
11. FDA decision memorandum for Pfizer-BioNTech COVID-19 Vaccine, 2020-12-11, https://www.fda.gov/media/144416/download
12. Voysey, M., Clemens, S. A. C., Madhi, S. A., Weckx, L. Y., Folegatti, P. M., Aley, P. K., ... & Bijker, E. (2021). Safety and efficacy of the ChAdOx1 nCoV-19 vaccine (AZD1222) against SARS-CoV-2: an interim analysis of four randomised controlled trials in Brazil, South Africa, and the UK. *The Lancet*, 397(10269), 99-111.
13. American Heart Association/American Stroke Association Stroke Council Leadership. (2021). Diagnosis and Management of Cerebral Venous Sinus Thrombosis with Vaccine-Induced Thrombotic Thrombocytopenia. Stroke.
14. Levision, M.E. Covid-19 vaccines: Vaccine-induced immune thrombotic thrombocytopenia,
15. https://www.msdmanuals.com/en-kr/professional/news/editorial/2021/04/28/14/31/covid-19-vaccines-vaccine-induced-immune-thrombotic-thrombocytopenia
16. European Medicines Agency, AstraZeneca's COVID-19 vaccine: EMA finds possible link to very rare cases of unusual blood clots with low blood platelets, https://www.ema.europa.eu/en/news/astrazenecas-covid-19-vaccine-ema-finds-possible-link-very-rare-cases-unusual-blood-clots-low-blood
17. 코로나19 예방접종 관련 혈액응고장애자문단, 희귀 혈전증에 대한 아스트라제네카 코로나19 백신 접종의 이득과 위험 비교, *주간 건강과 질병*, 14(17), 988-996
18. Erfani, P. Gostin, L.O, Kerry V. Beyond a symbolic gesture : what's needed to turn the ip waiver into covid 19 vaccines, STAT, https://www.statnews.com/2021/05/19/beyond-a-symbolic-gesture-whats-needed-to-turn-the-ip-waiver-into-covid-19-vaccines/
19. FDA decision memorandum for Pfizer-BioNTech COVID-19 Vaccine, 2020-

12-11, https://www.fda.gov/media/144416/download

20. https://github.com/CSSEGISandData/COVID-19, https://github.com/owid/covid-19-data/tree/master/public/data/vaccinations
21. Adapted from "COVID-19 Vaccine Candidate: BNT162 (a1, b1, b2, c2) (BioNTech)", by Biorender.com (2021)
22. Adapted from "COVID-19 Vaccine Candidate: AZD1222 (University of Oxford & AstraZeneca)", by Biorender.com (2021)

13. 포스트 코로나 시대를 맞아서

코로나19 종식은 가능한가?

2020년 말부터 접종이 개시된 코로나19 백신의 접종이 본궤도에 오르고, 백신 접종이 감염자와 중증 및 사망자를 줄여준다는 증거가 나오기 시작하면서 코로나19 팬데믹 종식을 향한 희망이 생기기 시작하였다. 과연 2019년 말부터 시작된 코로나19 팬데믹은 종식될 수 있을까?

먼저 '종식'의 의미부터 생각해 볼 필요가 있다. 많은 사람들이 생각하는 코로나19 팬데믹의 종식은 2019년 12월 이전, 일상으로의 복귀이다. 즉 '사회적 거리두기'를 하지 않아도 되고 마스크를 항상 착용하지 않으며 해외여행에 제약이 없고 사람들이 꽉 차 있는 음식점, 술집, 나이트클럽, 콘서트, 운동 경기가 되돌아오는 것. 모든 사람들이 느끼는 '코로나19 팬데믹의 종식'이다. 뒤에서 자세히 설명하겠지만 일상에서의 '코로나19 팬데믹의 종식'은 시간의 문제일 뿐 언젠간 찾아올 것으로 보인다.

반면 '코로나 팬데믹의 종식'을 천연두, 2003년의 사스 같이 전 세계에서 보고되는 감염 사례가 0이 되는 상황으로 정의한다면, 종식이 찾아오기까지는 매우 오랜 시간이 걸리거나 아예 불가능할지도 모른다. 여기서 우리가 일상적으로 느끼는'코로나 팬데믹의 종식'이 가능하려면 어떤 요인들이 충족되어야 하는지 살펴보자.

집단 면역

코로나19 팬데믹 이후 '집단 면역'에 대한 관심이 높아졌다. 집단 면역은 집단 내의 상당수가 특정한 병원체에 대해서 면역을 가지고 있어 일부 사람들이 해당 병원체에 감염되더라도 주변의 사람들이 가진 면역에 의해서 주변으로 전파되지 않고 결과적으로 집단에서의 전파가 억제되어 병원체의 전파가 멈추게 되는 현상을 말한다.

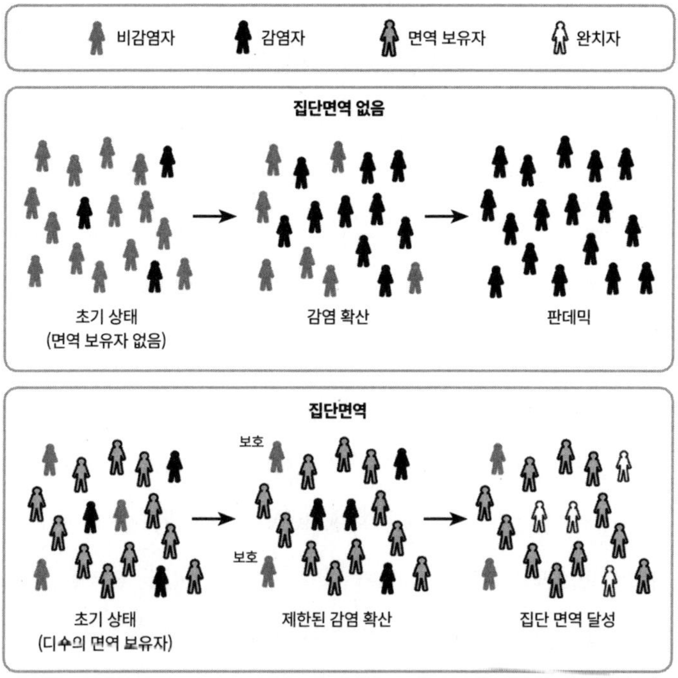

집단 면역의 개념. 면역 보유자가 없을 경우에는 병원체는 급속히 확산하여 팬데믹 상태에 빠지나, 집단 중의 어느 정도 비율의 인구가 병원체에 대한 면역을 형성하면 산발적으로 형성된 감염자의 확산도 제한되어 아직 면역을 형성하지 못한 사람들까지 보호되는 상황이 된다.

집단 면역에는 고려해야 할 몇 가지 사항이 있다. 첫 번째는 해당 병원체의 감염력이다. 감염력이 빠른 병원체의 경우 집단 중의 면역을 보유한 사람이 비율이 아주 높아야 집단 면역이 가능하다. 가령 홍역은 매우 감염력이 높은 질병으로 홍역에 대한 집단 면역을 이루려면 95% 이상 예방 접종이 이루어져야 한다. 감염력이 상대적으로 낮은 질병일수록 집단 면역의 요구사항은 낮아진다. 소아마비의 경우 집단의 80% 정도만 면역을 가지면 집단 면역을 이룰 수 있다.

그렇다면 코로나19의 경우는 어떨까? 아직 어느 정도 비율의 사람들이 면역을 가져야 코로나19에 대한 집단 면역을 가질 수 있는지 모른다. 그 비율은 실제로 집단에서 코로나19에 대한 집단 면역을 달성해야만 얻을 수 있는데, 2021년 6월까지는 이를 달성한 집단이 없기 때문이다. 코로나19 팬데믹 초기에 연구자들은 집단의 약 70% 정도가 면역을 가지면 집단 면역을 달성할 수 있을 것이라 예상했지만 이는 단순히 예상치일 뿐 여기에는 많은 변수가 작용한다. 면역을 갖는다는 것은 백신과 같은 적극적인 면역 유도에 의해서 얻어지는 면역을 의미하며, 자연적으로 SARS-CoV-2에 감염된 후 완치되었다고 집단 면역에서 해당하는 면역을 가졌다 보기는 힘들다. 실제로 자연적인 감염에 의해서 획득되는 면역의 수준은 사람마다 다르며, 감염된 다음에도 재감염된 사례 역시 많다. 브라질의 마나우스 사례를 보자. 브라질 마나우스에서는 2020년 초 1차 유행 때 전체 거주자의 약 70%가 코로나19에 감염된 것으로 추정하였다. 집단의 70%가 면역을 갖게 되었으므로 마나우스에서 집단 면역을 형성할 것으로 기대되었다.

그러나 기대와는 다르게 2020년 말 2차 유행이 시작되었고, 마나우스에서 다시 확신자가 급증하였다. 무슨 일이 있었던 것일까? 첫째로 애초에 70%가 아닌 더 낮은 비율의 사람들이 바이러스에 감염되었을 가능성이다. 둘째로 감염된 사람들에게서 형성된 면역력이 재감염을 막아주는데 충분하지 못했을 수도 있다. 특히 2020년 말 브라질에서 유행하기 시작한 변이체 바이러스는 기존의 바이러스 감염/백신에 의해서 형성된 면역력을 무력화하는 성질을 가졌다. 이러한 복합적인 요인 때문에 이전에 감염되어 어느 정도 면역력이 생긴 사람도 재감염되는 결과를 낳았다.

따라서 **자연적인 감염을 방치하여 70% 이상의 사람이 감염되이 완치되면 집단 면역이 형성되어 안전하다고 생각하는 것은 매우 잘못된 생각**이다. 실제로 **코로나19의 자연적인 감염에 의해서 유도되는 면역의 수준은 그리 높지 않다**. 대략 백신 접종 2회 중 1회만 받았을 때 형성되는 면역 수준과 비슷하거나 이보다 낮을 것이라 추정한다. (실제로 코로나19에 감염된 다음에 백신을 1회 접종 받은 사람들은 백신 접종 2회를 받은 사람에 비견하는 면역 수준을 획득한다.) 따라서 **집단 면역을 형성하기 위해서는 자연적**

감염보다 높은 수준의 면역을 형성하는 백신을 집단의 대다수가 접종받아야 한다. 그렇다면 과연 인구의 몇 %가 백신을 접종받아야 집단 면역을 형성할까? 이것 역시 지금 현재 정확한 수치는 모른다. 여기에 영향을 주는 여러 가지 요인이 있다.

- **백신의 효과**: 백신을 접종 받은 모든 사람이 면역을 형성하여 주변에 바이러스 전파를 완벽히 막을 수 있다면 계산이 간단하겠지만, 모든 백신은 효과가 제각각이다. 실제로 이스라엘에서 집단 접종이 시작된 다음 추산한 효과에 의하면 화이자/바이오엔텍의 백신은 2회 접종 후 SARS-CoV-2 감염에 대해 95.3%(유증상 감염: 97.0%, 무증상 감염: 91.5%)의 효과를 보였다. 한편 아스트라제네카의 백신은 미국의 3상 임상 시험에서 76% 유증상 감염 예방 효과를 보였다. 대부분의 백신은 95% 이상 사망으로 이어지는 중증을 예방하지만 백신을 맞은 모든 사람에서 감염을 완벽히 예방하지는 못하므로, 백신을 맞은 사람 중에서도 바이러스에 감염되어 주변에 바이러스를 전파할 수 있는 사람은 여전히 존재한다.

- **바이러스의 변이**: 2021년 6월 접종되고 있는 백신은 2019년 12월 우한에서 발견된 SARS-CoV-2를 기준으로 만들어졌다. 팬데믹이 시작된 지 약 1년 반이 지난 2021년 5월에 발견된 바이러스에는 원래의 바이러스에 없던 돌연변이가 축적되었

고, 이들 중에는 백신의 보호 효과를 감소시키는 돌연변이가 존재한다. 바이러스 변이체와 백신의 조합에 따라 백신의 보호 효과는 큰 영향을 받는다. 가령 영국에서 발견된 변이체의 경우 상당수의 백신이 효과에 영향을 주지 않았지만 남아공에서 발견된 변이체는 아스트라제네카 백신을 접종 받은 사람들에서 보호 효과가 거의 없었으며, 95% 이상의 감염 예방 효과를 보이던 화이자/바이오엔텍의 백신의 효과도 72% 정도로 감소하였다. 물론 백신이 바이러스 변이체에 완전히 무용지물이라는 이야기는 아니다. 비록 변이체 바이러스를 완전히 예방하지 못하더라도 대부분의 백신은 중증이나 사망을 예방하는 데 매우 유효했다. 그러나 돌연변이 바이러스가 백신을 피해서 감염을 유발한다면 집단 면역 형성에는 좋지 않은 영향을 미칠 것이다.

- **백신의 접종 비율**: 2021년 6월 코로나19 백신은 18세 이상의 성인을 대상으로 접종한다. 세계 인구의 30%에 해당하는 18세 이하의 청소년과 어린이는 2021년 6월 현재 대부분의 국가에서 접종 대상이 아니다. 청소년과 어린이는 코로나19에 감염되어 중증으로 진행되는 경우가 거의 없기 때문이다. 그러나 집단 면역을 형성하기 위해서는 청소년, 어린이 대상의 접종이 필요할 수 있다. 청소년 대상으로의 백신 임상 시험도 진행 중이다. 그리고 백신의 공급이 충분한 국가에서도 백신의 부작용에 대한 불안감, 종교적 믿음 등 수많은 이유로 백신 접종을 거부하는 사

람들은 분명히 있기 때문에 백신 접종을 법적으로 강제할 수도 없다. 이러한 상황에서 집단 면역에 필요한 수준으로 백신 접종률을 높이는 것은 쉬운 일이 아니다.

- **백신의 효과 감소 및 재접종**: 모든 백신은 접종한 후 시간이 지날수록 혈액 중의 항체 수준이 떨어지므로 면역력을 유지하기 위해서는 정기적으로 부스터 샷booster shot을 접종받을 필요가 있다. 코로나19 백신의 경우에도 최소 1년에 1번 정도 부스터 샷이 요구되고 있다. 또 이전에 접종한 백신의 효과를 떨어뜨리는 변이체가 유행하면 여기에 대한 면역을 도입하기 위한 부스터 샷이 추가적으로 필요할 것이다. 만약 백신을 접종받았지만 제때 부스터 샷을 접종받지 못하여 면역력이 떨어진 상태에서는 백신 접종자라고 해도 재감염의 위협이 있다.

이렇게 집단 면역은 단순히 인구 중의 어느 정도 비율의 사람이 백신을 접종받으면 자연적으로 이루어진다는 생각은 위험하다. 실제로 집단 면역을 이루기 위해서는 고려해야 할 사항이 많다. 이 이야기는 백신 접종이 광범위하게 이루어져서 코로나19에 의한 중증 환자/사망자의 비율은 급격하게 떨어질 수 있지만, 코로나19 발생을 0으로 줄이는 것은 백신 접종 후 바로 이루기 어려울 것을 암시하기도 한다.

코로나19의 미래: 대유행(팬데믹)에서 주기적 유행(엔데믹endemic)으로의 변화?

코로나19 팬데믹이 '종식'된다 하더라도 팬데믹 상태, 즉 다량의 중증 환자와 사망자가 전 세계적으로 나오는 상태에서 탈출하는 것일뿐 코로나19라는 질병이 완전히 종식되는 것은 아닐 가능성이 높다. 전 세계적인 유행은 아니지만 간헐적으로 특정 국가나 계층에서 계절적으로 유행하는 질병이 되는, 즉 대유행(팬데믹)에서 주기적 유행(엔데믹endemic)의 형태로 변할 것이다. 코로나19가 완전히 근절되지 않고 엔데믹으로 변할 가능성이 높다고 생각하는 근거에는 여러 가지가 있다.

일단 코로나19는 세계적으로 수억 명의 사람에게 감염되었으므로 세계의 모든 지역에서 집단 면역을 이루는 것은 불가능에 가깝다. 또한 코로나19는 계속 돌연변이를 일으켜 이미 바이러스에 감염되었거나 백신을 통해서 면역을 형성한 사람들에게 재감염을 일으킬 변종으로 변할 가능성이 많다.• 물론 미래에 이러한 변종에도 유효하도록 백신이 업데이트되겠지만 바이러스는 다시 변이를 일으켜서 면역을 피할 것이다. 바이러스와 백신/면역력과의 숨바꼭질은 한동안 계속될 것이다. 이러한 '엔데

• 브라질, 남아프리카공화국에서 이미 발생했었다.

믹'은 계속되는 인플루엔자 바이러스의 유행과, 인간에게 감기를 일으키는 4종의 코로나 바이러스의 예를 보면 쉽게 알 수 있다. 9장에서 이야기한 것처럼 감기를 일으키는 코로나 바이러스 OC43은 1889년의 팬데믹 당시 소 등 가축에서 사람에게 건너온 것으로 추정한다. 오랜 시간 이어지는 유행 동안 사람들은 코로나 바이러스에 대한 항체를 갖게 되었지만 끊임없는 돌연변이를 통하여 아직까지 유행하는 바이러스로 남았다. 이러한 선배(?) 코로나 바이러스의 뒤를 SARS-CoV-2도 밟을 것이라 많은 과학자들이 생각한다.

그러나 SARS-CoV-2가 계속 유행한다고 해도 그 양상은 2020~2021년의 팬데믹과 분명히 다를 것이다. SARS-CoV-2 백신을 접종받은 사람들은 설령 SARS-CoV-2가 돌연변이를 일으켜서 백신을 접종받은 사람들에게 감염되도록 변한다고 하더라도 중증으로 전이되거나 목숨을 잃는 일은 극히 드물 것이다. 이미 형성된 중화 항체 결합부위에 돌연변이가 생겨서 바이러스의 감염 자체는 허용할 수는 있어도 이전에 백신에 의해서 생성된 세포성 면역이 돌연변이 바이러스에도 작용하여 질병이 중증으로 진행되지 않도록 막아줄 것이기 때문이다. 즉 백신을 통해서 코로나19에 대해 이미 면역을 형성한 사람들은 앞으로 등장할 돌연변이 바이러스에 감염되더라도 경증 내지는 무증상 감염으로 그칠 가능성이 높다. 결국 치사율 높은 치명적인 질병이었던 코로나19가 단순 '감기'에 가까워지는 셈이다. 물론 백신을 접종받지 않거나 SARS-CoV-2에 대한 면역이 유난히 떨어져서 중증으로 전이되거나 목숨을 잃는 사람도 분명히 있겠지만 적어도 팬데믹 상황이 쉽게 재현되기는 어려울 것이다.

이러한 팬데믹에서 엔데믹으로의 전환은 백신 접종이 진행되면서 서서히 일어날 것이다. 백신 접종이 충분하지 않은 국가에서는 이후에도 크게 유행하여 많은 인명 피해를 일으킬 것이다.하지만 이것 역시 백신 접종이 지속적으로 이루어지면서 정도가 줄어들 것이다. 결국은 몇 년 내에 인류는 서서히 팬데믹 이전의 일상을 찾게 될 것이라 예상한다. 물론 코로나19의 기억은 이후로도 오랫동안 남을 것이고 이에 따라서 환절기나 겨울에는 마스크를 착용하는 것이 일반적인 풍습이 될 것이며 국제 여행을 위해서는 코로나19 예방 접종 증명서가 여권이나 비자와 함께 필수 요구 사항이 될 것이라 예상된다. **코로나 19 역시 인류가 그동안 경험했고, 큰 희생을 치른 다른 많은 팬데믹과 마찬가지로 언젠가는 종료될 것이다.** 그리고 SARS-CoV-2 바이러스는 팬데믹을 일으켜 수많은 사람의 목숨을 빼앗은 바이러스에서 점점 '감기를 일으키는 흔한 코로나 바이러스의 일종'으로 변해갈 것이다.

신종 바이러스의 내습으로부터 어떻게 방어할 것인가?

코로나19 팬데믹이 종료되더라도 우리는 앞으로 경험하지 못한 새로운 바이러스로부터의 공격에 직면할 것이고, 이 중 몇 종류에 의해 1918년의 인플루엔자 팬데믹이나 코로나19 같은 큰 피해를 겪을 수 있다. 그렇다면 '미래의 팬데믹'이 발생한다면 피해를 최소화하기 위해서 어떤 노력을 해야 할까? 팬데믹을 일으키는 거의 모든 바이러스는 동물로부터 전파된다. 만약 바이러스가 사람이 이전에 접하여 어느 정도 면역력을 가진 바이러스가 아니라면 코로나19와 같은 대유행을 초래할 수 있다. 만약 동물에 분포하는 다양한 바이러스를 수집하고 이들의 특성을 미리 파악해둔다면 바이러스가 실제로 인간에게 전파되었을 때 신속히 대처할 수 있을 것이다. 이미 박쥐 등 사스, 메르스, 코로나19 등의 숙주가 되는 생물에서 이러한 바이러스를 수집하는 노력이 진행되고 있지만 좀더 확대하여 보다 다양한 바이러스의 숙주에서 바이러스를 수집할 필요가 있다. 그리고 수집된 정보의 국제적인 공개를 위해 좀더 노력을 기울여야 한다. 2020년 코로나 바이러스 팬데믹 사태에서 인플루엔자 바이러스의 정보를 공유하기 위하여 만들어진 비영리 단체인 GISAID(https://www.gisaid.org](https://www.gisaid.org/)가 매우 중요한 역할을 하였다. 이처럼 데이터 공유를 광범위하고 체계적으로 갖출 필요가 있다.

그리고 효과 있는 백신이 빨리, 광범위하게 접종될 수 있도록 백신의 개발 및 생산 체계를 미리 확립해 두는 것 역시 중요하다. 코로나19 팬데믹 사태에서 한 바이러스에 대한 다양한 종류의 백신이 개발되었고 이들의 효과 및 부작용을 수천만 명 이상의 사람을 대상으로 검증해볼 수 있었다. 이 경험은 향후의 바이러스 유행 시에 큰 도움이 될 것이다. 백신의 개발 속도나 효과, 부작용, 생산 공정 등을 감안한다면 향후 출몰할 바이러스에 대항하는 백신은 주로 mRNA 기반의 백신이 될 것으로 생각된다. 이를 위하여 mRNA 기반 백신의 개발 및 생산 기반을 미리 확립해 두는 것이 필요하다. 또한 기존에 사백신 기반으로 만드는 인플루엔자 백신의 경우에도 mRNA 기반으로 전환될 경우 지금보다 나은 효과를 보일 수 있을 것으로 생각된다.

코로나19 사태는 바이러스와 면역에 대해서 우리가 아직도 모르는 것이 엄청나게 많음을 다시 한 번 일깨워준 계기가 되었다. 미래에 닥칠 새로운 바이러스에 의한 팬데믹을 대비하려면 바이러스와 면역에 대한 우리의 지식 수준을 지속적으로 업데이트할 필요가 있다. 이를 위해서는 해당 분야의 연구에 대한 관심과 지속적인 투자가 필요함은 물론이다.

그리고 mRNA 백신과 같이 코로나19 사태의 '게임체인저'가된 기술 역시 하루 아침에 등장한 것이 아니라 오랜 시간동안 다양한 기초 연구가 융합되고 여러 가지의 시행착오를 통하여 정립되었다는 것을 잊어서는 안 된다. 가령 세포에 외부 mRNA를 넣어서 외부 단백질을 만들 수 있다는 개념은 분자생물학의 태동기인 1971년에 이미 정립되었고, DNA를 이용하여 체외에서 다량의 RNA를 만드는 기술 역시 1980년대에 이미 확립되었다. 그러나 이러한 원리가 실용화되기 위해서는, 지질나노입자 를 씌워 mRNA를 세포 내로 들여보내는 기술, mRNA의 염기에 변형된 염기를 사용하여 mRNA의 염증 반응 유도를 줄이고 단백질 발현을 늘이는 기술 등 여러 가지 제반 기술이 개발된 이후에야 앞선 기술의 상용화가 가능했다.

그리고 암 면역 치료를 위해서 mRNA 의약품 기술을 가다듬었으나 실질적인 성과는 예상치도 않은 전염병 백신에서 나왔다는 것도 주목할 필요가 있다. 이는 1970년대 초, 암의 원인을 찾겠다는 목적으로 레트로 바이러스와 역전사 효소에 대해서 연구하였지만 암에 대한 성과 대신 1980년대 HIV 팬데믹에 빠른 해결책을 찾는데 기여했던 것과 일맥상통한다. 연구 개발은 지금 당장 원하는 목적에서 성과를 내지 못한다고 하더라도 (제대로 된 연구개발이라면) 인류의 지적 자산으로 남아 언젠가는 유용하게 사용될 것이고 앞으로도 이 사실은 변하지 않을 것이다.

인류와 바이러스의 전쟁은 코로나19 팬데믹이 끝나더라도 새로운 형태로 계속될 것이고, 이것은 아마도 인류가 살아남는 한 끊임없이 이어질 것이다.

참고문헌

1. Torjesen, I. (2021). Covid-19 will become endemic but with decreased potency over time, scientists believe. *BMJ: British Medical Journal* (Online), 372.
2. Hass et al., Impact and effectiveness of mRNA BNT162b2 vaccine against SARS-CoV-2 infections and COVID-19 cases, hospitalisations, and deaths following a nationwide vaccination campaign in Israel: an observational study using national surveillance data, *The Lancet*, 2021 https://doi.org/10.1016/S0140-6736(21)00947-8
3. Gurdon, J. B., Lane, C. D., Woodland, H. R., & Marbaix, G. (1971). Use of frog eggs and oocytes for the study of messenger RNA and its translation in living cells. *Nature*, 233(5316), 177-182.
4. Milligan, J. F., Groebe, D. R., Witherell, G. W., & Uhlenbeck, O. C. (1987). Oligoribonucleotide synthesis using T7 RNA polymerase and synthetic DNA templates. *Nucleic acids research*, 15(21), 8783-8798.

찾아보기

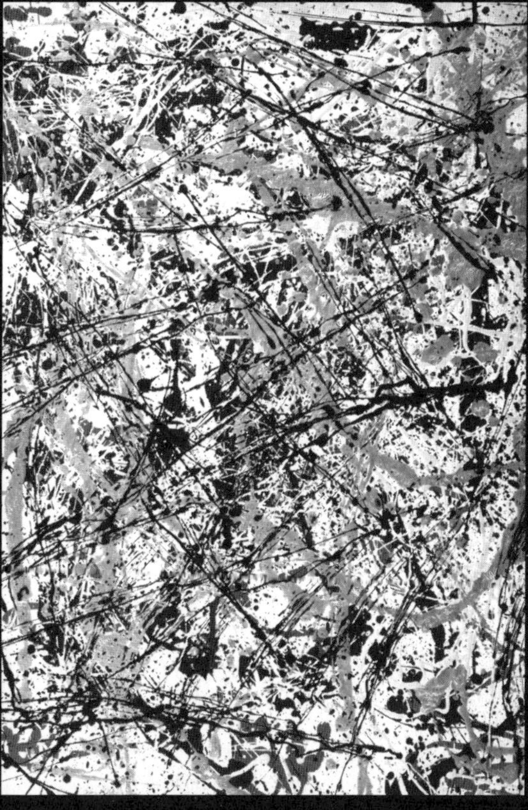

찾아보기

바이러스, 사회를 감염하다

인플루엔자, HIV, 코로나 바이러스 팬데믹 연대기

2021년 6월 28일 초판 1쇄 펴냄
2021년 8월 12일 초판 2쇄 찍음

지은이 남궁석
책임편집 이지경
디자인 전혜진
본문조판 안성진
마케팅 서일
펴낸이 이기형
펴낸곳 바이오스펙테이터
등록번호 제25100-2016-000062호
전화 02-2088-3456
팩스 02-2088-8756
주소 서울 영등포구 여의대방로69길 23 한국금융아이티빌딩 6층
이메일 book@bios.co.kr

ISBN 979-11-91768-01-5 03470